高扬程梯级泵站
节能降耗关键技术与方法

徐存东 著

中国水利水电出版社
www.waterpub.com.cn

内 容 提 要

本书共 8 章，第 1 章综述了梯级泵站节能降耗问题的研究意义以及研究现状，第 2 章提出了评估泵站提水效率和能耗水平的理论模型和方法，第 3 章至第 6 章具体论述了水泵机组、传动装置、进出水管路、进出水池以及辅助设备对泵站能耗的影响机理和技术节能途径，第 7 章和第 8 章分别介绍了梯级泵站的运行工况调节和优化调度的技术方法。

本书可供水利水电工程专业的本科生、研究生及从事泵站运行和管理专业的科研、教学和工程技术人员学习和参考使用。

图书在版编目（ＣＩＰ）数据

高扬程梯级泵站节能降耗关键技术与方法 ／ 徐存东
著. -- 北京：中国水利水电出版社，2014.9
ISBN 978-7-5170-2594-8

Ⅰ. ①高… Ⅱ. ①徐… Ⅲ. ①水利工程－泵站－节能
－研究 Ⅳ. ①TV675

中国版本图书馆CIP数据核字(2014)第233838号

书　　名	**高扬程梯级泵站节能降耗关键技术与方法**
作　　者	徐存东　著
出版发行	中国水利水电出版社
	（北京市海淀区玉渊潭南路 1 号 D 座　　100038）
	网址：www.waterpub.com.cn
	E - mail：sales@waterpub.com.cn
	电话：(010) 68367658（发行部）
经　　售	北京科水图书销售中心（零售）
	电话：(010) 88383994、63202643、68545874
	全国各地新华书店和相关出版物销售网点
排　　版	中国水利水电出版社微机排版中心
印　　刷	北京纪元彩艺印刷有限公司
规　　格	184mm×260mm　16 开本　14 印张　332 千字
版　　次	2014 年 9 月第 1 版　2014 年 9 月第 1 次印刷
印　　数	0001—1000 册
定　　价	**49.00 元**

凡购买我社图书，如有缺页、倒页、脱页的，本社发行部负责调换

前　言

　　随着世界经济的快速发展，能源的消耗越来越大，能源危机和由此引发的各种矛盾越来越突出。当今，能源问题已成为世界各国共同关注的大问题，严重影响着世界各国的政治和经济形势。我国的能源形势也非常严峻，能源不足已经严重影响到国民经济的发展，其中农业机电排灌每年都消耗了大量的能源，其用电量约占社会用电总量的 21%，受建造技术和管理水平的影响，我国的农业机电排灌的用电效率还比较低，机电排灌的节能潜力十分巨大。特别是高扬程梯级泵站的低效率、高能耗问题一直备受学者们的关注，因此，开展高扬程梯级泵站的能耗评估和节能降耗关键技术的研究具有重要的现实意义。

　　针对梯级泵站节能降耗关键技术的应用研究内容主要涵盖两个方面：一是研究监测和评估泵站提水效率和能耗水平的理论与方法；二是研究影响泵站提水效率和能耗的主要因素和影响机理，研发科学实用的节能降耗技术与方法。通过以上两方面的研究，其一，可为大型泵站客观地开展能耗评估提供科学的理论依据和必要的技术方法；其二，通过探究水泵机组、传动装置、进出水管路、进出水池以及辅助设备对泵站能耗的影响机理，为同类泵站的规划设计和更新改造提供技术支持；其三，通过探究泵站运行效率的调度管理技术，为已建泵站的科学调度提供技术支持，并为高扬程灌区节约运行成本、提高用水效率提供决策依据。

　　本书通过建立基于动态平衡的梯级泵站输水系统提水效率的评估模型，分析了我国代表性的高扬程梯级扬水灌溉工程的实际能耗状况和水平；从工程的建造技术和优化运行控制的角度，研究了高扬程梯级泵站节能降耗的关键技术与方法。具体内容包括：①通过分析影响泵站能耗的主要因素和影响机理，从优选机组、提高机组的装置效率、改善泵站设备（设施）的流态，减少能耗损失等建造技术的角度，探讨梯级泵站节能降耗的关键技术，为梯级泵站的规划设计和更新改造提供技术支持；②从影响水泵提水效率的高含沙水流、水泵进出水管路、配套电机和附属设施等多角度分析影响水泵提水效率的主要因素，探讨提高水泵的机械效率、容积效率、水力效率的技术方法；③通过模拟研究泵站管道布置型式、前池和吸水管型式、泵阀布置等对水泵内部流态的影响，提出通过改善水泵及其装置内部流态的方法提高泵站提水效率的技术措施；④分析了水泵工况调节方式对其能耗的影响，以及梯级泵站系统区间分水后多级泵站调频运行的节能技术，探索了梯级泵站提高运行效率、降低提水能耗的运行管理和更新改造新技术。

本书由华北水利水电大学徐存东主笔，撰写过程中兰州理工大学樊建领、侯慧敏，华北水利水电大学王燕、韩立炜、张先起、张宏洋等都对本书的撰写提供了重要的参考资料，并提出了忠恳的修改意见和建议。本书的完成和出版得到了"国家自然科学基金（51279064，31360204）"、"2014 年度河南省教育厅科技创新人才支持计划（14HASTIT047）""华北水利水电大学高层次人才科研启动计划（201069）"的资助，在此表示感谢。

本书在编写过程中参考和引用了许多专业书籍、文献资料、教材的论述，同时得到了诸多专家、教授的指导，他们对本书的编写提出了许多宝贵的意见和建议，在此一并表示衷心的感谢。因编者水平有限，经验不足，缺点和疏误在所难免，恳请读者批评指正。

作者

2014 年 8 月

目　　录

前言

1　绪论 ……………………………………………………………………… 1

　1.1　研究背景 …………………………………………………………… 1

　1.2　梯级泵站节能概述 ………………………………………………… 2

　1.3　国内外研究现状 …………………………………………………… 3

　1.4　问题的提出 ………………………………………………………… 7

2　梯级泵站的输水效率 …………………………………………………… 9

　2.1　梯级泵站输水系统及其特点 ……………………………………… 9

　2.2　基于动态平衡的梯级泵站输水系统运行效率 ………………… 19

　2.3　无监测设备梯级泵站的能耗评估模型与方法 ………………… 23

　2.4　无监测设备的梯级泵站效率评估模型应用 …………………… 25

　2.5　泵站效率评估结果分析 ………………………………………… 32

3　水泵的运行效率 ……………………………………………………… 35

　3.1　水泵效率概述 …………………………………………………… 35

　3.2　水泵性能与选型 ………………………………………………… 35

　3.3　提高水泵效率的途径与方法 …………………………………… 44

　3.4　含沙水流对水泵效率的影响研究 ……………………………… 57

4　水泵装置与运行效率 ………………………………………………… 64

　4.1　水泵配套装置对能耗的影响 …………………………………… 64

　4.2　泵站管路系统对能耗的影响 …………………………………… 69

5　前池布置与提水效率 ……………………………………………… 102

　5.1　泵站前池 ………………………………………………………… 102

　5.2　泵站前池的泥沙淤积 …………………………………………… 106

　5.3　前池流态数值模拟 ……………………………………………… 111

　5.4　前池参数对水泵进水流态的影响 ……………………………… 123

　5.5　改善前池流态的技术措施 ……………………………………… 138

　5.6　进水池附属结构与泵站能耗 …………………………………… 150

6　出水池布置与泵站能耗 …………………………………………… 156

　6.1　出水池的布置形式 ……………………………………………… 156

　6.2　出水池布置与流态 ……………………………………………… 156

6.3 出水池结构与泵站能耗 ……………………………………………… 159

6.4 出水管的出流形式与泵站能耗 ………………………………… 163

6.5 出水流道对能耗的影响 ……………………………………………… 166

7 泵站的工况调节 ………………………………………………………… 169

7.1 实际工况与设计工况的比对 ……………………………………… 169

7.2 运行工况点的确定 …………………………………………………… 176

7.3 泵站工况调节的主要方式 ………………………………………… 178

7.4 不同调节方式下泵的能耗分析 ………………………………… 189

8 梯级泵站运行的优化调度 ……………………………………………… 192

8.1 概述 ……………………………………………………………………… 192

8.2 梯级泵站的优化调度系统 ………………………………………… 192

8.3 梯级泵站优化调度对象 …………………………………………… 194

8.4 梯级泵站优化运行 …………………………………………………… 197

8.5 梯级泵站优化调度模型的建立及求解 ……………………… 202

8.6 梯级泵站的科学管理 ……………………………………………… 210

参考文献 ………………………………………………………………………… 212

1 绪 论

1.1 研 究 背 景

能源是经济社会发展的重要物质基础。当今世界经济飞速发展,带动了生产的不断发展和生活水平的不断提高,而高度发达的现代化为人类创造出巨大财富的同时,也造成了极大的能源消耗和浪费。自 20 世纪 70 年代石油危机以后,能源已严重影响世界各个国家的政治和经济形式。能源问题已成为世界各国共同关注的大问题,为了解决能源问题,很多国家在积极研发和利用新能源的同时还在积极开展各种节能活动。

我国的能源形势非常严峻,能源不足已经严重影响到国民经济的发展。从 20 世纪 80 年代开始,我国政府就投入大量资金实施节能基本建设和技术改造,使国家重点考核的 60 多种工业产品的能源单耗指标有了较大幅度的下降,这些措施使我国能以较低的能源增长速度支持了国民经济的高速增长。但与国际先进水平相比,目前我国物理能耗水平仍比国际先进水平高出 20%~30%,差距十分明显。因此,在加速开发新能源的同时,研究并推广各种节能措施,合理使用现有能源,已是当务之急。

我国的农业机电排灌每年都消耗大量的能源,其用电量约占社会用电总量的 21%,由于受建造技术和管理水平的影响,我国的农业机电排灌的用电效率还比较低,机电排灌的节能潜力十分巨大。为节约能耗、提高排灌用电的效率,有关的泵站节能管理技术和设备建造技术方面的研究得到了世界各国的重视。国内外在泵站节能领域投入了越来越多的资金,开展了大量的科学研究,也取得了很多重要的研究成果。我国政府十分重视节能减排工作,一直在倡导绿色经济,并已将节能减排提升到了国家的重要建设目标之一。

随着我国工农业生产的快速发展,机电排灌事业也得到了飞速的发展。据统计,截至 1980 年,沿黄河建设有大中型抽黄水泵 12 万台套,总容量约 340 万 kW。从 20 世纪 80 年代开始,黄河上的灌溉用泵就以每年 2 万台,装机容量 40 万~50 万 kW 的速度增加,装机容量越来越大,提水扬程越来越高,并且以多梯级的提水灌溉工程为主。我国的高扬程梯级提灌工程大多集中在甘肃、宁夏、山西、陕西等省(自治区),这些工程总扬程可高达 400.00~800.00m,单级泵的扬程达 80.00~182.00m。

长期以来,国家对西北干旱区的大型提灌工程在政策与资金等各方面都给予了大力支持,以甘肃省景泰川电力提灌工程和宁夏固海扬黄灌溉工程为例,为保证这些地区的农业灌溉,政府仅以 0.04 元/(kW·h) 的远低于成本价的补贴电价补助灌区,以保证这些提灌工程的正常运行。近年来,国家又投入了大量的资金和人力物力对工程进行更新改造和续建配套,正是这一系列的扶助与支持,使得我国诸多梯级提灌工程自建成以来,就产生了良好的综合效益,为当地老百姓带来了巨大的实惠,同时对自然环境的改善也做出了巨大的贡献。

但是在市场经济环境下，随着灌溉面积的扩大，农业种植规模的增长，提灌工程用电电费、水费远低于成本的矛盾日益凸现出来。以前，国内的电力提灌工程建设，比较关注工程所带来的社会效益和生态效益，而对工程的运行成本和科学管理考虑不足。长期以来，受到资金、管理观念、技术水平等方面的约束，国内的梯级提灌工程对泵站的提水效率大都没有进行有效监测，针对大型梯级泵站的节能降耗技术的系统性的研究也略显不足。

目前，农业排灌用电供需矛盾日益加剧，已严重制约了这些工程效益的正常发挥，如何提高泵站的提水效率，有效地降低能耗，直接关系到高扬程梯级灌区的可持续发展，关系到灌区周围生态环境的改善，也关系到灌区农户的利益和水管单位的生存与发展。所以，积极开展高扬程梯级提水灌溉工程节能降耗关键技术的科学研究，对于解决这些矛盾、促进高扬程灌区的可持续发展具有积极而深远的意义。

大量的科学研究表明，排灌泵站的节能降耗应该贯穿于泵站的设计、建设、运行管理、技术改造等各个方面。开展高扬程梯级提水泵站实际能耗的评估方法研究，客观地评估泵站装置系统和灌区输水系统对泵站能耗的影响，研发适合高扬程灌区的科学、实用的节能降耗的关键技术，可作为高扬程灌区节约运行成本、提高工程运行效率的决策依据，也可为大型泵站的更新改造提供技术支持，同时为我国同类工程的规划设计和运行管理提供可参考的理论依据。这既是农业排灌工程建设的需要，也是国家节能减排的要求。

1.2　梯级泵站节能概述

泵站节能是指减少泵站耗能的技术措施及其效果的总称（《农业大辞典》注释）。即在满足农田灌溉或排水要求的前提下，最大限度地减少泵站不必要的能量损耗，以提高泵站效率和经济效益。泵站节能的途径和方法是多方面的，总结起来包括：加强水泵机组的维修管理；提高机、泵、传动设备的效率；减少管路和进、出水池的水力损失；减少灌溉水量损失；控制水源含沙量等。对于计划兴建的泵站，应该认真做好规划设计，根据建站条件选择高效水泵，合理配套动力机和传动装置，正确设计管路和进出水池，使泵站既能满足设计年份的流量要求，又能使泵站在多数年份中的运行效率高，能源消耗少。对于已经建成的泵站，应该通过测试，找出效率低、能耗大的主要因素，经过技术经济分析，对不合理的部分进行改造。

梯级泵站工程一般由泵站、级间输水渠道（管道）、闸门、倒虹吸等多种水工建筑物组成。各级泵站内部又包括水泵、流道、电机、变压器等设备。各单个泵站是系统的主要控制单元，泵站之间通过输水河道串联，即各级泵站之间存在密切的水位、流量关系。同时，梯级泵站系统在输水、供水的同时，往往还承担了灌溉、防洪排涝等多种其他功能。因此，梯级泵站输水系统是一项工程结构复杂、内部相互关联、影响因素众多的复杂系统工程，其运行及控制难度较大，只有从整体上对系统的各个方面进行集中协调和管理，才能更好地发挥经济、社会效益。

梯级泵站输水工程复杂，在运行过程中面临着多项技术难题，实际运行中若决策不当，将会造成大量的水量、电力浪费，无法实现经济运行目标。目前，我国梯级泵站工程的运行中主要存在的问题有：①部分泵站运行中开、停机次数频繁。对于机组不可调节泵站，在运行过程中，由于各级泵站流量匹配偏差或输水工况改变，梯级间水位、流量处于变化中，造成机组被迫频繁开、停机以保持级间水位、流量满足相关要求。机组的频繁开、停机会加速设备损耗，间接增加运行成本。②部分泵站运行效率较低。由于输水过程中的运行工况的动态变化，泵站调度决策不能根据实时流量、扬程变化对机组运行方案进行调节，致使其偏离高效区，造成泵站运行效率偏低、输水成本升高。

梯级泵站输水工程在实际运行过程中，除了保障工程的安全、经济运行外，还需要解决诸如泵站流量调节、水力过渡过程、分水口门分水、水量平衡调节、水位调节等方面的技术问题。因此，梯级泵站的节能降耗研究不仅要考虑单个泵站的效率提高和运行优化，而且还必须准确、全面、系统地分析系统运行过程中的静、动态水力特性，包括级间渠道、各控制建筑物等在内的整个系统进行统筹协调，寻求最优的运行方案。主要采取的措施有：结合现有系统设备条件，运用优化技术对系统各部分进行科学地协调，建立安全、经济的调度策略，在确保安全运行的基础下，有效降低运行成本；建立科学实用的水力仿真模型，对各种可能的运行工况进行模拟分析，确定输水系统的水位、流速、流量等水力参数的变化规律，寻找可靠、经济的输水方案和运行控制方案，为梯级泵站输水系统的高效运行及控制提供参考。

1.3　国内外研究现状

1.3.1　单级泵站节能研究现状

单级泵站节能研究是梯级泵站节能研究的基础。单级泵站的节能研究主要目标是寻求泵站内各机组的优化技术与决策。目前，国内外研究的重点包括泵站机组的性能分析，最优工况的确定以及装置配套优化等。

1.3.1.1　国外研究进展

20 世纪以来，国外的学者采用多种优化方法对泵站节能进行了研究。Vilas Nitivat-tananon 针对单级泵站的实时调度运行问题，在满足输水流量要求下，提出了基于动态规划的优化模型，有效减少开、停机次数，每年可节约 20% 运行费用。Srinivasa Lingiredd 针对单级泵站运行，以运行效率最高为目标，采用遗传算法对水泵转速进行了优化决策，并定量计算了应用变速调节所节约的提水成本。Zheng Wu 采用遗传算法对单级泵站进行了优化调度，并对时段内流量、扬程及开、停机等决策进行了优化，以获得其最大运行效率。Dritan Nace 根据日需水量，在满足运行约束条件下，寻找出最优调水流量方案，在优化过程中采用了线性规划法。S. Pezeshkt 将适应性搜索算法应用于供水系统优化，该算法是一种离散的优化搜索模型，在实际优化计算中利用综合影响系数及管网压力作为控制参数，来决定泵的开、停机策略，可在一定程度上实现实时控制，提高输水效益。

1.3.1.2　国内研究进展

从 20 世纪 80 年代开始，国内的学者就针对单级泵站节能开展了相关探索与研究，并取得了一系列的研究成果。1987年，湖南省水利厅的路辛幕等针对农田排灌系统优化问题，以机电排灌运行能耗最少为目标，采用系统分析方法进行了探讨和研究。1998年，刘家春等采用系统分析的方法，根据轴流泵站的运行情况，建立了单级泵站经济节能的数学模型，并探讨了其求解方法。

进入21世纪以后，随着泵站建造和运行管理技术的不断改进，国内的学者对单级泵站的能耗问题的研究越来越深入。2001年，武汉大学的周龙才等针对变速调节泵站，以单位水量能耗最小为目标，满足一定流量等约束条件，提出了泵站内多台机组联合变速节能模型，并给出了模型详细的求解方法，优化效果较为明显。2003年，河海大学水利工程学院的陈守伦等针对变角和变速泵站的实际运行情况，以经济效益最优为目标，在满足日抽水总量约束下，采用动态规划的方法对各个时段和各台机组的流量过程进行优化。同年，河海大学的程芳等针对泰州泵站中转桨式和定桨式轴流泵机组联合节能问题，根据调度目标和任务，结合现有机组设备，应用大系统分解协调技术，建立了包含两层结构的泵站节能模型，并在每层采用相应的优化方法进行求解。2004年，武汉大学机械学院的龙新平等利用拟合算法建立了装置效率、叶片角度与装置扬程和流量的关系曲面以及连续函数，可确定任意工况下，一定扬程和流量所对应的装置效率、叶片角度、转速等，为泵站节能决策提供了基础。2007年，扬州大学的鄢碧鹏等针对叶片可调节泵站，将遗传算法和神经网络应用于泵站经济节能研究，以泵站总能耗最小为优化目标，建立了泵站内经济运行优化数学模型，并以优化仿真结果为样本案例，采用人工神经网络对其相似工况进行预测，结果表明：遗传算法和神经网络联合应用求解的精度和可靠性较高，可较好的对泵站节能问题进行求解。2010年，扬州大学程吉林等采用动态规划法建立了叶片可调节单机组日运行优化模型，以输水费用最小为目标，时段内的抽水量要求等为约束条件，根据峰谷电价与站上、下游水位变化过程划分阶段变量，以各阶段水泵叶片角为决策变量，寻求各时段最优运行方案。扬州大学龚懿等针对泵站多机组叶片全调节日节能问题，建立了大系统分解—动态规划聚合模型，并给出了相应求解方法。以单位水量运行费用最小为目标，各机组提水量为决策变量，将总模型分解为多个单机组叶片全调节日节能子模型，模型采用动态规划方法求解。

1.3.2 梯级泵站节能降耗研究现状

梯级泵站输水工程可实现更高的提水高度、满足更大范围的供水任务。由于梯级泵站输水系统是一项工程结构复杂、内部相互关联、影响因素众多的复杂系统工程，其运行及控制难度较大。随着多个梯级泵站工程逐渐投入使用，对其节能研究也得到了较快发展和进步，人们逐渐意识到梯级泵站工程并不只是简单的单个泵站的叠加，对其优化问题仅考虑各级泵站内部节能是不够的。在梯级泵站输水系统中，各级泵站之间通过渠道（管道）连接，存在较为密切的水力联系，各站的流量、水位相互影响，共同决定了整个梯级泵站输水系统的运行状态。因此，梯级泵站输水系统的节能不仅要求对各级泵站内部各机组进行联合运行优化，还要考虑各梯级之间的水力优化组合问题。目前，国内外学者均针对这一问题开展了研究，并取得了一定成果。

1.3.2.1 国外研究现状

国外学者早在 20 世纪 50 年代就开始了针对梯级泵站节能调度的研究，所采用的方法主要包括数学规划、模拟技术、大系统理论等方法。主要研究思路为：建立系统简化模型或大系统优化决策模型，采用多种优化算法，并与仿真模拟技术相结合，得到最优的工程运行决策方案。

1982 年，Weiner&Arie Ben-Zvi 针对 Mediterranean Dead Sea Project 跨流域梯级泵站调水工程，采用动态规划法建立了节能模型，研究了其节能问题。1984 年，Marino&Loaiciga 等用 POA 法对美国中央河谷工程中的水库群联合运行方案进行了优化求解。Dragan A. Savict J 采用遗传算法，对多个大型配水系统的设计进行优化研究，并提出了相应的优化设计要素（管道、水库、泵站），实践表明，采用优化方案可减少 30%～40% 的运行费用。I. Pulido. Calvo 应用神经网络系统预测日需水量，与多级衰减和单一时间连续分析法相比，神经网络系统预测结果更为精确。K. Takeuchi 将随机 DP 和逐次逼近的搜索式法相结合，对美国加利福尼亚中央河谷工程中的两个并联水库的泄水方案进行优化，获得最优的泄水方案。

1.3.2.2 国内研究现状

20 世纪 70 年代以后，国内学者也开始了对大型复杂工程采用系统优化的方法进行分析研究，其中也包括梯级泵站工程的节能研究。需要指出的是，20 世纪 80 年代之前，我国已建的多数泵站受制于自身制造条件，大多安装的是工况不可调节的水泵机组，所以关于梯级泵站工程节能调度的研究，主要集中在如何实现梯级间流量平衡方面。

随着计算机技术迅速发展，自动化设备性能的不断提高以及多项跨流域调水工程的建设，高扬程梯级泵站工程的优化调度研究成果得到了进一步的发展和应用。1990 年，中国水利水电科学研究院的高占义以大禹渡梯级泵站为研究对象，建立节能的泵站物理模型和数学模型，并运用动态规划方法结合模拟技术进行求解，优化后可节能 7.55% 左右。2000 年，扬州大学的刘正祥等针对梯级泵站工程，以系统总能耗最小为目标，采用动态规划法确定各级泵站内各机组联合最优开机组合，并对系统级间渠道运行进行数值模拟，同时确定梯级间的最优水位组合。2001 年，江苏省国营淮海农场的张文渊开展了梯级泵站的流量和水位（扬程）优化研究，针对由工况可调和不可调泵站组成的梯级泵站系统，采用动态规划法对梯级泵站运行进入稳态后的水位（扬程）进行优化，结果证明可显著提高系统的运行效率及效益。2002 年，北京理工大学的李世芳等在对梯级间流量平衡进行分析探讨的基础上，建立了扬程优化调度的数学模型及动态规划求解的方法。在满足泵站流量、扬程的前提条件下，对各级泵站的调蓄水位进行动态优化，寻找出最优的调蓄水位，使供水系统工作在最优状态。

2005 年，武汉大学的朱劲木针对东深供水工程优化运行问题，采用大系统分解协调方法，考虑了不同地区、不同时间段的电价对优化调度的影响，寻求梯级各泵站联合优化运行方案。武汉大学的熊晓明等发表了"梯级泵站的实时优化调度研究"，以输水成本最小为目标，考虑了电价波动和级间弃水等影响因素，提出了实时流量优化的方案，并将优化方案在东深供水梯级泵站水力仿真模拟系统上进行了验证，结果表明，经济效益明显，大大减小了系统弃水量。

2006 年，扬州大学的仇宝云等针对南水北调东线工程梯级泵站的特点，分析比较大型水泵机组各种变工况方式，并提出了南水北调东线源头泵站宜采用变速、变角运行方式；进、出湖泵站宜采用变频变速或变角运行方式；中间泵站宜采用机械式运行全调节变角运行方式等结论。2008 年，扬州大学的冯晓莉等针对江都排灌站扬程变化幅度大、变化频繁的特点，以输水效益最高为目标，在满足日提水总量的前提下，考虑分时电价等相关约束条件，建立泵站运行优化数学模型，并采用遗传算法求解，确定泵站各时段的最优开机台数和机组运行工况（叶片调节角度），结果表明，优化运行方案可显著降低运行费用。

2010 年，扬州大学的冯晓莉、仇宝云等以南水北调东线高港泵站为研究对象，以泵站主机组耗用电费最少为目标，在满足日抽水量的前提下，考虑不同时段装置扬程和分时电价的变化，建立高港泵站运行优化模型，模型采用遗传算法求解，并用退火算法处理约束条件，优化结果可显著降低运行费用。2011 年扬州大学的龚懿等开展了南水北调东线泵站（群）运行的相关优化方法研究，考虑峰谷电价影响，针对泵站多机组、并联泵站群、梯级泵站群开展了全面的研究，提出了一套优化运行理论方法，采用大系统分解、动态规划聚合优化方法，分别建立了单机组、泵站多机组、并联泵站群优化运行模型，并同级间输水渠道一维明渠非恒定流模拟相结合，提出了上、下梯级泵站提水扬程与泵站运行（开机台数、叶片角度、机组转速等）的综合优化方法。

1.3.3 梯级泵站系统水力模拟与控制研究现状

梯级泵站输水工程一般输水线路长，涉及范围广，输水建筑物种类繁多，为实现整个输水系统优化运行的目标，需要建立相应的水力仿真数学模型，对各种可能发生运行工况进行模拟分析，确定输水系统的水位、流速、流量等水力参数的变化规律，寻找可靠、经济合理的输水方案和运行控制方案，为梯级泵站输水系统的运行及控制提供参考。目前，国内外专家学者针对输水水力模拟及控制等方面已经进行了大量研究，取得了一系列的成果。

天津大学的练继建等建立了明渠—管道—明渠复杂输水系统的瞬变流计算数值仿真模型，并采用变时步的方法进行处理计算，可对实际输水中的水力过渡过程获得较为精确的模拟结果；中国水利水电科学研究院的杨开林等提出了线性变换求解渠道输水非恒定流模型，并利用该方法模拟了东深供水改造工程中—太园录站出水池莲湖泵站进水池之间的水力过渡过程，模拟效果较为精确；杨开林等针对引黄入晋输水工程变速泵的调节特性，还研究了同步电动机的调速模型及前池水位的自动控制模型，分析探讨了 PID 水位调节器的控制参数对水位调节效果的影响。武汉大学的刘梅清运用瞬变流的基本理论和数值计算方法，建立了复杂抽水系统水力过渡过程计算的数学模型，包括长管道输水系统中的两相瞬变流计算模型，泵、管、渠、池复杂抽水系统瞬变流计算模型及梯级泵站调水系统联合运行瞬变流计算模型，并以此为计算平台，建立了空气阀、调压塔、单向调压塔及水柱分离及再弥合水锤计算边界条件模型，提出了长距离输水系统的水锤防护策略，为瞬变流计算理论的完善与发展及大型调水工程的优化设计和运行提供了技术依据。

2003 年，广东粤港供水有限公司的潘志权针对东深供水工程水力过渡过程的特点，建立了管、渠、泵系统联合水力过渡过程计算的数学模型，并进行了大量的分析、计算与测试研究，研究内容包括正常工况泵站流量关联和匹配研究，泵组叶片角度的优化配置与调节研究；分析事故工况下水力过渡过程中可能存在的薄弱环节。同年，清华大学的樊红刚建立了梯级泵站全系统的仿真模型，根据各级泵站不同位置提出了两种系统流量平衡调节方法。通过调节叶片角度改变泵站流量，使中间泵站保持其前池水位不变，从而实现系统的流量自动调节平衡。

2007 年，太原理工大学的寇姝静、段富等以万家寨引黄工程为研究对象，研究系统运行仿真及优化调度。其主要思路是在系统分析的基础上，采用水力学模拟软件 Mouse，建立梯级泵站及其管网组成的综合仿真模型。同时，将大系统分解—协调模型应用于各级泵站联合运行的优化调度中，以输水能量消耗最小为目标，综合考虑目标区域需水量、输水流量约束等相关因素，求出各泵站各机组节能方案。并将运行方案在建立的综合仿真模型上进行验证，最终可实现系统的节能调度仿真。

目前，部分梯级泵站系统水力模拟及控制研究成果已经应用到现行跨流域调水工程中，山西万家寨引黄入晋输水工程采用丹麦 DHI 咨询公司的 Mouse 模型，建立了优化运行及仿真系统，并开发了一整套调度运行软件；武汉大学、清华大学、中国水利水电科学研究院对东深供水工程改造工程泵站及全系统水力过渡过程进行了计算分析，对该工程的水力过渡过程及调节控制方式进行了分析及评估，提出了工程调度运行的最佳模式及方案，并开发了输水系统过渡过程、系统流量平衡等仿真软件等。

1.4 问题的提出

梯级扬水灌区的输水系统是由多座泵站、级间输水渠道（管道），输水建筑物、灌区、受水单元等共同组成的复杂系统。其中各单级泵站是该系统的核心及主要控制单元。一般来说，进行梯级泵站工程规划设计时，通常根据水源、河道资料和级间的地形条件，确定各泵站设计扬程分配，优选泵站的机组设备，以节能降耗为目标进行规划，期望各级泵站建成后均能在高效状态下工作。但是，受灌溉区不同时段输配水的限制，并不能完全预测实际运行期间梯级泵站工作条件的实际时序状态。因此，梯级泵站输水系统规划设计可以看作是对这个庞大的系统进行特定运行工况的一种优化。

在各泵站投入运行后，由于施工、设备安装等因素的影响，对整个梯级泵站输水系统来说，其各泵站设计扬程、流量并不一定是整个系统的最优工况点。因此，为提高梯级泵站输水系统实时运行效率和时段经济效益，有必要对系统重新进行优化运行及控制研究，寻求实时优化运行及控制方案。

梯级泵站输水系统中各级泵站之间通过渠道（管道）相连，各泵站之间存在着密切的水力（水位、流量）联系，各泵站的运行受制于级间的水力状态，是泵站内优化运行的前提，而各泵站的运行状态又是级间水力状态优化的依据。由于受泵站工况调节和灌溉区间用配水量变化的影响，系统常处于运动状态，即级间水位流量处于不断变化中，因此，其泵站内优化运行及调度决策也具有实时性。而作为决策依据的流量、水位状态又受到泵站内调度决策的影响。如果被动地根据实时流量、水位状态进行优化，系统将始终处于变化中，泵站将一直处于调节状态，优化目标将很难实现。

为科学地评价梯级泵站系统的输水效率，客观地评估系统的能耗水平，需要研究梯级泵站输水系统运行效率的表述形式和指标体系。通过对代表性的梯级扬水灌溉工程实际能耗的监测和评估，研究影响系统输水效率和能耗的主要因素，建立基于动态平衡的梯级泵站输水系统优化运行及控制理论和方法。另外，通过分析影响泵站能耗的主要因素和影响机理，从优选机组、提高机组的装置效率、改善泵站设备（设施）的流态，减少能耗损失等建造技术的角度，探讨梯级泵站节能降耗的关键技术，为梯级泵站的规划设计和更新改造提供技术支持。

从建造技术的角度来看，高扬程梯级泵站的节能降耗研究主要内容包括：①从影响水泵提水效率的高含沙水流、水泵进出水管路、配套电机和附属设施等多角度分析影响水泵提水效率的主要因素，探讨提高水泵的机械效率、容积效率、水力效率的技术方法；②模拟研究泵站管道合并时的角度、前池形式、吸水管形式、泵阀布置等对水泵内部流态的影响，计算分析最优管道夹角和弯管布设形式，探寻通过改善水泵及其装置内部流态的方法提高提水效率的技术；③研究水泵工况调节方式对能耗的影响，以及梯级泵站系统区间分水后多级泵站调频运行的节能技术；④探索梯级泵站提高运行效率、降低提水能耗的运行管理和更新改造新技术。

2 梯级泵站的输水效率

2.1 梯级泵站输水系统及其特点

2.1.1 梯级泵站输水系统结构

梯级扬水灌溉工程是通过多级泵站，将低处河道的水提至高出适宜灌溉的区域进行灌溉的复杂系统，各级泵站按照其不同的扬程串联设置在输水线路上，组成泵站链逐级提水，即梯级泵站输水工程见图2-1。

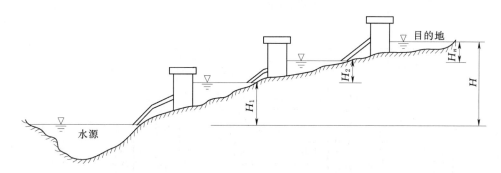

图2-1 梯级泵站输水工程示意图

梯级泵站输水系统是由梯级泵站和级间输水河道、控制建筑物组成的复杂系统。各单个泵站是调水系统的控制单元，泵站之间通过输水河道、管道串联，各级泵站之间有着密切的水力联系。各站之间的流量、水位互相影响，制约整个梯级泵站输水系统的运行，梯级泵站输水系统组成见图2-2。

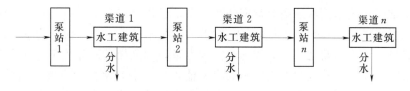

图2-2 梯级泵站输水系统组成示意图

因此，在进行运行优化时，可将梯级泵站输水系统分为泵站、输水两个相互关联的子系统。输水子系统由级间的渠道、管道、水工控制建筑物等输水设施组成。泵站子系统由各级泵站组成，泵站内部又由抽水装置和辅助装置组成。两个子系统的运行状况共同决定了系统的整体运行状态。两个系统的边界条件，内部变量及相互关系见表2-1。

系统名称	外边界条件	状态变量	决 策 变 量
泵站子系统	梯级间水位、流量值	各泵站运行效率；泵站子系统效率	泵站内运行方案：机组开关机组合，各抽水装置流量分配、水泵叶片角度、电机转速等
输水子系统	梯级间水位、流量值	梯级间输水损失；输水子系统运行效率	梯级间水位、流量
梯级泵站输水系统	梯级总扬程、流量值	梯级泵站输水系统运行效率	级间水位、流量、各级泵站内运行方案

从表 2 - 1 可以看出，泵站、输水两个子系统通过级间水位、流量水力要素相互关联。两个子系统共同决定了系统整体运行状态。现以 n 级泵站组成的梯级泵站输水系统为例，其系统结构如图 2 - 3 所示。

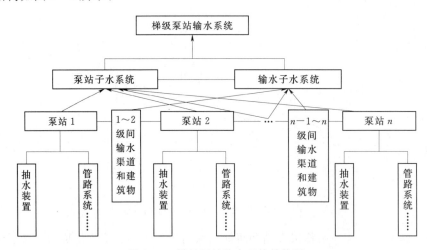

图 2 - 3   梯级泵站输水系统结构图

2.1.2 梯级泵站输水系统主要特点

梯级泵站输水系统主要有下列特点：

（1）泵站子系统和输水子系统紧密联系。泵站子系统与输水子系统通过级间水位、流量水力要素紧密联系。其一是流量联系，即上一级泵站的出水池出流量为下一级泵站的进水池的入流量，由于两站之间距离较远，需考虑级间流量相互配合及滞后影响；其二是水位联系，站间渠道上游水位为上级泵站的出水池水位，下游水位为下级泵站的前池水位，两者之间的差值为级间水力损失。其中，水位和流量是泵站系统运行的边界条件，决定了泵站子系统运行状态。而泵站运行状态的改变将反作用于输水子系统，两个系统共同决定了梯级泵站输水系统的整体运行状态。

（2）梯级泵站输水系统为水力可控系统。大型梯级泵站输水系统级间有一定的调蓄容积，梯级间水位存在一定的变化调节区间，其水位为人工控制水位。泵站为梯级泵站输水系统的主要控制单元，通过内部机组叶片、转速的调节可完成流量的调节，辅以闸门等其他水工建筑物，可最终完成级间水位、流量的控制。

（3）梯级泵站输水系统是复杂的时变系统。梯级泵站运行过程中由于级间分水、输水要求，考虑分时电价等因素，导致梯级间水位、流量以及泵站内部运行方案经常处于动态变化中，增加了系统的优化运行及控制的难度。

2.1.3 景电灌区的工程系统

甘肃省景泰川电力提灌工程（以下简称"景电工程"）地处甘肃、宁夏、内蒙古三省（自治区）交界处，是国家为解决甘肃中部景泰川地区大量的宜耕土地荒芜、沙漠南移、生态环境恶劣等问题而建设的大型高扬程梯级提灌工程。景电工程北临腾格里沙漠南缘，南至祁连山尾翼的长岭山、东临黄河、西至内陆河（石羊河）流域尾端的大靖河灌区，地理区域为东经103°20′~104°04′、北纬37°26′~38°41′之间。

景电工程分两期建成，第一期工程于1974年建成，第二期工程1994年建成，灌区分布高程在1540.00~1917.00m之间。该工程共建有泵站43座，共装机306台套，最高提水扬程达713.00m，总装机容量2.49×10^5kW，灌溉面积约0.667亿m^2，是我国目前已建成的具有代表性的多梯级、高扬程、大流量的电力提灌工程之一。

2.1.3.1 景电一期工程系统

景电一期工程共建有泵站11座，干渠总长31.8km，装机容量6.87万kW，设计提水流量10.6m^3/s，加大流量12m^3/s，设计年提水量1.48亿m^3，工程最大提水扬程445.00m。其工程系统拓扑结构如图2-4所示，各泵站的装机型号汇总见表2-2。

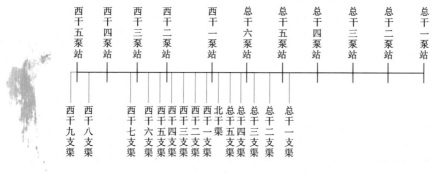

图2-4 景电一期工程系统拓扑结构图

表2-2　　　　　　　　　景电一期工程各泵站的装机型号汇总

泵站	电 动 机		水 泵						
	电机型号	额定功率（kW）	水泵型号	铭牌流量（m³/s）	设计流量（m³/s）	铭牌扬程（m）	实际扬程（m）	转速（r/min）	站内机组情况
一期一泵站	TD143/59-8	2000	32SH-9	1.86	1.96	80.0	80.71	750	6台大型泵
	YL-118/54-6	1250	24SH-9	1.07	1.00	80.0		960	2台中型泵

泵站	电动机		水泵				实际扬程(m)	转速(r/min)	站内机组情况
	电机型号	额定功率(kW)	水泵型号	铭牌流量(m³/s)	设计流量(m³/s)	铭牌扬程(m)			
一期二泵站	TD143/59-8	2000	32SH-9	1.86	2.00	80.0	80.16	750	6台大型泵
	Y710/8/2000K	2000	SLOW700-380(1)	2.00		82.0			
	YL-118/54-6	1250	24SH-9+	1.07	1.00	80.0		960	2台中型泵
	JSQ-1410-4	500	14SH-6B	0.31		96.0		1470	1台小型泵
一期三泵站	TD143/59-8	2000	32SH-9	1.86	2.00	80.0	80.40	750	6台大型泵
	Y710/8/2000K	2000	SLOW700-380(1)	2.00		82.0			
	YL-118/54-6	1250	24SH-9+	1.07	1.00	80.0		960	2台中型泵
	JSQ-1410-4	500	14SH-6B	0.31		96.0		1470	1台小型泵
一期四泵站	Y500-8	710	32SH-19	1.53		32.5	28.92	730	1台大型泵
	JSB149-6	380	SLOW500-650(1)	0.88		32.0			12台中型泵
	JSB149-6	380	24SH-19	0.88	0.96	32.0		970	
一期五泵站	Y4504-6	630	SLOW600-630(1)	1.56		32.0	26.84	980	1台大型泵
	JSB149-6	380	24SH-19	0.88	1.02	32.0		970	12台中型泵
一期六泵站	Y4504-6	630	SLOW600-630(1)	1.56		32.0	33.67	980	1台大型泵
	Y500-8	710	32SH-19	1.53		32.5			1台大型泵
	JSB149-6	380	24SH-19	0.88	0.82	32.0		970	12台中型泵
西干一泵站	JSB149-6	380	24SH-19	0.88	0.95	32.0	29.33	970	8台中型泵
	JSB149-6	380	SLOW500-650(1)	0.88	0.95	32.0			
西干二泵站	Y500-8	710	32SH-19	1.53		32.50	32.69	730	1台大型泵
	Y5003/8/630	630	SLOW600-630(1)	1.56		32.0		980	5台中型泵
	JSB149-6	380	24SH-19	0.88	0.87	32.0		970	
西干三泵站	Y5003/8/630	630	SLOW600-630(1)	1.56		32.0	28.29	980	1台大型泵
	Y5003/8/630	630	SLOW600-630(1)	1.56		32.0		980	1台大型泵
	JSB149-6	380	24SH-19	0.88	0.97	32.0		1480	3台中型泵

| 泵站 | 电 动 机 | | 水 泵 | | | | | | |
	电机型号	额定功率（kW）	水泵型号	铭牌流量（m³/s）	设计流量（m³/s）	铭牌扬程（m）	实际扬程（m）	转速（r/min）	站内机组情况
西干四泵站	JSB149-6	380	24SH-19	0.88	1.03	32.0	22.68	970	3台中型泵
西干五泵站	Y315L-4	200	SLOW350-380（1）	0.48		32.0			1台大型泵
	J02-93-4	100	14SH-19A	0.31		21.5	24.29	1450	3台小型泵

注 一期共有泵站11座，机组92台。

景电一期工程干渠中明渠的长度统计见表2-3。

表2-3　　　　　　　　景电一期工程干渠中明渠的长度统计表　　　　　单位：m

区　间	明渠长度	区　间	明渠长度
总干一泵站～总干二泵站	3074.60	总干六泵站～西干一泵站	1703.60
总干二泵站～总干三泵站	1690.99	西干一泵站～西干二泵站	7424.20
总干三泵站～总干四泵站	3051.70	西干二泵站～西干三泵站	3669.05
总干四泵站～总干五泵站	2810.45	西干三泵站～西干四泵站	2098.70
总干五泵站～总干六泵站	2023.90	西干四泵站～西干五泵站	2580.20

景电一期工程11个泵站提水高度见表2-4。

表2-4　　　　　　　　景电一期工程各泵站提水高度统计表　　　　　单位：m

泵 站 名 称	泵站提水高度	泵 站 名 称	泵站提水高度
总干一泵站	74.49	西干一泵站	27.26
总干二泵站	74.84	西干二泵站	31.26
总干三泵站	75.83	西干三泵站	26.97
总干四泵站	27.40	西干四泵站	25.64
总干五泵站	24.64	西干五泵站	25.00
总干六泵站	32.03		

2.1.3.2　景电二期工程系统

景电二期工程共建泵站30座，干支渠总长340km，总装机容量19.27万kW。设计提水流量18m³/s，加大流量21m³/s，设计年提水量2.57亿m³。最大提水高度713.00m，平均提水高度460.00m。

景电二期工程网络拓扑结构如图2-5所示（图中只给出各泵站的拓扑结构，将支斗渠略去）。

景电二期工程各泵站装机型号汇总见表2-5、表2-6。

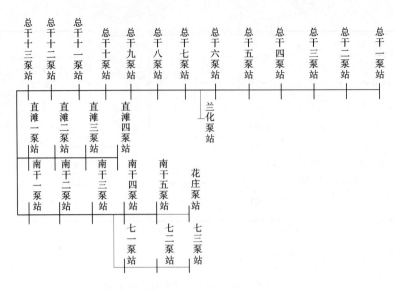

图 2-5 景电二期工程网络拓扑结构图

表 2-5　　　　　　　　　景电二期工程总干泵站装机型号汇总表

泵站	电动机		水泵						
	电机型号	额定功率（kW）	水泵型号	铭牌流量（m³/s）	设计流量（m³/s）	铭牌扬程（m）	实际扬程（m）	转速（r/min）	站内机组情况
总干一泵站	Y2240-10	2240	1200S56	3.00	2.93	56.00		595	8台大型泵
	Y500-10	780	24SH-9A	0.88		61.00	55.75	970	2台中型泵
	JS158-6	550	20SH-9	0.56	0.61	59.00		970	2台小型泵
总干二泵站	T2240-10	2240	1200S56	3.00	3.06	56.00		600	
	Y2240-10	2240	1200S56	3.00	2.92	56.00	55.48	600	8台大型泵
	JS1512-6	800	24SH-9A	0.88		61.00		970	2台小型泵
总干三泵站	T2240-10	2240	1200S56	3.00	3.04	56.00		600	
	Y2240-10	2240	1200S56	3.00	2.91	56.00	55.62	600	8台大型泵
	JS1512-6	800	24SH-9A	0.88		61.00		970	2台小型泵
总干四泵站	T2240-10	2240	1200S56	3.00	3.03	56.00		600	
	Y2240-10	2240	1200S56	3.00	2.89	56.00	55.74	600	8台大型泵
	JS1512-6	800	24SH-9A	0.88		61.00		970	2台中型泵

泵站	电 动 机		水 泵						
	电机型号	额定功率（kW）	水泵型号	铭牌流量（m³/s）	设计流量（m³/s）	铭牌扬程（m）	实际扬程（m）	转速（r/min）	站内机组情况
总干五泵站	T2240-10	2240	1200S56	3.00	3.02	56.00	55.84	600	8台大型泵
	Y2240-10	2240	1200S56	3.00	2.88	56.00		600	
	JS1512-6	800	24SH-9A	0.88		61.00		970	2台中型泵
总干六泵站	T2000-10	2000	1200S56B	3.00	2.90	44.00	44.28	595	8台大型泵
	JS158-6	550	24SH-13	0.88		47.40		970	2台中型泵
总干七泵站	Y1400-10	1400	1200S32	3.00	2.88	32.00	32.15	595	8台大型泵
	JS1410-6	410	24SH-19	0.88		32.00		970	2台中型泵
总干八泵站	T1400-10	1400	1200S32	3.00	3.01	32.00	31.92	595	6台大型泵
	JS1410-6	410	24SH-19	0.88	0.88	32.00		970	4台中型泵
总干九泵站	T1400-10	1400	1200S32	3.00	2.99	32.00	29.30	595	5台大型泵
	JS1410-6	410	24SH-19	0.88	0.87	32.00		970	6台中型泵
总干十泵站	Y1400-10	1400	1200S32	3.00	3.00	32.00	31.30	595	5台大型泵
	JS1410-6	410	24SH-19	0.88	0.90	32.00		970	3台中型泵
	Y355-6	190	20SH-19	0.56		22.00		970	1台小型泵
总干十一泵站	T1400-10	1400	1200S32	3.00	3.04	32.00	31.65	595	4台大型泵
	JS1410-6	410	24SH-19	0.88	0.89	32.00		970	5台中型泵
	Y355-6	190	20SH-19	0.56		22.00		970	1台小型泵

泵站	电 动 机		水 泵						
	电机型号	额定功率（kW）	水泵型号	铭牌流量（m³/s）	设计流量（m³/s）	铭牌扬程（m）	实际扬程（m）	转速（r/min）	站内机组情况
总干十二泵站	T1400-10	1400	1200S32	3.00	2.90	32.00	32.60	595	4台大型泵
	JS1410-6	410	24SH-19	0.88	0.86	32.00		970	4台中型泵
	Y355-6	190	20SH-19	0.56		22.00		970	1台小型泵
总干十三泵站	T1400-11	1400	1200S32	3.00	2.80	32.00	33.05	595	4台大型泵
	JS1410-7	410	24SH-19	0.88	0.85	32.00		970	5台中型泵

表 2-6　　　　　　　　景电二期工程南干泵站装机型号汇总表

泵站	电 动 机		水 泵						
	电机型号	额定功率（kW）	水泵型号	铭牌流量（m³/s）	设计流量（m³/s）	铭牌扬程（m）	实际扬程（m）	转速（r/min）	站内机组情况
南干一泵站	JS1410-6	410	24SH-19	0.88	0.95	32.00	29.60	970	9台中型泵
	JS1419-6	380	24SH-19	0.88	0.95	32.00		970	
	JS127-4	135	14SH-19	0.35	0.31	26.00		1450	2台小型泵
南干二泵站	JS1410-6	410	24SH-19	0.88	0.95	32.00	29.70	970	8台大型泵
	JSB149-6	380	24SH-19	0.88	0.95	22.00		970	1台小型泵
	JS127-4	135	14SH-19	0.35	0.31	26.00		1450	
南干三泵站	JS1410-6	410	24SH-19	0.88	0.95	32.00	29.40	970	6台大型泵
	JS127-4	135	14SH-19	0.35	0.31	26.00		1450	1台小型泵
南干四泵站	JS1410-6	410	24SH-19	0.88	0.95	32.00	28.00	970	2台大型泵
	JSB149-6	380	24SH-19	0.88	0.95	32.00		970	
	Y335-6	190	20SH-19	0.56	0.43	22.00		970	2台中型泵
	JS127-4	135	14SH-19	0.35	0.32	26.00		1450	1台小型泵

泵站	电 动 机		水 泵						
	电机型号	额定功率（kW）	水泵型号	铭牌流量（m³/s）	设计流量（m³/s）	铭牌扬程（m）	实际扬程（m）	转速（r/min）	站内机组情况
南干五泵站	JS1410－6	410	24SH－19	0.88	0.95	32.00	25.20	970	1台大型泵
	Y335－6	190	20SH－19	0.56	0.49	22.00		970	1台中型泵
	JS 127－4	135	14SH－19	0.35	0.36	26.00		1450	1台小型泵
直滩一泵站	Y280S－4	75	12SH－13A	0.20	0.18	26.00	27.71	1470	4台小型泵
直滩二泵站	JS127－4	100	14SH－19A	0.35	0.32	26.00	27.70	1450	1台大型泵
	Y280S－4	75	12SH－13A	0.20	0.18	26.00		1470	2台中型泵
直滩三泵站	J225M－4	45	10SH－13	0.14	0.085	23.50	27.60	1450	3台小型泵
直滩四泵站	J225M－4	45	10SH－13	0.14	0.083	23.50	27.79	1450	2台小型泵
边支一泵站	Y280S－4	75	12SH－13A	0.20	0.16	26.00	26.15	1470	4台小型泵
边支二泵站	Y280S－4	75	12SH－13A	0.20	0.16	26.00	26.26	1470	3台小型泵
边支三泵站	Y280S－4	75	12SH－13A	0.20	0.19	26.00	26.73	1470	2台小型泵
七一泵站	JS115－4	135	14SH－19	0.35	0.36	26.00	25.67	1450	1台小型泵
	Y135L2－4	200	SLOW350－380	0.481		32.00			3台大型泵
七二泵站	JS115－4	135	14SH－19	0.35	0.36	26.00	25.67	1450	2台大型泵
	Y135L2－4	200	SLOW350－380	0.48		32.00			2台小型泵
七三泵站	JS115－4	135	14SH－19	0.35	0.36	26.00	25.67	1450	1台大型泵
	Y135L2－4	200	SLOW350－380	0.48		32.00			3台小型泵

泵站	电 动 机		水 泵				实际扬程（m）	转速（r/min）	站内机组情况
	电机型号	额定功率（kW）	水泵型号	铭牌流量（m³/s）	设计流量（m³/s）	铭牌扬程（m）			
花庄泵站	YO88-4	75	12SH-13A	0.20	0.16	26.00	23.2	1470	2台中型泵
	J225M-4	45	10SH-13	0.14	0.136	23.50		1450	1台小型泵
兰化泵站	JQ2-72-4	30	250S14	0.14		14.00	9.31	1450	3台小型泵

景电二期工程干渠中明渠的长度统计见表 2-7。

表 2-7　　　　　景电二期工程干渠中明渠的长度统计表　　　　　单位：m

区 间	明干渠长度	区 间	明干渠长度
总干一泵站～总干二泵站	2690	总干八泵站～总干九泵站	4062
总干二泵站～总干三泵站	0	总干九泵站～总干十泵站	1214
总干三泵站～总干四泵站	592	总干十泵站～总干十一泵站	2535
总干四泵站～总干五泵站	3097	总干十一泵站～总干十二泵站	3534
总干五泵站～总干六泵站	2675	总干十二泵站～总干十三泵站	1146
总干六泵站～总干七泵站	18084	总干十三泵站～总分水闸	22160
总干七泵站～总干八泵站	13416	南干一泵站～南干五泵站	5520

景电二期工程各泵站提水高度汇总见表 2-8。

表 2-8　　　　　景电二期工程各泵站提水高度汇总　　　　　单位：m

泵 站 名 称	提 水 高 度	泵 站 名 称	提 水 高 度
总干一泵站	51.60	南干三泵站	27.59
总干二泵站	51.00	南干四泵站	26.69
总干三泵站	52.61	南干五泵站	23.85
总干四泵站	53.20	七墩台一泵站	22.90
总干五泵站	51.87	七墩台二泵站	22.67
总干六泵站	40.63	七墩台三泵站	23.58
总干七泵站	29.09	花庄泵站	22.31
总干八泵站	28.33	边外一泵站	24.35
总干九泵站	29.30	边外二泵站	24.60
总干十泵站	28.24	边外三泵站	25.10
总干十一泵站	28.30	直滩一泵站	25.40
总干十二泵站	28.81	直滩二泵站	25.85
总干十三泵站	30.35	直滩三泵站	26.05
南干一泵站	26.40	直滩四泵站	26.50
南干二泵站	27.59	兰化泵站	8.09

2.2 基于动态平衡的梯级泵站输水系统运行效率

梯级泵站输水系统运行效率代表了整个系统的运行状态，是决定系统能耗及输水费用的主要因素，也是衡量调水工程实际能耗高低的主要标准之一。以往对梯级泵站输水系统的研究侧重于单级泵站的效率研究，并没有一套能够全面反映梯级泵站输水系统运行状态的效率指标和表达式。在研究中，往往忽略梯级间水力损失等因素。事实上，长距离梯级泵站输水系统的水力损失较大，往往对系统运行效率影响巨大。因此有必要针对梯级泵站输水系统运行效率的影响因素进行全面研究，全面考虑各因素影响，提出相应的指标体系及表达式；建立系统运行效率优化模型，以各影响因素为决策变量，寻求梯级泵站输水系统运行效率最优的运行方案。

在研究时将梯级泵站输水系统分为泵站、输水两个相互关联的子系统，两个子系统的状况共同决定了整体运行状态。假定系统处于同步静态平衡状态（流量平衡），通过对两个子系统运行影响因素的研究，分别提出泵站子系统和输水子系统效率的定义和表达式，在此基础上将两者关联，提出梯级泵站输水系统运行效率的概念及相应表达式。

2.2.1 泵站子系统效率

泵站子系统效率是反映泵站系统中各级泵站运行状态的综合指标。在各级泵站内部效率计算的基础上，综合各个泵站的效率，给出泵站子系统效率的定义和表达式。

泵站子系统效率定义为水体经各级泵站后获得的能量之和与各级泵站自身消耗的能量之和的比值，表达式为：

$$\eta_{ps} = \frac{\sum\limits_{j=1}^{n} TP_j}{\sum\limits_{j=1}^{n} TP'_j} = \frac{\sum\limits_{j=1}^{n} H_j}{\dfrac{\sum\limits_{j=1}^{n} H_j}{\eta_{pump}(Q,H_j)}} = \frac{\sum\limits_{j=1}^{n} (h_j - h'_j)}{\dfrac{\sum\limits_{j=1}^{n} (h_j - h'_j)}{\eta_{pump}(Q,H_j)}} \qquad (2-1)$$

其中
$$H_j = h_j - h'_j$$

式中　　η_{ps}——泵站子系统效率；

TP_j——水体经过第 j 级泵站获得的能量，J；

TP'_j——第 j 级泵站提水所需消耗的能量，J；

H_j——为第 j 级泵站的扬程，m；

h'_j——第 j 级泵站进水池水位，m；

h_j——梯级间 j 级泵站出水池的水位，m；

$\eta_{pump}(Q,H_j)$——在流量 Q、扬程 H_j 工况下，泵站的运行效率值。

$\eta_{pump}(Q,H_j)$ 的大小由泵站内的运行方式决定，在优化计算时，为泵站内优化运行对应的最优效率。本书以泵站抽水装置联合运行效率代表单级泵站运行效率，抽水装置效率的计算可在水泵装置效率计算的基础上考虑电机效率和传动效率得出。抽水装置效率并不包括泵站进、出水池的效率。本书将泵站进、出水池的效率纳入梯级间的输水子系统的效率。

因此，泵站子系统效率可转化为以各级泵站进出水池水位、梯级间流量、泵站内效率为变量的函数。

2.2.2 输水子系统效率

输水子系统效率是反映梯级间渠道（管道）、闸门、倒虹吸等控制建筑物整体输水状态的指标。梯级泵站输水系统采用渠道（管道）进行输水，输水过程中的水力损失及水量损失是不可避免的，从某种意义上讲，对于整个梯级泵站输水系统来说，水力损失可理解为泵站能量损失的延伸，是影响输水子系统效率和系统运行效率的主要因素。本书在对输水特性分析的基础上，提出输水子系统效率的概念及表达式。

输水子系统效率定义为水体经泵站提水后，经过渠道、管道、闸门等输水设施输送到目的地（包括级间分水口）最终获得的净能量与水体经过各级泵站提水获得的总能量的比值。根据是否考虑级间水力、水量损失，级间是否有分水任务，可分为以下三种情况。

（1）考虑级间水力损失，级间无分水情况。不考虑输水水量损失，仅考虑输水水力损失，且级间无分水任务情况下，系统末级泵站输出水体的净能量即系统最终获得的净能量，对应的输水子系统效率表达式为：

$$\eta_{cs} = \frac{TP^*}{\sum\limits_{j=1}^{n} TP_j} = \frac{pgH^*}{\sum\limits_{j=1}^{n} pgH_j} = \frac{\sum\limits_{j=1}^{n}(h_j - h'_j) - \sum\limits_{j=1}^{n-1} S_{j,j+1}}{\sum\limits_{j=1}^{n}(h_j - h'_j)} \quad (2-2)$$

其中
$$h_{j+1} = h_j - S_{j,j+1}$$

式中　η_{cs}——输水系统效率；

TP^*——水体经过泵站、渠道（管道）输送到目的地（末级泵站出口）最终获得的净能量，J；

TP_j——水体经过第 j 级泵站提水获得的能量，J；

H^*——最末级泵站输出水体获得的有效扬程，即梯级间净扬程，m；

h_j——第 j 级泵站进水池水位，m；

h'_j——第 j 级泵站出水池水位，m；

h_{j+1}——第 $j+1$ 级泵站进水池水位，m；

$S_{j,j+1}$——第 j 和 $j+1$ 级泵站间渠道的水力损失，主要与级间流量、泵站进出水池水位、渠道糙率等因素相关，可采用恒定流计算得出，m；

$\sum\limits_{j=1}^{n-1} S_{j,j+1}$——输水子系统的总水力损失，m。

（2）考虑级间水力及水量损失，级间无分水情况。考虑级间水力及水量损失，无沿线分水情况下，扣除级间流量损失，渠道末级泵站输出水体的净能量即为系统最终获得的净能量，输水子系统效率表达式为：

$$\eta_{cs} = \frac{TP^*}{\sum\limits_{j=1}^{n} TP_j} = \frac{pgQ^* H^*}{\sum\limits_{j=1}^{n} pgQ_j H_j} = \frac{\left[\sum\limits_{j=1}^{n}(h_j - h'_j) - \sum\limits_{j=1}^{n-1} S_{j,j+1}\right] \times \left(Q_1 - \sum\limits_{j=1}^{n-1} q_{j,j+1} L_{j,j+1}\right)}{\sum\limits_{j=1}^{n} Q_j (h_j - h'_j)}$$

$$(2-3)$$

其中

$$Q^* = Q_1 - \sum_{j=1}^{n} q_{j-1,j} L_{j-1,j}$$

$$Q^* = Q_1 - \sum_{2}^{n} q_{j-1,j} L_{j-1,j}$$

$$H^* = \sum_{j=1}^{n}(h_j - h'_j) - \sum_{j=1}^{n-1} S_{j,j+1}$$

式中　Q^*——最末级泵站所输出的流量，等于经过首级泵站的流量减去级间的水量损失，m^3/s；

　　　Q_1——首级泵站的输出流量，m^3/s；

　　　Q_j——经过第 j 级泵站的输出流量，数值上等于首级泵站减去第 1 级至 j 级间的流量损失，m^3/s；

　　$L_{j-1,j}$——第 j 和 $j-1$ 泵站间渠道长度；

　　$q_{j-1,j}$——第 j 和 $j-1$ 泵站间单位距离的流量损失值，m^3/s；

　　　H^*——末级泵站输出的水体获得的有效扬程，m；

　　$S_{j,j+1}$——第 j 和 $j+1$ 级泵站间的渠段内的水力损失，m。

（3）考虑级间水力及水量损失，级间有分水情况。考虑级间水力、水量损失，级间有分水情况下，系统最终输出水体的净能量包括两部分：一部分为末级泵站输出水体获得的净能量；另一部分为沿线分水口输出水体获得的净能量。相应的输水子系统效率表达式为：

$$\eta_{cs} = \frac{TP^*}{\sum\limits_{j=1}^{n} TP_j} = \frac{Q^* H^* + \sum\limits_{j=1}^{n} \sum\limits_{j=1}^{jkn} Q'_{(j-1\sim j,k)} H'_{(j-1\sim j,k)}}{\sum\limits_{j=1}^{n} Q_j H_j} \qquad (2-4)$$

其中

$$Q^* = Q_1 - \sum_{j=1}^{n} q_{j-1,j} L_{j-1,j} - \sum_{j=1}^{n} \sum_{j=1}^{jkn} Q'_{(j-1\sim j,k)}$$

$$H^* = \sum_{j=1}^{n}(h_j - h'_j) - \sum_{j=1}^{n-1} S_{j,j+1}$$

$$H'_{(j-1\sim j,k)} = h_{(j-1\sim j,k)} - h'_1$$

式中　　Q^*——最末级泵站所输出的流量，等于首级泵站流量减去沿线水量损失及分水流量，m^3/s；

　　　　H^*——末级泵站输出的水体获得的有效扬程，m；

　　$Q'_{(j-1\sim j,k)}$——第 j 和 $j-1$ 级泵站间第 k 个分水口的分水流量，m^3/s；

$\sum\limits_{j=1}^{jkn} Q'_{(j-1\sim j,k)}$——第 $j-1$ 和 j 泵站间分水口流量之和，$\mathrm{m^3/s}$；

$\sum\limits_{j=1}^{n}\sum\limits_{j=1}^{jkn} Q'_{(j-1\sim j,k)}$——系统沿途所有分水口的分水总流量，$\mathrm{m^3/s}$；

$H'_{j-1\sim j,k)}$——第 $j-1$ 和 j 级泵站间第 k 个分水口输出的水体获得的净扬程，其值等于分水口处的高程与首级泵站进水池高程的差，m。

综上所述，由式（2-2）～式（2-4）可得，梯级间的输水子系统效率可转化为与梯级流量、各级泵站进出水池水位、级间水力特性为变量的函数，可在此基础上寻求提高输水子系统效率的方法和措施。

2.2.3　梯级泵站输水系统运行效率

假定系统处于同步静态平衡状态，在泵站子系统效率和输水子系统效率的基础上，提出包括两者在内的梯级泵站输水系统运行效率指标，并建立三者之间的关系。该指标可定义为水体经过多级泵站和输水系统到达目的地后获得的净能量与各级泵站消耗总能量的比值。即泵站子系统效率与输水子系统效率的乘积。因此，它可反映梯级泵站输水系统运行与输水子系统效率和泵站子系统效率之间的联系。根据输水子系统效率的三种不同表达式，梯级泵站输水系统运行效率的表达式分别为：

（1）考虑级间水力损失，沿线无分水情况。系统运行效率表达式为：

$$\eta_{pcs}=\eta_{ps}\eta_{cs}=\left(\frac{\sum\limits_{j=1}^{n}\rho g H_j}{\dfrac{\sum\limits_{j=1}^{n}\rho g H_j}{\eta_{pump}(Q,H_j)}}\right)\left(\frac{\rho g H^*}{\sum\limits_{j=1}^{n}\rho g H_j}\right)$$

$$=\frac{\sum\limits_{j=1}^{n}(h_j-h'_j)-\sum\limits_{j=1}^{n-1}S_{j,j+1}}{\dfrac{\sum\limits_{j=1}^{n}(h_j-h'_j)}{\eta_{pump}(Q,H_j)}} \tag{2-5}$$

（2）考虑级间水力及水量损失，级间无分水情况。系统运行效率表达式为：

$$\eta_{pcs}=\eta_{ps}\eta_{cs}=\left(\frac{\sum\limits_{j=1}^{n}\rho g H_j}{\dfrac{\sum\limits_{j=1}^{n}\rho g H_j}{\eta_{pump}(Q,H_j)}}\right)\left(\frac{\rho g Q^* H^*}{\sum\limits_{j=1}^{n}\rho g Q_j H_j}\right)$$

$$=\frac{H^*\times\left(Q_1-\sum\limits_{j=1}^{n-1}q_{j-1,j}L_{j-1,j}\right)}{\dfrac{\sum\limits_{j=1}^{n}(h_j-h'_j)}{\eta_{pump}(Q,H_j)}} \tag{2-6}$$

（3）考虑级间水力、水量损失，级间有分水情况。系统运行效率表达式为：

$$\eta_{pcs} = \eta_{ps}\eta_{cs} = \left(\frac{\sum\limits_{j=1}^{n} \rho g H_j}{\dfrac{\sum\limits_{j=1}^{n} \rho g H_j}{\eta_{pump}(Q_j, H_j)}} \right) \left(\frac{pgH^*}{\sum\limits_{j=1}^{n} pgH_j} \right)$$

$$= \frac{Q^* H^* + \sum\limits_{j=1}^{n}\sum\limits_{j=1}^{jkn} Q'_{(j-1\sim j,k)} H'_{(j-1\sim j,k)}}{\dfrac{\sum\limits_{j=1}^{n}(h_j - h'_j)}{\eta_{pump}(Q_j, H_j)}} \quad (2-7)$$

式（2-5）～式（2-7）中，η_{pcs} 为梯级泵站输水系统运行效率，其他符号意义同前。

因此，梯级泵站输水系统运行效率均可转化为以梯级间流量、各级泵站进出水池水位、各级泵站效率、梯级间水力特性为自变量的函数。同时，系统运行效率取决于泵站子系统效率与输水子系统效率，而梯级间的水位、流量是联系两者的统一要素。因此，在一定的边界条件下，必将存在一组的水位（扬程）、流量组合，使系统运行效率最高。

2.3 无监测设备梯级泵站的能耗评估模型与方法

为了实现对梯级泵站输水系统提水效率和耗能效率的准确评估，最好的办法是在每级泵站的提水出口都加装水量监测装置，并对每台水泵加装用电量的监测设备，通过前述的模型评价每台泵的实际单位提水量的能耗来评估输水系统的输水效率。但实际情况是，我国 20 世纪建设的大部分泵站均没有实时的监测装置或者仅有部分计量装置。以景电工程为例，景电灌区的干渠泵站的用电量都设有单独的电表计量，支渠泵站是几个泵共用一只电表计量，但这些电表仅能实现泵站实际耗电量的计量，无法实现对这些耗电量效率高低的评价。泵站流量的计量也仅在干渠的部分泵站装有电磁流量计，大部分泵站均没有实施计量。所以为实现对高扬程梯级泵站能耗的评估和提水效率的评估，急需针对现有的条件，研发一种相对准确的评估方法，对这些大型泵站的实际能耗效率进行评估，其中通过数学模型进行计算成为评估的重要途径之一。

2.3.1 无监测设备泵站提水量求取的数学模型

为了在现有的条件下获得梯级泵站输水系统各泵站的提水量，就必须获得各段渠道上损耗的水量。在输水流量一定的情况下，假设单位长度输水渠道的渗漏损失基本相同，则该段渠道上单位长度的水量损失应该近似相同；如果在某段渠道上流过的水量不同，则在该段渠道上损失的水量应该与该段渠道上流过的水量成近似的正比关系。所以，在假设各段干渠的工程质量相同的前提下，则各段干渠上的水量损耗可以看成与干渠长度和干渠上通过水量的乘积成正比。

以甘肃省景电工程为例，鉴于目前景电一期、二期工程灌区除总干一泵站外各泵站的出水口均没有安装水量计量装置，有了以上假设，各泵站的实际提水量可按下面的方法近似获得。

以总干渠不带分支泵站的情况为例（主干带分支的情况与不带分支的情况原理相同），设工程共有 m 级提水泵站见图 2-6，泵 1 为一级泵站，泵 m 为最后一级泵站。

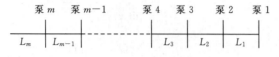

图 2-6　提水泵站示意图

如果把干渠上的所有独斗渠都看成是支渠，用 V_i 表示每年第 i 个泵站以后所有支渠口水量之和；L_i 表示第 i 个泵至第 $i+1$ 个泵之间的干渠长度，如果与第 i 泵相邻的下级泵有多个，则 L_i 为第 i 泵相邻的下级泵站之间的干渠的总长度。则每段干渠上水量损失可按式（2-8）计算：

$$V_{i损} = \frac{V_i L_i}{\sum\limits_{i=1}^{m} V_i L_i}(V_{1提} - V_1) \tag{2-8}$$

式中　$V_{1提}$——一级提水泵站当年的提水总量，由于在一级泵站一般都装有提水量测装置，该数据是已知的；

$V_{i损}$——第 i 段干渠上损失的水量；

V_1——当年干渠上所有支渠的水量之和。

设 $V_{i提}$ 表示第 i 个泵站实际的提水容量，如果提灌工程的干渠没有分支，则每个泵站的实际提水量可按式（2-9）或式（2-10）计算：

$$V_{i提} = V_{1提} - (V_1 - V_i) - \frac{\sum\limits_{i=1}^{i-1} V_i L_i}{\sum\limits_{i=1}^{m} V_i L_i}(V_{1提} - V_1) \tag{2-9}$$

$$V_{i提} = V_i + \frac{\sum\limits_{i=1}^{m-i+1} V_{m-i+1} L_{m-i+1}}{\sum\limits_{i=1}^{m} V_i L_i}(V_{1提} - V_1) \tag{2-10}$$

式（2-9）表示第 i 泵站的提水量等于一级泵站提水量减去本站前面的支口水量之和（$V_1 - V_i$ 其实就是本站前面支口水量之和，即从一级泵站到第 i 泵站之间的支口水量之和），再减去本站前面的干渠损耗的水量之和。

式（2-10）表示每个泵站的提水量等于其后面所有支口水量之和，加上该泵站后面所有干渠损耗的水量之和。

以上两式虽然表现形式不同，但其实只要稍加变换，就可知这两式的结果是相同的。如果干渠有分支，则泵站的提水量只能按式（2-10）来求取。

2.3.2 泵站效率及能耗的评估模型

2.3.2.1 泵站效率评估

有了各泵站的提水量，以及各泵站的实际耗电量，就可以算出各泵站的实际效率。设泵站 i 的提水高程为 H_i，实际提水量为 $V_{i提}$，泵站 i 每年所耗费的电量为 W_i，则该泵站当年的综合效率可按式（2-11）计算：

$$\eta_i = \frac{9800 V_{i提} H_i}{W_i \times 3.6 \times 10^6} \tag{2-11}$$

式中　η_i——泵站 i 的效率。

2.3.2.2 工程总效率评估

输水工程系统的总体效率用工程实际提水做功之和除以工程的实际能耗即可求得，工程总效率可按式（2-12）计算：

$$\eta_总 = \frac{9800 \sum_{i=1}^{n} V_{i提} H_i}{W \times 3.6 \times 10^6} \tag{2-12}$$

式中　$\eta_总$——工程总效率；
　　　　其他符号意义同前。

2.3.2.3 工程总体能耗评估

在前面所获得每个泵站每年设计提水总量的基础上，可以得出工程提水总体能耗的评估方法，以每万立方米水提高 10m 的能量消耗来表示，可按式（2-13）计算：

$$\xi = \frac{W \times 10^4 \times 10}{\sum_{i=1}^{n} V_{i提} H_i} = \frac{W \times 10^5}{\sum_{i=1}^{n} V_{i提} H_i} \tag{2-13}$$

式中　ξ——工程总体能耗；
　　　　其他符号意义同前。

2.4　无监测设备的梯级泵站效率评估模型应用

2.4.1　景电一期工程泵站效率评估

景电一期工程包括总干渠泵站和西干渠泵站总共 11 级提水泵站见图 2-4。其中总干渠泵站共 6 级，即总干一～总干六泵站；总干六泵站之后接 5 级西干泵站，即西干一～西干五泵站。灌区的分水支渠（口）分布情况为：总干渠道上布置有总干一支渠～总干五支渠以及北干渠共 6 条支渠（口）；西干渠上的分水支渠（口）分布情况为：布置有西干一支渠～西干九支渠共 9 个支口。

应用上述估算模型进行分析时，以 2008～2012 年作为典型年进行分析，在这些年度，渠道输水稳定，无事故发生，能够代表景电一期工程灌区能耗的实际情况。

2008～2012 年景电一期工程各泵站用电量统计见表 2-9。

泵站名称	2008 年用电量	2009 年用电量	2010 年用电量	2011 年用电量	2012 年用电量
总耗电量	20972.6000	21897.8200	22012.6600	21395.6201	22401.2558
总干一泵站	4262.5700	4450.6164	4550.47615	4265.2768	4427.7858
总干二泵站	4262.5700	4450.6164	4550.47615	4337.1062	4600.5528
总干三泵站	4296.8580	4486.4170	4482.80081	4287.5232	4487.5232
总干四泵站	1810.2430	1890.1034	1896.55864	1839.3738	1942.3566
总干五泵站	1669.9350	1743.6048	1678.28262	1745.3463	1866.7322
总干六泵站	1821.4540	1901.8084	1823.39057	1893.7632	2013.4562
西干一泵站	1010.4280	1055.0033	1058.35553	1047.1394	1092.9722
西干二泵站	1845.0970	1926.4943	1972.3195	1980.0912	1969.8768
西干三泵站					
西干四泵站					
西干五泵站					

利用景电一期工程各支口（独斗口）典型年的年提水量数据，可算得前述所用 V_i 值，将景电一期工程典型年的总提水量以及表 2-3 的值代入式（2-9）或式（2-10）可得到 2008～2012 年景电一期工程灌区 11 个泵站典型年的实际提水量，各泵站实际提水量汇总见表 2-10。

泵站名称	2008 年提水量	2009 年提水量	2010 年提水量	2011 年提水量	2012 年提水量
总干一泵站	144738600	151240301	140192700	140143697	141665018
总干二泵站	143580572	150030254	138316111	138771726	140194333
总干三泵站	143266598	149702177	137695783	139249130	140669812
总干四泵站	142886779	149305296	136576287	139164488	140585511
总干五泵站	140074338	146366519	133619362	136804924	138226206
总干六泵站	125462649	131098469	1186287020	119976527	121397253
西干一泵站	81272630	84923421	78516891	82160921	83577575
西干二泵站	61280709	64033457	57817115.73	60070716	61376800
西干三泵站	39733518	41518359	35868040.64	37499813	38906356
西干四泵站	25423797	26565841	21889954.88	22070674	23177752
西干五泵站	11720190	12246664	9307079.128	16504791	17504791

有了各泵站的实际提水量、提水高度、典型年度耗电量，利用式（2-11）即可得到 2008～2012 年景电一期工程各泵站提水效率汇总见表 2-11。

表 2-11　　　　　　　　2008～2012 年景电一期工程各泵站提水效率汇总

泵站名称	提水高度（m）	2008年提水效率（%）	2009年提水效率（%）	2010年提水效率（%）	2011年提水效率（%）	2012年提水效率（%）	五年平均提水效率（%）
总干一泵站	74.49	68.85	68.85	67.94	66.63	67.65	67.98
总干二泵站	74.84	68.62	68.68	67.35	65.19	67.64	67.50
总干三泵站	75.83	68.83	68.88	68.96	67.04	68.38	68.42
总干四泵站	27.4	58.87	58.92	58.42	56.43	57.62	58.05
总干五泵站	24.64	56.26	56.31	58.08	52.58	55.21	55.69
总干六泵站	32.03	60.06	60.11	61.69	55.24	60.31	59.48
总干泵站平均效率		63.58	63.58	63.63	63.74	60.52	62.80
西干一泵站	27.26	59.69	59.73	59.87	59.69	58.63	59.52
西干二泵站	31.26	58.01	58.06	53.57	58.05	57.06	54.5
西干三泵站	26.97						
西干四泵站	25.64						
西干五泵站	25						
西干泵站平均效率		56.76	58.85	58.90	56.72	58.87	57.85

2.4.2　景电二期工程泵站效率评估

　　景电二期工程的网络拓扑结构如图 2-5 所示，景电二期工程共建有总干泵站 13 座，在总干渠分水闸处分成南干渠、民调渠、北干渠共 3 条渠，在总干分水闸处民调、北干渠渠口设有自动水量计量装置；南干渠以后设有南干一泵站～南干五泵站、七墩台 3 级泵站以及花庄泵站；另外，直滩一泵站～直滩四泵站的渠口接于总干十三泵站至总干分水闸之间，且在渠口有计量装置；为了计算方便，将景电二期工程的南干渠、民调渠、北干渠、以及直滩一泵站的渠口均先作为支渠口处理。

　　表 2-12 是 2008～2012 年景电二期工程各泵站用电量统计表，为了计算简化，将南干一泵站～南干五泵站作为一个区间先进行处理。

表 2-12　　　　　　　　2008～2012 年景电二期工程各泵站用电量统计　　　　　　单位：万 kW·h

泵站名称	2008年用电量	2009年用电量	2010年用电量	2011年用电量	2012年用电量
总耗电量	61560.50	64872.80	64114.97	65123.06	67686.51
总干一泵站	6677.44	7115.03	7106.34	7210.26	7438.83
总干二泵站	6572.60	6940.45	6745.15	6839.13	7250.81
总干三泵站	6633.16	6909.15	7326.95	7253.94	7879.43
总干四泵站	6452.63	6934.00	6892.14	6971.35	7410.58
总干五泵站	6397.36	6721.42	6971.35	6892.27	7291.49
总干六泵站	5451.93	5724.36	5823.04	5823.04	6127.42
总干七泵站	3702.75	3979.56	4062.92	4062.92	4325.14

泵站名称	2008 年用电量	2009 年用电量	2010 年用电量	2011 年用电量	2012 年用电量
总干八泵站	3246.88	3472.94	3564.21	3564.21	3593.10
总干九泵站	3075.84	3040.53	3158.11	3153.10	3223.88
总干十泵站	2637.15	2756.23	2718.56	2829.41	2950.35
总干十一泵站	2319.70	2462.55	2691.77	2591.90	2689.73
总干十二泵站	2233.47	2439.52	2609.14	2503.13	2420.26
总干十三泵站	2248.62	2456.09	1633.21	2622.20	2364.80
南干一泵站	1017.81	1005.15	976.95	976.97	1016.47
南干二泵站	811.07	817.53	778.23	777.46	633.53
南干三泵站	613.06	637.12	600.32	594.09	600.63
南干四泵站	543.20	438.68	456.58	457.68	470.07
南干五泵站					
七墩台一泵站	564.50	698.74	550.42	584.50	700.74
七墩台二泵站					
七墩台三泵站					
花庄泵站					
边外一泵站	74.24	162.56	145.47	140.58	165.56
边外二泵站					
边外三泵站					
直滩一泵站	272.49	204.46	250.87	262.49	274.46
直滩二泵站					
直滩三泵站					
直滩四泵站					

　　利用景电二期工程各支口（独斗口）典型年年提水数据，可算得前述所用 V_i 值，将景电二期工程典型年的总提水量以及表 2-12 的值代入式（2-9）或式（2-10）可得到 2008～2012 年景电二期工程各泵站实际提水量见表 2-13。

表 2-13　　　　　　　2008～2012 年景电二期工程各泵站实际提水量　　　　　　单位：m^3

泵站名称	2008 年提水量	2009 年提水量	2010 年提水量	2011 年提水量	2012 年提水量
总提水量	318682000	321113500	326427400	350463800	343652400
总干一泵站	318682000	321113781	326427400	350463800	343652400
总干二泵站	318298769	320752079	326044169	350080569	343290698
总干三泵站	318084412	320596293	325829812	349866212	343134912
总干四泵站	317611037	320214548	325175314	349211714	342753167
总干五泵站	316956539	319365822	324661154	348697554	341904441
总干六泵站	316442379	318591332	312929614	336966014	341129951

泵站名称	2008 年提水量	2009 年提水量	2010 年提水量	2011 年提水量	2012 年提水量
总干七泵站	304710839	305746901	286838470	310874870	328285520
总干八泵站	278619695	278410323	262617316	286653716	300948942
总干九泵站	254398541	255690302	238252529	262288929	278228921
总干十泵站	230033754	233409979	211719997	235756397	255948598
总干十一泵站	203501222	205853480	202173768	226210168	228392099
总干十二泵站	193954993	195402338	192627539	216663939	217940957
总干十三泵站	190705406	191684943	189377952	213414352	214223562
南干一泵站	82956816	78201573	81629362	105665762	100740192

用泵站的实际提水量、提水高度、典型年度耗电量，利用式（2-11）即可得到 2008 ～2012 的景电二期工程各泵站提水效率汇总见表 2-14。

表 2-14 　　　　2008～2012 年景电二期工程各泵站提水效率汇总

泵站名称	提水高度 (m)	2008 年效率 (%)	2009 年效率 (%)	2010 年效率 (%)	2011 年效率 (%)	2012 年效率 (%)	五年平均效率 (%)
总干一泵站	51.60	67.04	63.27	64.52	68.28	64.89	65.60
总干二泵站	51.00	67.23	64.16	67.11	71.07	65.73	67.06
总干三泵站	52.61	68.68	66.45	63.69	69.07	62.37	66.05
总干四泵站	53.20	71.28	66.88	68.33	72.54	66.98	69.20
总干五泵站	51.87	69.96	67.09	65.76	71.44	66.21	68.09
总干六泵站	40.63	64.20	61.56	59.44	64.00	61.58	62.16
总干七泵站	29.09	65.17	60.84	55.91	60.59	60.11	60.52
总干八泵站	28.33	66.18	61.82	56.82	62.02	64.59	62.29
总干九泵站	29.30	65.97	67.07	60.17	58.70	61.76	62.73
总干十泵站	28.24	67.06	65.10	59.87	57.48	61.03	62.11
总干十一泵站	28.30	67.58	64.40	57.86	61.59	59.64	62.21
总干十二泵站	28.81	68.11	62.82	57.90	65.56	63.55	63.59
总干十三泵站	30.35	70.07	64.48	64.80	64.80	64.80	65.79
总干泵站平均效率		64.85	64.30	61.71	65.16	63.33	64.42
南干一泵站	26.40	58.58	55.91	55.51	59.01	57.58	57.58
南干二泵站	27.59	58.86	61.62	56.52	57.86	59.26	59.26
南干三泵站	27.59	60.12	60.63	58.78	59.12	60.06	60.06
南干四泵站	26.69	57.89	56.44	56.77	57.99	57.28	57.28
南干五泵站	23.85	50.23	50.22	53.13	51.33	51.43	51.43
南干泵站平均效率		57.14	56.96	56.14	57.06	58.30	57.12

为方便对所计算的数据与泵站实际的装置和水泵性能做比对，在分析时将2008～2012年景电一期、二期工程的泵站效率与主要水泵的铭牌流量、铭牌扬程、实际扬程和提水高度等参数汇总见表2-15。

表 2-15 2008～2012年泵站提水效率汇总

泵站名称		提水高度（m）	总扬程（m）	水泵安装情况			2008～2012年平均提水效率（%）	备注
				铭牌流量（m³/s）	铭牌扬程（m）	台数（台）		
景电一期工程	总干一泵站	74.49	80.71	1.860	80.0	6	67.98	
				1.070	80.0	2		
	总干二泵站	74.84	80.16	1.860	80.0	5	67.50	主力泵为大泵
				1.070	80.0	3		
				0.305	96.0	1		
	总干三泵站	75.83	80.40	1.860	80.0	5	68.42	主力泵为大泵
				1.070	80.0	3		
				0.305	96.0	1		
	总干四泵站	27.40	28.92	0.880	32.0	12	58.05	主力泵为中泵
				1.530	32.5	1		
	总干五泵站	24.64	26.84	0.880	32.0	13	55.69	主力泵为中泵
	总干六泵站	32.03	33.67	0.880	32.0	14	59.48	主力泵为中泵
	西干一泵站	27.26	29.33	0.880	32.0	8	59.52	主力泵为中泵
	西干二泵站	31.26	32.69	0.880	32.0	5	54.50	主力泵为中泵
				1.530	32.50	1		
	西干三泵站	26.97	28.29	0.880	32.0	4		
				0.350	26.0	1		
	西干四泵站	25.64	26.18	0.880	32.0	3		
	西干五泵站	25.00	24.29	0.310	21.5	4		
景电二期工程	总干一泵站	51.60	55.75	3.000	56.0	8	65.60	主力泵为大泵
				0.880	61.0	2		
				0.560	59.0	2		
	总干二泵站	51.00	55.48	3.000	56.0	8	67.06	主力泵为大泵
				0.880	61.0	2		
	总干三泵站	52.61	55.62	3.000	56.0	8	66.05	主力泵为大泵
				0.880	61.0	2		
	总干四泵站	53.20	55.74	3.000	56.0	8	69.20	主力泵为大泵
				0.880	61.0	2		
	总干五泵站	51.87	55.84	3.000	56.0	8	68.09	主力泵为大泵
				0.880	61.0	2		

| 泵站名称 | 提水高度（m） | 总扬程（m） | 水泵安装情况 | | | 2008～2012年平均提水效率（%） | 备　注 |
			铭牌流量（m³/s）	铭牌扬程（m）	台数（台）		
总干六泵站	40.63	44.28	3.000	44.0	8	62.16	主力泵为大泵
			0.880	47.4	2		
总干七泵站	29.09	32.15	3.000	32.0	8	60.52	主力泵为大泵
			0.880	32.0	2		
总干八泵站	28.33	31.92	3.000	32.0	6	62.29	主力泵为大泵
			0.880	32.0	4		
总干九泵站	29.30	32.10	3.000	32.0	5	62.73	主力泵为大泵
			0.880	32.0	6		
总干十泵站	28.24	31.30	3.000	32.0	5	62.11	主力泵为大泵
			0.880	32.0	4		
总干十一泵站	28.30	31.65	3.000	32.0	4	62.21	主力泵为大泵
			0.880	32.0	6		
总十二站泵站	28.81	32.60	3.000	32.0	4	63.59	主力泵为大泵
			0.880	32.0	5		
总干十三泵站	30.35	33.05	3.000	32.0	4	65.79	主力泵为大泵
			0.880	32.0	5		
南干一泵站	26.40	29.50	0.880	32.0	7	57.28	主力泵为中泵
			0.350	26.0	4		
南干二泵站	27.59	29.70	0.880	32.0	6	59.26	主力泵为中泵
			0.350	26.0	3		
南干三泵站	27.59	29.40	0.880	32.0	5	60.06	主力泵为中泵
			0.350	26.0	2		
南干四泵站	26.69	28.00	0.880	32.0	1	57.28	主力泵为中泵
			0.560	22.0	4		
			0.350	26.0	1		
南干五泵站	23.85	25.20	0.560	22.0	2	51.43	
			0.350	26.0	1		
七一泵站	22.90	25.67	0.350	26.0	4		
七二泵站	22.67	24.00	0.350	26.0	2		
			0.200	26.0	2	42.79	低压泵站
七三站泵	23.58	25.23	0.350	26.0	2		
			0.200	26.0	2		
花庄泵站	22.31	23.78	0.200	26.0	2		
			0.135	23.5	1		

景电二期工程

泵站名称		提水高度（m）	总扬程（m）	水泵安装情况			2008～2012 年平均提水效率（%）	备　注
				铭牌流量（m³/s）	铭牌扬程（m）	台数（台）		
景电二期工程	直一泵站	25.40	27.11	0.200	26.0	4	35.62	低压泵站
	直二泵站	25.85	27.70	0.350	26.0	1		
				0.200	26.0	2		
	直三泵站	26.05	27.60	0.135	23.5	3		
	直四泵站	26.50	27.97	0.135	23.5	2		
	边外一泵站	24.35	26.16	0.200	26.0	4	47.48	低压泵站
	边外二泵站	24.60	26.26	0.200	26.0	3		
	边外三泵站	25.10	27.33	0.200	26.0	2		

2.5　泵站效率评估结果分析

2.5.1　总体规律分析

由上述无监测设备泵站效率评估模型分析可见，景电一期、二期工程总泵站多年平均提水效率分别为 62.8％和 64.42％，景电一期工程西干泵站的多年提水效率为 57.85％，景电二期工程的南干泵站多年平均提水效率为 57.12％，景电二期工程的七墩台和边外泵站等支线泵站，多年平均提水效率分别为 42.79％和 47.48％，景电二期工程直滩泵站的多年平均的提水效率仅为 35.62％。

利用表 2-15 中的数据，对高压泵、主力泵为大泵的高压泵站、主力泵为中泵的高压泵站以及低压泵站的效率进行算术平均整理，图 2-7 所示的是所有水泵数据都参与统计的不同泵站的多年平均效率的比对图。从图 2-8 中可以看出，大泵高压泵站的效率最高，中泵高压泵站次之，低压泵站效率最低。

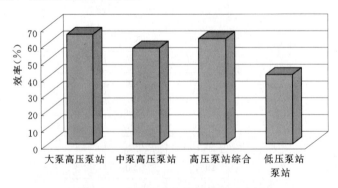

图 2-7　各泵站多年平均效率对比图

为了分析相对准确，在分析时，由于景电一期工程西干二泵站～西干五泵站 4 个泵站共用一块计量电表，而西干五泵站为低压泵，所以在数据处理时予以剔除；景电二期工程的总干六泵站、南干四泵站、南干五泵站、直滩一泵站、直滩四泵站等泵站由于存在严重设计缺陷，或因为高低压混合而在电费计量时却共用一块电表，在进行不同类型的泵站的效率的算术平均值时予以剔除。图2-8所示的是剔出了这些水泵扬程完全不合理的泵站后的统计数据。

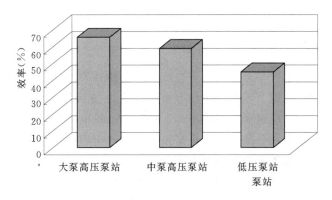

图2-8　剔出部分问题泵站后的各类泵站效率对比图

从图2-7和图2-8泵站的提水效率可以得出下列总体规律：

（1）高压泵站的效率要明显高于低压泵站的效率。

（2）主力泵的铭牌流量较大的泵站效率要高于主力泵铭牌流量小的泵站。在扬程匹配的情况下，水泵流量越大泵站效率越高，高压泵效率远高于低压泵。

（3）从评估的总体结果来看，凡是水泵设计扬程与实际扬程不匹配的泵站，其最终的效率必然低下。水泵的铭牌扬程如果小于设计总扬程1.00m以上时，将会严重影响水泵的提水效率。

2.5.2　具体情况分析

（1）景电一期工程总干四泵站、总干五泵站2008～2012年的平均效率分别为58.05％和55.69％，与其他泵站相比较低。其主要原因是这两个泵站的水泵铭牌扬程与设计扬程没有很好的匹配。

（2）景电二期工程总干六泵站的多年平均效率为62.16％，低于二期工程总干的其他条件类似的泵站，究其原因主要是因为总干六泵站有两台0.88m³/s的机组铭牌扬程（47.40m）超过设计总扬程（44.28m）3.00m的缘故，另外其塔式出水池的流态对泵站的整体效率有一定影响。

（3）景电二期工程的直滩一泵站～直滩四泵站的效率仅为35.62％，远远低于其他泵站的效率，甚至与同为低压泵的边外泵站以及七墩台泵站相比也有明显差距。查阅相关的技术参数，直滩一泵站～直滩四泵站的总扬程分别为：27.11m、27.70m、27.60m、27.97m，而选用的水泵的铭牌扬程分别为：26.00m、26.00m、23.50m、23.50m，铭牌扬程远低于总扬程是造成泵站效率低下的根本原因。

（4）景电二期工程南干四泵站、南干五泵站总体效率低下的原因是：南干四泵站4台流量为0.56m³/s的机组铭牌扬程（22.00m）远小于设计总扬程（28.00m），南干五泵站

2 台流量为 0.56m³/s 的机组铭牌扬程（22.00m）远小于设计总扬程（25.20m）所致。可见当水泵的铭牌扬程小于实际扬程时，对泵站的总体效率影响十分明显。

（5）造成景电二期工程七墩台、边外、直滩等低压泵站普遍效率远低于高压泵站的原因有两方面：其一可能是由于低压水泵本身的效率与高压泵相比有差距（包括水泵效率以及电机效率）；其二是由于与高压泵相比，低压泵站多了变损这一环节。

2.5.3 泵站效率低下的原因分析

景电工程的泵站提水效率分析表明，造成泵站总体效率不高的主要原因有：

（1）泵型选择和电机配套不当。主要是泵站的设计扬程与水泵的额定扬程相差过大、电机与水泵功率不匹配，出现"大马拉小车"情况。如景电一期工程总干四泵站、总干五泵站，景电二期工程总干六泵站等好几个泵站的水泵的铭牌扬程与设计扬程没有很好的匹配，导致泵站效率较相同条件的泵站效率要低。

（2）泵站选用水泵的铭牌扬程与设计总扬程不匹配。

（3）泵站电机的运行电压等级的影响。从实际评估结果来看，低压泵的效率比高压泵的效率至少低 14%。

（4）水泵汽蚀和含沙水流的影响。由于泵站水泵大部分时间输送的是含沙水，尤其在洪水期含沙量更大，含沙水在泵内形成两相流，水泵容易发生汽蚀，汽蚀和泥沙磨损又相互作用，对水泵的过流部件造成严重的磨损，水泵泄露量加大，容积效率降低，从而使水泵整体效率下降。

另外，由于水中含有大量的泥沙，在水泵输水过程中，泥沙对于水泵的运行效率产生了一定的影响。同时由于水容重的增加，当水流速度发生变化时，水中漩涡及水体之间的相互撞击增多，从而使水力损失增大。由于含沙水流使得水泵的三种损失都有所增加，三个局部效率都在下降，因而水泵的整体效率会明显降低。

（5）水泵本身的工作条件、泵运行工况的影响。在选用泵时应根据泵的运行条件和运行方式、吸出高程、流量等具体情况，选用效率高、符合要求的水泵机组。

（6）由于拦污栅堵塞、前池水位过低，前池流态不良引起的输水管路进气等原因造成离心泵抽空及空转。

（7）工作人员的运行维护的影响。工作人员未严格按泵启动和操作规程进行操作，也会经常造成泵的汽蚀现象，引起泵噪声大、振动大、泵效低。

2.5.4 工程总效率

按式（2-13）结合本章中各泵站的实际提水高度、各泵站的实际提水量以及工程的总耗电量，可以求得景电一期、二期工程的总效率分别为：景电一期工程总效率为 64.35%；景电二期工程总效率为 64.38%；景电一期、二期工程综合效率为 64.37%

相关文献表明，国外大型泵站的提水效率可达 75% 以上，国内同类泵站普遍的提水效率仅为 60% 左右，景电工程的泵站与具有先进设备装置和管理水平的国外同类泵站相比，通过更新改造和优化调度和管理，提高提水效率，降低泵站能耗的空间还很大。

3 水泵的运行效率

3.1 水泵效率概述

水泵是泵站中最主要的设备，也是泵站工程的心脏。水泵设计制造、选型配套、安装运行、维护管理的好坏，不仅对工程投资有很大影响，而且与节约能源、降低成本、提高经济效益有密切关系。

水泵效率的高低，直接影响装置效率和泵站的能源消耗。所以，水泵的效率是水泵的一项重要的技术经济指标。影响水泵效率的因素一般有泵的各种损失（包括机械损失、水力损失、容积损失），原动力机与泵不配套，泵运行中存在的各种故障等。

3.2 水泵性能与选型

3.2.1 水泵性能

水泵的性能是指水泵运行时，在一定的转速下，其流量与扬程、流量与轴功率、流量与效率、流量与允许吸上真空高度或必需空蚀余量等之间的相互关系。了解和掌握这些关系的变化规律，对正确选泵、合理用泵、充分发挥水泵的最大潜能，具有重要的意义。

3.2.1.1 水泵的性能参数

水泵的性能是用性能参数来表示的，一般有流量、扬程、功率、效率、转速、允许吸上真空高度或必需空蚀余量等。

（1）流量。流量又称出水量，是指水泵在单位时间内抽出水体的体积或重量，用符号 Q 表示，单位为 L/s、m^3/s、m^3/h 或 t/h 等。

水泵铭牌上标出的流量为额定流量，水泵的尺寸及形状是根据这一特定流量而设计的，为此，额定流量又称设计流量。

（2）扬程。扬程是指水泵所抽送的单位重量的液体从泵进口（泵进口法兰）到出口（泵出口法兰）能量的增值。也就是水泵对单位重量的液体所做的功，用字母 H 表示，单位为 m。

根据定义，水泵的扬程表达式为：

$$H = E_1 - E_2 \tag{3-1}$$

式中　E_1——在泵进口处单位重量液体的能量，m；

　　　E_2——在泵出口处单位重量液体的能量，m。

单位重量液体的能量在水力学中称为水头，通常由压力水头 $\dfrac{p}{\rho g}$、速度水头 $\dfrac{v^2}{2g}$ 和位置

水头 Z 三部分组成，表达式为：

$$E_1 = \frac{p_1}{\rho g} + \frac{v_1^2}{2g} + Z_1 \qquad (3-2)$$

$$E_2 = \frac{p_2}{\rho g} + \frac{v_2^2}{2g} + Z_2 \qquad (3-3)$$

式中　p_1、p_2——水泵进口、出口处液体的静压力，Pa；

　　　v_1、v_2——水泵进口、出口处液体的速度，m/s；

　　　Z_1、Z_2——水泵进口、出口处至测量基准面的距离，m；

　　　　　ρ——液体密度，kg/m³；

　　　　　g——重力加速度，m/s²。

因此，水泵扬程可按式（3-4）计算：

$$H = E_2 - E_1 = \frac{p_2 - p_1}{\rho g} + \frac{v_2 - v_1}{2g} + (Z_2 - Z_1) \qquad (3-4)$$

需要强调的是：①水泵的扬程是表征泵本身性能的，只和水泵进口、出口法兰处的液体能量有关，而和水泵装置无直接关系。但是，可通过装置中液体的能量表示水泵的扬程。②水泵的扬程并不等于扬水高度，扬程是一个能量概念，既包括了吸水高度的因素，也包括了出口压水高度，还包括了管道中的水力损失。

（3）功率。功率是指水泵在动力机带动下，单位时间内所做功的大小。

水泵的功率分有效功率、轴功率和配套功率三种。

1）有效功率。有效功率又称水泵的输出功率。是指通过水泵的水流所得到的功率，用符号 $N_{效}$ 表示，单位为 kW。可按式（3-5）计算

$$N_{效} = \frac{\gamma Q H}{1000} \qquad (3-5)$$

式中　γ——水的重度，$\gamma = 9.8 \mathrm{kN/m^3}$；

　　　Q——水泵流量，m³/s；

　　　H——水泵扬程，m。

2）轴功率。轴功率又称水泵的输入功率，是指动力机传给水泵轴的功率，用符号 N 表示，单位为 kW。轴功率等于有效功率加上水泵内的损失功率。

水泵铭牌上的轴功率是指通过设计流量时的轴功率，又称额定轴功率。

3）配套功率。配套功率是指水泵应选配的动力机功率，用符号 $N_{配}$ 表示，单位为 kW。配套功率等于轴功率 N 与传动损失功率之和。

（4）效率。

1）效率的定义。效率是水泵在提水过程中对动力利用的一项技术经济指标，用符号 η 表示。水泵效率是衡量水泵工作效能高低的一项技术经济指标。在实际工作中，水泵的有效功率总是小于轴功率的，这是因为在水泵把能量传给水的过程中，存在着各项能量损失，其中主要有机械损失、容积损失和水力损失。

因此，水泵效率就是有效功率和轴功率的比值，用百分数表示，表达式为：

$$\eta = \frac{N_{效}}{N} \times 100\% \qquad (3-6)$$

式中　η——水泵效率，%；

　　　N——轴功率，kW；

　　$N_{效}$——有效功率，kW。

2）损失功率。

①机械损失功率及机械效率。第一，机械损失功率是指泵轴转动时与轴封填料、轴承及叶轮表面与水体间等摩擦所消耗的功率，用符号 N_m 表示。第二，轴功率和机械损失功率的差与轴功率之比称为机械效率，用符号 η_m 表示，表达式为：

$$\eta_m = \frac{N - N_m}{N} \times 100\% \qquad (3-7)$$

②容积损失功率及容积效率。第一，容积损失功率是指泵内水流从高压处经缝隙向低压处的内漏和从轴封装置等处的外漏所造成的损失功率，用符号 N_v 表示。第二，水泵出口流出的流量 Q 与进口流量（出口流量 Q＋损失流量 q）之比称为容积效率，用符号 η_v 表示，表达式为：

$$\eta_v = \frac{Q}{Q+q} \times 100\% \qquad (3-8)$$

③水力损失功率及水力效率。第一，水力损失功率是指水流进入泵体后经吸水室、叶轮流道及泵蜗壳等全部流程中的沿程损失和局部损失造成的功率损失及水体本身在整个流程中相互挤压、碰撞等造成的功率损失，用符号 N_h 表示。第二，设泵内没有损失时的扬程为理论扬程 H_t，则水泵扬程 H 与理论扬程 H_t 之比称为水力效率，用符号 η_h 表示，表达式为：

$$\eta_h = \frac{H}{H_t} \times 100\% \qquad (3-9)$$

要提高水泵的效率，必须减少泵内各种损失。泵内各种损失越小，水泵的效率越高。水泵铭牌上标出的效率是指通过额定流量时的效率，它是水泵可能达到的最高效率。一般水泵的效率在 60%～85% 之间，有的大型水泵可超过 85%。由此可见，要达到泵站经济运行的目的，提高水泵的效率意义重大。所以，除了在设计、制造等方面加以改善外，泵站机组也应注意合理选配、正确运行，并加强对水泵的维护和检修，使水泵能经常在高效率状态下工作。

（5）转速。转速是指单位时间内水泵叶轮旋转的周数，通常用符号 n 表示，单位 r/min。水泵的转速一般为定值，需要改变水泵转速时，应注意不要超过厂家允许的限度。

转速是影响水泵性能的一个重要因素，当转速变化时，水泵其他性能参数都会随之改变。水泵是按一定转速设计的，此转速称为额定转速。水泵铭牌上标出的即是额定转速。小型水泵的转速为 2900r/min，中型水泵的转速一般为 1450r/min，大型水泵多采用 970 r/min、730r/min 或 485r/min 等。

（6）允许吸上真空高度或空蚀余量。允许吸上真空高度或空蚀余量是表示水泵吸水性能的参数。

空蚀余量是指水泵进口处，单位重量液体具有的超过汽化压力的余能，通常用符号 Δh 表示，单位为 m。

吸上真空高度是指水泵工作时进口处的真空值，通常用符号 H_s 表示，单位为 m。

3.2.1.2 水泵的性能曲线

水泵性能是指水泵在某一固定转速下运行时，它的流量与扬程、轴功率、效率、允许吸上真空高度或空蚀余量等几个参数之间相互关系的变化规律。通常把上述参数间的相互关系绘制成几条曲线，这种曲线称为水泵的性能曲线。在绘制曲线时，一般把流量 Q 作横坐标，扬程 H、轴功率 N、效率 η 和允许吸上真空高度 H_s 或空蚀余量 Δh 作纵坐标，绘制在直角坐标系内。实际应用中使用的性能曲线，一般是水泵厂通过对产品试验所得数据绘制成的。

水泵的性能曲线一般分为：基本性能曲线、通用性能曲线和全面性能曲线三种。其中基本性能曲线有：流量—扬程（Q—H）曲线，流量—轴功率（Q—N）曲线，流量—效率（Q—η）曲线，流量—允许吸上真空高度或空蚀余量（Q—H_0）曲线等。

（1）水泵基本性能曲线的形状及特点。离心泵、轴流泵和混流泵的基本性能曲线，分别见图 3-1～图 3-3。它们形象地反映出各性能参数间的相互关系及变化规律。

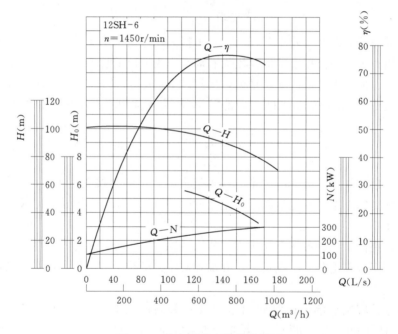

图 3-1　离心泵基本性能曲线图

1）流量—扬程（Q—H）曲线。三种水泵的 Q—H 曲线都是下降曲线，即扬程随着流量增加而逐渐减小。离心泵的 Q—H 曲线下降平缓；轴流泵的 Q—H 曲线下降较陡，并在设计流量的 40%～60% 时出现拐点呈马鞍形，为小流量区，在此区域内运行可能会产生振动和噪音。轴流泵应避免在该区域内运行。混流泵的 Q—H 曲线，介于离心泵及轴流泵之间。

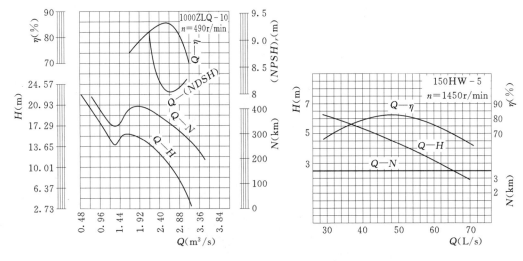

图 3-2　轴流泵基本性能曲线图　　　　图 3-3　混流泵基本性能曲线图

2）流量—轴功率（$Q—N$）曲线。离心泵 $Q—N$ 曲线是缓慢上升的曲线，即轴功率随着流量的增加而增加，当流量为零（闸阀关闭）时，轴功率最小。轴流泵 $Q—N$ 曲线是下降的曲线，即轴功率随流量的增加而减小，当流量为零时，轴功率达最大值。在小流量区，轴功率曲线也呈马鞍形。混流泵 $Q—N$ 曲线比较平缓，当流量变化时，轴功率变化很小。

由 $Q—N$ 曲线的特征可知，离心泵应关阀启动，以减少动力机启动负载。轴流泵应开阀启动。

3）流量—效率（$Q—\eta$）曲线。三种水泵的 $Q—\eta$ 曲线变化都是以最高效率点向两侧下降的。但离心泵的 $Q—\eta$ 曲线在最高点两侧变化比较平缓，高效率区域范围较宽，使用范围较大。轴流泵的 $Q—\eta$ 曲线变化较陡，高效率区域范围较窄，使用范围较小。混流泵的 $Q—\eta$ 曲线在最高效率点两侧的变化介于离心泵和轴流泵之间。

（2）水泵性能曲线的应用。

1）提供出厂铭牌数据。出厂的每台水泵，其铭牌上的参数值是由性能曲线提供的，它是性能曲线上效率最高点相对应的参数值。

2）确定水泵的工作范围。水泵的效率是水泵在运行中的主要技术经济指标之一。效率越高，运行中泵内功率损失越小，运行越经济。在 $Q—\eta$ 曲线上的最高点，是水泵运行时的最好经济点。离开此点，无论流量增减，效率均下降。但在实际运行中很难达到完全在最高效率点上工作。因此，一般在最高效率点左右规定一个范围，要求水泵尽量在这个范围内工作。这个规定的范围叫做水泵的高效率区，也称水泵的工作范围。在曲线图上常用波形线表示，见图 3-4，此范围一般按最高效率点再下降 5％～7％确定。

3）编制性能表。把水泵性能曲线上的工作范围，用表格形式表达，即为水泵性能表。性能表的主要参数值一般为三行如图 3-4 所示，Sh-19 型性能曲线工作范围见表 3-1。

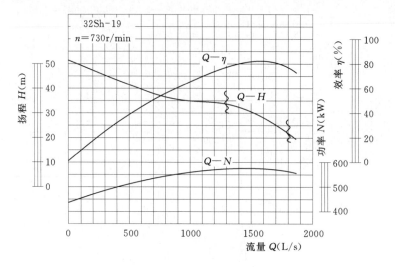

图 3-4　水泵性能曲线工作范围示意图

表 3-1　　　　　　　　　　　Sh-19 型双泵离心泵性能表

流量 Q（m³/h）或（L/s）		扬程 H（m）	转速 n(r/min)	功率（kW）		效率 η(%)	允许吸上真空高度 H_s(m)	叶轮直径 D(mm)
				轴功率	配套功率			
4700	1305	35.0		575		78		
5500	1530	32.5	730	580	625	84	4.35	740
6460	1795	25.4		567		80.4		

（3）水泵通用性能曲线。当水泵转速或叶片安放角变化时，水泵的其他性能参数也随着发生相应的变化。在同一张图上将这种变化表示出来，就是水泵的通用性能曲线如图 3-5（a）所示。在叶片可调的水泵中，其通用性能曲线是指在转速不变的情况下，水泵在不同叶片安放角时的性能曲线。其中效率随流量变化的关系采用等效率曲线如图 3-5（b）所示。利用通用性能曲线可以很方便地根据排灌要求或水位的变化来调节水泵的工作性能，找出最优的运行工况。

3.2.2　水泵的选型

新中国成立后，我国的机电排灌在促进农业发展、旱涝保收方面起了重要作用。但是，当前的排灌泵站装置效率普遍较低、能源消耗偏大，由于水泵选型配套不合理而引起效率下降的现象比较普遍，归纳起来主要有下列几方面：第一，由于当时市场水泵短缺，买不到所需的水泵和动力设备，只好利用与之性能相近的现有设备。第二，综合型谱中的水泵型号不全，所选水泵正好位于综合型谱的空白处，只好选用相近的泵型。第三，由于水力模型的指标低，水泵效率很低。第四，规划布局不合理，选型不当，甚至有的根本没有认真进行水泵选型工作。第五，所采用的水泵选型理论和方法不够正确。尽管进行过水泵选型工作，但由于各种参数选择不合理，所选的水泵在大部分年份里都在低效区运行，能源浪费很大。

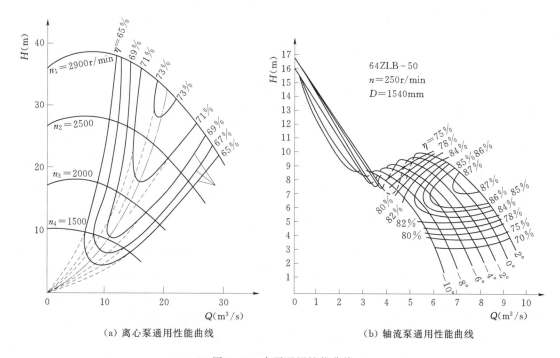

（a）离心泵通用性能曲线　　　　　　（b）轴流泵通用性能曲线

图 3-5　水泵通用性能曲线

注：图（a）中虚线为相似工况抛物线，点画线为最高效率线，实线为等效率线。

3.2.2.1　水泵选型的原则

水泵选型是根据泵站的扬程变化规律和受益范围内需水或排水的规律，从我国已经生产的或可能生产的水泵中进行技术经济比较，从中选择技术先进、经济合理的方案。一般说来，水泵选型应该遵循下列几个原则：

（1）在设计扬程下，泵站的提水流量能满足供水和排灌流量的要求。

（2）水泵在长期运行中，多年平均效率高，运行费用低。

（3）按所选水泵建站，设备和土建工程投资最省。

（4）便于操作、维修、运行和管理。

（5）选用系列化、标准化、通用化及更新换代的产品，切忌选用淘汰的产品。

此外，还应该考虑当地的能源资源，有条件的地方应该尽量选用水轮泵、水锤泵或利用风力的提水机具。同时，应选择几个不同方案进行经济技术比较，并在多年平均值的前提下，以泵站年支出最少的方案作为最优方案。

3.2.2.2　水泵选型的几种方法

（1）按设计年的扬程和流量选泵。这是目前工程上最常见的一种选型方法。这种方法是根据设计年的扬程（包括管路损失）在水泵的综合型谱中选几种不同型号的水泵，并按所选的泵型和台数设计泵站，比较各方案的投资大小，同时校核在最大或最小扬程下，水泵是否可能发生汽蚀、超载等现象，最后选择工程投资少、安全、方便的最佳方案。这种方法可以满足 3.2.2.1 节中选型原则提到的第（1）、（3）、（4）条，但有时很难满足第（2）条原则。按照这种方法选择的水泵，只能保证在设计年份中水泵的效率最高，但在多数年份的运行中，扬程一般都比设计扬程低。而且水泵在多年运行中，大多数年份都处于低效运行，装置效率更低。所以，从节能的观点看，这种选型方法不合理。

（2）按中等年份流量扬程选泵。这种方法是以中等年份的扬程流量为依据，在综合型谱中选择几种泵型来设计泵站，比较各方案的经济性和合理性。这种方法可以保证满足第（2）、第（3）、第（4）条选型原则，但一般不能满足设计年份的流量和扬程的要求，尤其是在设计标准高的情况下更是难以满足。从节能的观点看，尽管在设计扬程下的效率低些，由于出现在设计年份运行的机会不多，所以这种方法可以满足多年平均运行费用最低的要求。但对于扬程变化很大的泵站，设计标准越高，设计年份的扬程和中等年份的差值越大，设计年份的流量则越小，可能出现无法同时满足各条选型原则的情况。

（3）按设计流量和节能要求选泵。这种方法是先按中等年份的扬程在综合型谱中选出几种泵型，并求出各种泵型在设计扬程下的流量，再以该流量和泵站的总流量为依据确定水泵台数，并对最大、最小扬程进行工况校核。然后，根据所选的水泵设计泵站，求出不同扬程时的装置效率，从而可以求出各种方案的总投资和多年平均运行费用，经过技术经济分析，最后选择出最经济合理的泵型。对于扬程变化很大的泵站，可以采用调速、调角、车削叶轮外径或串并联的方法加以解决。这种方法能够满足选型的各条原则，既能满足设计年份扬程下的流量要求，也能节约能源消耗，降低排灌成本。在计算时，利用电子计算机比较方便。

3.2.2.3　水泵类型、结构模式以及台数的选择

（1）水泵类型的选择。排灌泵站常用的叶片泵有离心泵、轴流泵和混流泵等。离心泵扬程较大，流量较小；轴流泵扬程较低、流量较大；混流泵介于离心泵和轴流泵两者之间。一般情况下，设计扬程小于 10.00m，宜选轴流泵；5.00～20.00m 时选混流泵较好；20.00～100.00m 时应首选单级离心泵；大于 100.00m 时，可选多级离心泵。轴流泵和混流泵都可选用时，应优先选用混流泵。因为混流泵的高效区比轴流泵宽、流量变化时，轴功率变化小，动力机在额定功率左右运行，比较经济，适应流量范围广，抗汽蚀性能好，泵站土建工程投资少，安装检修方便等。离心泵和混流泵都可选用时，如扬程变化较大，应优先选用离心泵。

（2）水泵结构型式的选择。常用水泵的结构型式有卧式、立式和斜式三种。

1）卧式水泵与立式水泵相比，安装精度较低，检修方便，特别是双吸离心泵，不用拆卸电动机和进出水管路即可对水泵进行检修。叶轮在水面以上，腐蚀较轻，机组造价较低，泵房高度较小，地基承载力分布较均匀。水泵启动前要进行充水，泵房平面尺寸较大。中、小型水泵吸水管路长，水头损失大。主轴挠度大，轴承磨损不均，在最高防洪水位时，泵房需采取防洪措施。卧式水泵适用于地基承载力较小、水源水位变幅较小的泵站。

2）立式水泵占地面积较小，要求泵房平面尺寸较小，水泵叶轮淹没于水下，水泵启动前不需要充水，启动方便。管路短，水头损失小，动力机安装在上层，便于通风，有利

于防潮、防洪。泵房高度较大，安装精度要求较高，检修麻烦，机组整体造价高，主要部件在水中，易腐蚀。立式水泵适用于水源水位变幅较大的泵站。

3）斜式水泵的安装、检修方便，且可安装在岸边斜坡上，叶轮淹没于水下，便于启动，与立式轴流泵相比，进出水管路转弯角度小，流态较好，泵站运行效率较高。但需要专门的支承结构，动力机类型较特殊。斜式水泵适用于低扬程的泵站。一般情况下，灌溉泵站扬程较高，宜选用离心泵或混流泵；排水泵站扬程较低，多选用立式或卧式轴流泵，或混流泵；流量较小，扬程较低的泵站，为便于安装和检修，可选用斜式轴流泵。

（3）水泵台数的确定。水泵台数是指满足泵站设计流量所需水泵台数与备用水泵台数之和。

水泵台数对泵站的投资影响很大。水泵台数越多，越容易适应灌溉或排水流量变化的需要，泵站运行的可靠性越高。但在相同流量的情况下，水泵台数越少，基建投资越少，运行费用越少。单机容量越大，运行效率越高，运行管理越方便，所需管理人员越少。

一般泵站水泵台数以 2～8 台为宜。排水泵站设计流量一般较大，而且运行随机性较大，流量变化的幅度也较大，并要求在短时间内排出，应采用多台数方案，当流量小于 $4m^3/s$ 时，可选用 2 台；当流量大于 $4m^3/s$ 时，选用 3 台以上为好。大型扬水灌区的泵站设计流量一般都比较大，泵站的运行计划性较强，在水泵台数选择时，一般按照调度运行的需要，宜选多台数方案并且要求流量的大小互为配合。

备用水泵主要用于满足检修、用电避峰及发生事故停机时仍能满足设计流量的要求而增设的水泵。排水泵站因运行时间短，一般不必设置备用水泵。对于灌溉泵站，备用水泵的台数一般不超过设计流量所需台数的 20％，或按设计选定的加大流量确定。对于多泥沙水源和装机台数少于 5 台的泵站，经过论证，备用水泵的台数可以适当增加。排灌结合的泵站，应根据排灌流量及排灌所需水泵台数确定，当排水量较大，机组数量较多、能满足灌溉加大流量要求时，也可不设备用水泵。

对于多级泵站，各级泵站联合运行时，水泵的流量要协调一致，多级泵站均不应有弃水或供水不足的现象。因此，多级泵站要考虑多台数方案。

3.2.2.4 水泵选型步骤

综上所述，给出泵站选型设计过程中的应用步骤，该步骤是针对上述第三种选型方法即按设计流量和节能要求选泵而言的，具体如下：

（1）根据当地的经济条件和工程的重要性确定设计标准，对灌区一般采用灌溉保证率。提水灌区的灌溉保证率一般高于自流灌区，可取 75％～90％；对于排水泵站，常用设计频率的概念，如：设计频率为 10％，则表示，在十年一遇的暴雨和外江水位情况下，排水区内的渍水能够及时排出，不受涝灾。

（2）通过频率计算，求出设计标准对应的泵站流量。对于较大的灌区或排水区，往往在灌排季节中的流量是变化的，因此需要求出流量过程线。

（3）根据流量过程线定出流量变化梯级，按照节省工程投资和运行费用等要求，初步确定几种能够满足要求的水泵台数的方案，从而大致定出不同方案所要求的单台水泵的设计流量。

（4）用水量加权平均法计算 50％频率的中等年份的设计净扬程 $H_{均净}$、设计保证率或设计频率相应年份的设计净扬程 $H_{设净}$ 以及最大净扬程 $H_{大净}$、最小净扬程 $H_{小净}$。

（5）初估管路损失 $h_{损}$，并求出泵站的总扬程。初估管路损失扬程时一般可按净扬程的 10％～30％计，低扬程取大值，高扬程取小值。

（6）用中等年份的泵站总扬程 $H_{均}$ 和流量略大于由第三步求出的单台水泵的流量，在水泵的综合型谱中选择几种效率较高的水泵作为不同的选型方案。

（7）确定水泵台数。首先应求出在设计扬程下水泵的设计流量 $Q_{设}$，然后用泵站的总流量 $Q_{站}$ 除以 $Q_{设}$ 即得该泵站的水泵台数。

（8）根据所选的水泵来选配动力机、传动装置及管路，并确定安装高程，然后校核最大扬程、最小扬程、启动扬程等各种工况下水泵是否发生汽蚀、振动、超载等有害现象。

（9）计算不同选型方案的泵站工程投资。

（10）根据不同方案的装置情况，求出不同工况下的泵站效率和多年平均运行费用。

（11）进行技术经济比较，选出最优方案。

3.3　提高水泵效率的途径与方法

水泵在运行过程中，存在着很多因素阻碍水泵效能的发挥并对能效造成损失，所以必须通过各种途径提高水泵的效能，使水泵的效率得到最大的发挥。水泵效率包括机械效率、容积效率和水力效率，而影响这些效率的因素又有很多。因此水泵节能的途径也是多方面的，主要有下列几个方面：

（1）设计或选择优质的水力模型。优质的水力模型在设计工况下的各种效率比一般的模型高，而且效率曲线变化较平缓，高效范围较宽。

（2）提高加工精度。粗糙的过流壁面会使水力损失和机械损失（即轮盘损失）增加，效率降低。

（3）保证安装质量。当安装精度不符合要求时，不仅加剧振动，加速磨损、也会使水泵效率降低。另外，还应该有正确的安装高程。如果水泵安得太高，水泵会发生汽蚀，不仅使机组振动和噪音加剧，而且还会使水泵效率大幅度下降，甚至吸不上水。

（4）正确选择水泵。水泵的效率与流量扬程有关。只有在设计工况下，即按水泵铭牌上的参数运行时，才能保证水泵的效率最高。偏离设计点后，不论是大于或小于设计流量，水泵效率都会下降。因此对于扬程流量变化较大的泵站，应该保证在大多数年份内使水泵能在高效区运行，以此作为水泵选型原则。当然，在选型时还应该和抽水装置的其他部分（如：动力机、传动装置、管路和进出水池等）配合适当。

（5）加强技术改造。对于能耗大的低效水泵，应采取改变水泵转速、叶轮直径、叶片安装角等措施来减少泵内各种损失。对于无法采取以上方法进行改造的水泵，以及设备陈旧的低效水泵，应该经过经济分析后进行更换。

（6）按经济运行方案运行。可以保证在同一扬程下，运行时的效率最高。

（7）加强维修管理。水泵运行一段时间后，不可避免地会产生磨损，增加泵内损失。

因此，加强监测工作，及时进行维修保养，并更换损坏的零部件是保证水泵能长期高效运转的重要环节。

3.3.1 提高水泵的机械效率

提高机械效率，必须减小机械损失。卧式双吸离心泵的机械损失包括：轴承、填料函、密封环与泵体和泵盖间以及泵轴上各部件的配合面等部位的摩擦损失。

（1）减小轴承损失。首先要确保安装和检修精度，减小水泵的振动与摩擦损失；其次根据轴承型式（滑动或滚动）和机组转速选择适宜的润滑介质及冷却方式，润滑油脂的质量和数量是关键，运行管理人员在运行中必须按照运行规程勤检查、勤维护，油脂的色泽（即质量）发生变化应及时更换；另外，滚动轴承应选择性价比合适的防振轴承，以减弱和消除水泵的振动。

（2）减小填料函损失。首先要选择适合工程自身特点的填料，对于引黄电灌工程，若选用硬度较高的石棉填料，虽然使用寿命长，但水质中的泥沙会很快损伤填料函和泵轴，因此选用柔性较好且耐磨的优质纯棉填料为宜；其次是填料压盖的松紧程度要适宜，运行中填料函的滴水为 30～60 滴/min，以填料函不烫手为宜，否则，压盖过紧导致填料与泵轴的摩擦力增大并增大填料消耗，长时间运行将会损伤轴套、烧毁填料，填料过紧还会造成机组启动困难，如果压盖过松则会增大填料漏水量及容积损失，同时空气从填料函处进入水泵泵腔，导致水泵振动，流量效率降低。

（3）减小水泵内部的摩擦损失。其损失包括：①水流与泵体泵盖表面产生的摩擦损失；②水流与叶轮高低压两侧流道的表面产生的摩擦损失；③水泵内部各转动部件配合面之间的摩擦损失。因此，应尽量保持叶轮、泵壳表面应光滑，防止锈蚀以减少摩擦损失。

3.3.2 提高水泵的容积效率

离心式水泵的容积损失在实际运行中主要是密封环间隙处的水量损失，这些水从叶轮上能获得能量，由于密封环的间隙过大（①加工和装配工艺原因；②局部因汽蚀和泥沙冲蚀原因造成恶性循环），得到能量的高压水流入进水流道，不仅损失水泵的出力，同时还冲蚀配合面，形成恶性循环，导致水泵效率下降并增大运行维修费用。

针对上述问题，由于铸铁材料耐磨性差、容易被冲蚀损伤，景电工程采取密封环结合面加镶钢圈并加装 O 形橡胶密封圈的处理措施，效果明显。据统计，普通铸铁密封环的使用寿命在 2000～2500h，并在运行后期结合面都不同程度地存在被冲蚀损伤的现象，采用上述措施后，同型号密封环的平均使用寿命可达到 5000h 以上，钢圈密封环与铸铁密封环的价格比仅为 1.3 左右，提高水泵效率和降低维修费用的效果很显著，可在类似工程内采用相同技术以提高水泵容积效率。

3.3.3 提高水泵的水力效率

水流流经水泵时，需要通过旋转的叶轮，也要流过固定的泵体，如离心泵的蜗壳，轴流泵的导叶体等。由于泵内过流部件的形状复杂而且叶轮又是旋转的，因此，水流在泵内的流动是相当复杂的。要精确地计算泵内的水力损失目前还有困难，一般只能通过试验的方法加以确定。为了提高水泵的水力效率，这里只能定性地分析叶轮和泵体内的水力损失的影响因素，以便对提高水力效率提出各种措施。

3.3.3.1 摩擦阻力损失

由水力学可知，水流在管内流动时，水流和边壁之间存在摩擦阻力 h_f，表达式为：

$$h_f = \lambda \left(\frac{l}{4R}\right)\left(\frac{v^2}{2g}\right) \tag{3-10}$$

式中　λ——摩擦阻力系数；

l——流段长度，m；

R——水力半径；

v——水力半径 R 处的平均流速，m/s。

试验表明，水流在泵内的流动和在粗糙管内的紊流流动相似，阻力系数 λ 与雷诺数无关，只与管内壁的相对粗糙度 k/r_0（其中 k 为内壁的绝对粗糙度，r_0 为层流层的厚度）有关。

$$\lambda = \frac{1}{\left(1.74 + 2.001g\,\dfrac{r_0}{k}\right)^2} \tag{3-11}$$

因此，叶轮内过流部分的表面光洁度对摩擦损失有很大影响。

3.3.3.2 局部水力损失

局部水力损失是由于水泵过流断面的几何形状的变化（如扩大、收缩或弯曲等），使水流的流速和流向发生改变，从而产生由漩涡所引起的能量损失。

水流流经水泵时，主要是扩散和弯曲引起的局部水力损失。由水力学可知，局部水力损失可按式（3-12）计算：

$$h_d = \zeta \frac{v^2}{2g} \tag{3-12}$$

式中　ζ——局部阻力系数；

v——断面平均流速，m/s。

（1）扩散损失和收缩损失。局部阻力系数 ζ 与几何形状有关。突然扩大或突然收缩（图 3-6）的阻力系数 $\zeta_{扩}$ 和 $\zeta_{收}$ 可按式（3-13）和式（3-14）计算：

$$\zeta_{扩} = \left(1 - \frac{f_1}{f_2}\right)^2 \tag{3-13}$$

$$\zeta_{收} = 0.5\left(1 - \frac{f_2}{f_1}\right) \tag{3-14}$$

式中　符号意义见图 3-6。

渐扩管见图 3-7，其阻力损失 h_f 可按式（3-15）计算：

$$h_f = \varphi \frac{(v_1 - v_2)^2}{2g} \tag{3-15}$$

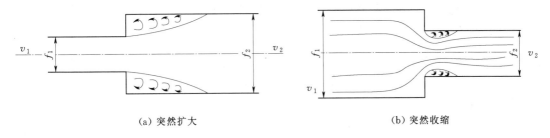

(a) 突然扩大　　　　　　　　　　　　(b) 突然收缩

图 3-6　突变管示意图

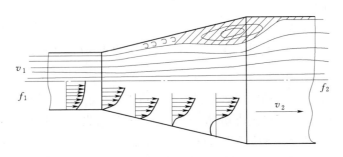

图 3-7　渐扩管示意图

损失系数 φ 与阻力系数 ζ 之间有下列关系：

$$\zeta = \varphi \left(\frac{n_{扩} - 1}{n_{扩}} \right)^2 \tag{3-16}$$

式中　　$n_{扩}$——扩散度，$n_{扩} = f_2 / f_1$。

由此可见，扩散损失与扩散度 $n_{扩}$ 有很大关系。如果要在扩散度一定的情况下减少扩散损失，可以将突然扩散改为渐扩管。但渐扩管的流速分布与扩散角 α 和扩散长度 l 有一定关系。α 的增大有可能导致壁面脱流、形成回流和漩涡，增加能量损失。因此，正确设计扩散部分的尺寸是很重要的。一般情况下，圆形断面 α 取 $6°\sim 8°(\varphi = 0.15)$，正方形断面 α 取 $6°\sim 7°(\varphi = 0.17)$。

（2）弯管损失。水流流经等径弯管的水力损失，是由于弯管后的脱流并形成二次回流所致见图 3-8。在流速很小或 R/d 很大时，沿弯管的流速分布接近于 $v_u R =$ 常数（其中 R 为弯管曲率半径，v_u 为相应的圆周切线速度）的理想模型特征。这时内侧壁的流速大而压力小，而外侧壁流速小而压力大。在泵和进出水流道中，流速往往很大，而 R/d 又很小，因此，实际流动与理想模型有很大出入，弯管外侧水流

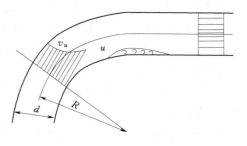

图 3-8　弯管示意图

既有高速也有高压。在由弯管过渡到直管的转弯处，弯管的内侧速度下降，甚至产生脱流。外侧则由于离心力作用而使压力增高。于是在高压区向低压区的边界层内，产生二次流动，形成两个轴向漩涡；显然，弯管内的流速越高，或转弯越急，这种现象则越严重。

弯管的局部阻力系数 ζ 与断面形状有关。圆形和方形断面的弯管可分别用式（3-17）、式（3-18）表示。

对于圆形断面弯管：

$$\zeta_{弯}=\left[0.13+0.16\left(\frac{d}{R}\right)^{3.6}\right]\frac{\theta}{90} \tag{3-17}$$

对于方形断面弯管：

$$\zeta_{弯}=\left[0.124+0.274\left(\frac{a}{R}\right)^{3.5}\right]\frac{\theta}{90} \tag{3-18}$$

式中　θ——转弯角度，(°)；

a——弯管平面内的方形边长，m。

弯管的长度增加后，摩擦阻力也会增加，故一般取 $R=(7\sim8)a$。

3.3.3.3　叶轮内的水力损失

（1）叶轮内相对稳定流动时的水力损失。所谓相对稳定流动是指叶轮进出口边界条件的轴对称时的流动。在相对稳定流动时，叶轮内的水力损失有摩擦损失，也有漩涡损失。这种漩涡损失实质上也是一种局部阻力损失，或者说是冲击损失。由前述摩擦阻力损失公式可知，摩擦损失与壁面相对粗糙度有很大关系。如果按理想情况流动，水流在叶轮流道内的流动是不会产生漩涡的。但因为叶片不可能做成无穷多而薄，因此，在离心力的作用下，水流就像在扩散的弯管内流动一样，也会产生脱流和漩涡，而且在叶片和叶轮盖板接触处也会产生二次回流（图3-9），特别是在非设计工况下，这种现象更为严重。如在流量 Q 小于设计流量 Q_d，即 $Q<Q_d$ 时，在叶片背面产生漩涡。当 $Q>Q_d$ 时，则在叶片工作面上产生漩涡。为了减少这种漩涡损失，适当加长叶片长度，尽量减少叶片间通道的扩散度是有好处的。另外，由于沿叶片宽度上的速度环量往往不是常数，甚至在设计

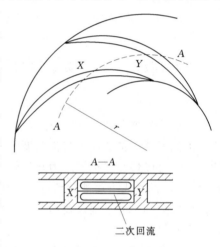

图3-9　叶片和叶轮盖板
接触处的二次回流示意图

工况下也是这样，这也是产生漩涡的原因。当这种漩涡一经扩展，叶轮的进出口都会出现反向流动，如图3-10所示。特别是在小流量情况下，这种现象的存在会使水流进入轮前就会产生漩涡。

此外，任何流速中断的表面都是产生漩涡的根源，如叶轮盖板外圆周的表面和叶片出口表面等处，都会产生漩涡见图3-11。

（2）叶轮内非稳定相对流动时的水力损失。当叶轮边界条件的轴对称性遭到破坏时，如立式轴流泵的肘形进水流道和离心泵的螺旋式压水室，就很难保证叶轮进出口边界条件的轴对称性。这时，旋转叶片的边界条件系周期性地变化，导致了叶片附着漩涡强度的周期性改变。附着漩涡强度的任何改变都会产生漩涡，引起能量损失。

（3）水力制动损失。当轮内流量减少时，在叶轮的进出口处，水流质点流动的轨迹和

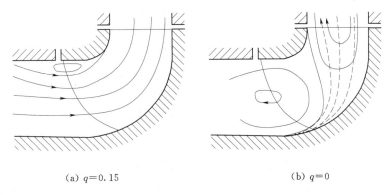

(a) $q=0.15$ (b) $q=0$

图 3-10   部分负荷时扭曲叶片叶轮内的液流示意图

固定的泵体部分的形状不一致，这就会引起进入泵体过渡区内的水流紊流度急剧增加，因而加剧了过渡区内液体质点的动量交换。流量再度减小时，就会产生反向流动，这就是水力制动，这种水力制动现象也要消耗部分能量。因为在设计流量情况下，产生水力制动的制动力矩实际上等于零，但流量小于设计流量的 50%以后，这种制动力矩则相当大，当流量为零时达到最大值。水力制动现象与水泵的比转数 n_s 有关。当离心泵 $n_s > 200$ 时，水力制动现象更为严重，会引起零流量时功率的增加。在 $n_s > 250$ 的叶轮内更严重，会引起零流量时的功率经常超过设计工况下的功率。

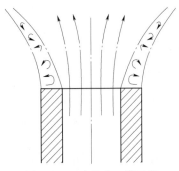

图 3-11   叶轮出口处速度
中断表面示意图

叶轮内产生的水力损失，只有在相对稳定流动时的摩擦损失和漩涡损失是属于叶轮固有的特性。而非稳定流动时的漩涡损失和水力制动损失，则属于叶轮和泵体过流部分的相互作用所引起的。可见，进出水管（流）道与叶轮的配合对水泵效率的高低有很大的影响。

3.3.3.4   提高水泵水力效率的途径

（1）在水泵设计制造方面应尽量使叶片流道断面不发生突变，以减少脱壁漩涡和二次回流，翼型设计及各部分尺寸确定合理，减少冲击损失，特别要注意减少非设计工况下水力制动损失；注意叶轮与导叶、叶轮与进水室和出水室、叶轮与隔舌等各部分的相互配合，尽可能地减少非稳定流动时的漩涡损失，提高过流部分的加工精度和光洁度，以减少叶轮、导叶或蜗壳等各部分的摩擦阻力损失。总之，在水泵的设计制造方面减少水力损失的途径是多方面的，设计和制造出来的水泵不仅要求在设计工况下的效率要高，而且要求高效范围宽。

（2）在水泵选型配套方面应使水泵在大部分运行时间里在高效区内运行，因为偏离水泵设计点后水力效率会大幅度下降。

（3）在运行管理方面应该按最优运行方案运行，避免过大的水力损失。另外，对于因汽蚀或泥沙磨损使叶轮和泵壳变形的情况，应该及时修补或更换。

此外，在多级泵中，级间都设有隔板。由于隔板前后的压力不等，故有一部分液体会经由级间隔板的间隙，流回到前一级叶轮的侧隙（图3-12）。这部分循环流动的液体并不经过叶轮而影响水泵流量，因此，这部分能量损失并不属于容积损失。但这部分循环流动的存在，必然要增加能量消耗，同时也会增加叶轮侧隙内的圆盘损失，因而会使水泵效率下降。

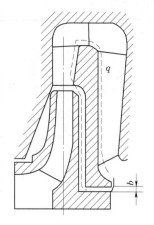

图3-12　分段式多级泵间隔板处的泄漏图

3.3.3.5　水泵内部流动模拟

提高水泵的水力效率可通过改善水泵的内部流态来入手，由于过流部件复杂的形状和旋转的叶轮，水流在泵内的流动十分复杂，只有通过数值模拟的方法来研究和发现其流态规律。

以1200S-56双吸离心泵为例进行数值模拟分析。

1200S-56双吸离心泵是景电二期泵站常见的泵型，性能参数见表3-2。

表3-2　　　　　　　　　　　　　　1200S-56性能参数表

流量 Q （m^3/h）	扬程 H （m）	效率 η （%）	轴功率 P （kW）	转速 n （rpm）	允许汽蚀余量 $(NPSH)_r$（m）
8640	60.5	85.5	1664.9		
10800	56	90.5	1820	600	6.5
12960	47.5	88	1905		

图3-13　1200S-56双吸离心泵

1200S-56的其他相关参数为：叶轮入口直径 $D_1 = 730mm$，出口直径 $D_2 = 1150mm$，流量 $Q = 10800m^3/h$，扬程 $H = 56m$，转速 $n = 600r/min$，叶轮出口宽度 $b_1 = 224mm$，叶片数 $Z = 6$，轴功率 $P = 1820kW$，效率为88%。

（1）模型的建立。考虑到Pro/E软件建立三维造型的方便性，以及它与ANSYS ICEM CFD网格划分软件的接口的通用性，采用Pro/E软件进行转轮、吸水室、蜗壳三维模型的建立，1200S-56双吸离心泵实物图见图3-13，叶片反转轮模型图分别见图3-14、图3-15。

（2）网格划分。采用ANSYS ICEM CFD软件进行网格的划分，并对一些部位进行了细化见图3-16、图3-17。

（3）选择求解器。对该双吸离心泵泵型来说，泵内流动基本可认为是不可压缩流或微可压缩流，故该模拟采用分离式求解器、3D、稳态、相对速度、隐式格式。

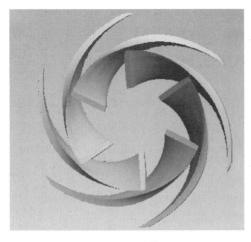

图 3-14　叶片模型图

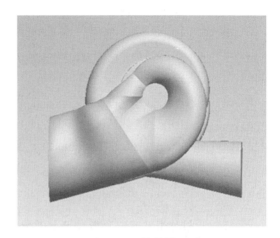

图 3-15　转轮模型图

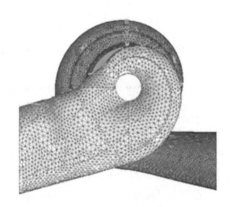

图 3-16　转轮网格划分图

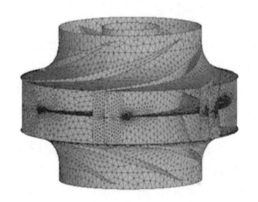

图 3-17　整体网格划分图

（4）运行环境的选择。本书对该双吸离心泵采用默认的参考压力值，即标准大气压101325Pa，对清水介质不考虑重力。

（5）确定计算模型。Fluent 提供的几种湍流模型中，标准 $k—\varepsilon$ 模型是最完整的湍流模型，它适用范围广，并具有经济、合理的精度，因此在模拟离心泵输送清水介质时选用标准 $k—\varepsilon$ 模型，可将离心泵内部三维不可压湍流场表示为：

$$\frac{\partial E}{\partial x}+\frac{\partial F}{\partial y}+\frac{\partial G}{\partial z}=S$$

$$E_x=\left[\rho_u \quad \rho_{uu}-\mu_{eff}\frac{\partial u}{\partial x} \quad \rho_{uv}-\mu_{eff}\frac{\partial v}{\partial x} \quad \rho_{uw}-\mu_e\frac{\partial w}{\partial x}\right]^T$$

$$F_y=\left[\rho_v \quad \rho_{vu}-\mu_{eff}\frac{\partial u}{\partial y} \quad \rho_{vv}-\mu_{eff}\frac{\partial v}{\partial y} \quad \rho_{vw}-\mu_e\frac{\partial w}{\partial y}\right]^T$$

$$G_z=\left[\rho_w \quad \rho_{wu}-\mu_{eff}\frac{\partial u}{\partial z} \quad \rho_{wv}-\mu_{eff}\frac{\partial v}{\partial z} \quad \rho_{ww}-\mu_e\frac{\partial w}{\partial z}\right]^T$$

$$S=\begin{bmatrix} 0 \\[2mm] \dfrac{\partial}{\partial x}\left(\mu_{eff}\dfrac{\partial u}{\partial x}\right)+\dfrac{\partial}{\partial y}\left(\mu_{eff}\dfrac{\partial v}{\partial x}\right)+\dfrac{\partial}{\partial z}\left(\mu_{eff}\dfrac{\partial w}{\partial x}\right)-\dfrac{\partial p}{\partial x}+\omega_x^2-2\rho\omega_v \\[4mm] \dfrac{\partial}{\partial x}\left(\mu_{eff}\dfrac{\partial u}{\partial y}\right)+\dfrac{\partial}{\partial y}\left(\mu_{eff}\dfrac{\partial v}{\partial y}\right)+\dfrac{\partial}{\partial z}\left(\mu_{eff}\dfrac{\partial w}{\partial y}\right)-\dfrac{\partial p}{\partial y}+\omega_y^2-2\rho\omega_u \\[4mm] \dfrac{\partial}{\partial x}\left(\mu_{eff}\dfrac{\partial u}{\partial z}\right)+\dfrac{\partial}{\partial y}\left(\mu_{eff}\dfrac{\partial v}{\partial z}\right)+\dfrac{\partial}{\partial z}\left(\mu_{eff}\dfrac{\partial w}{\partial z}\right)-\dfrac{\partial p}{\partial z} \end{bmatrix}$$

式中　　ρ——流体密度，g/m^3；

$\quad\quad p$——流体压力，Pa；

u，v，w——相对速度在三个坐标轴上的分量，m/s；

$\quad 2\rho\omega_v$——科氏力在 x 方向分量，N；

$\quad 2\rho\omega_u$——科氏力在 y 方向分量，N；

$\quad\quad \mu_{eff}$——有效黏性系数，Pa/s。

近壁面采用 Fluent 提供的标准壁面函数功能进行处理，该功能实质上是引入标准壁面函数考虑边界层的影响。

由于整个计算域中既有旋转部件又有静止部件，所以将计算域分为旋转区域和静止两个区域，采用 MRF（旋转坐标系）模型将两者进行耦合计算。

（6）定义材料。在 Fluent 中流体和固体的物理属性都用材料这个名称来定义，Fluent 要求为每一个参与计算的区域指定材料名称和物理属性，材料定义时可以从材料数据库中复制使用，或修改材料的某些属性，也可以根据实际情况创建新的材料。本书中定义材料为：清水为 water－liquid，密度 ρ 为 $998kg/m^3$，在菜单 Define/Material 下进行定义。

（7）边界条件的设置。在 Define/Boundary Conditions 下定义输送清水介质状况下的边界条件。

计算采用有限体积法对控制方程进行离散，并采用标准 k—ε 湍流模型进行非耦合隐式求解。在计算过程中，取 r＝const。

进口条件：速度进口。

出口条件：自由出流。

壁面条件：采用无滑移壁面条件，在转动区域，将与转轮一起旋转的壁面，如上冠面和下环面等设定为相对静止。

耦合面定义为 Interior。在 Fluent 计算中蜗壳是通过耦合而获得叶轮旋转部分的计算数据输入的，此耦合面也作为叶轮旋转部分的数据输出。

（8）定义离散方程。在 Solver/Control/Solution 面板下，压力插值选用标准格式，动量、能量、湍动量、耗散率采用二阶迎风格式（计算中更稳定），对输送清水状况进行计算时，压力和速度耦合使用协调一致的 SIMPLE 算法。

（9）计算的初始化和迭代。将边界条件和离散方法设置后即可进行初始化，并开始迭代求解。在 Solver/Initialize 面板下进行初始化，在 Solver/Iterate 下进行迭代计算。在计算时打开监视器，计算精度设为 10^{-4}。

（10）收敛判据。在数值模拟过程中，需建立一个准则以判断当前解是否已经收敛，在本次模拟时采用残差作为收敛的判据。

（11）模拟结果及分析。对输送清水状况，设计流量 $Q=10800\text{m}^3/\text{h}$，模拟计算分别对 $0.2Q$、$0.4Q$、$0.6Q$、$0.8Q$、$1.0Q$、$1.2Q$ 六种不同流量工况下进行了数值分析和计算。其中最优工况即设计工况下的模拟结果见图 3-18～图 3-20。

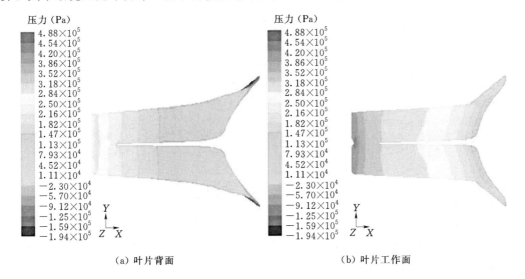

（a）叶片背面　　　　　　　　　　（b）叶片工作面

图 3-18　叶片压力云图

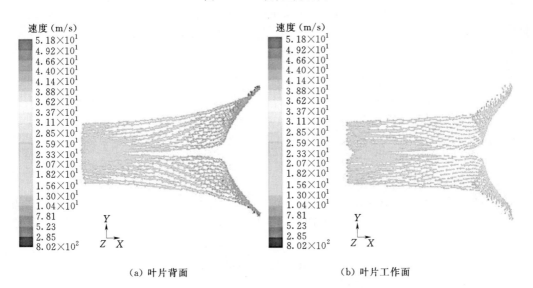

（a）叶片背面　　　　　　　　　　（b）叶片工作面

图 3-19　叶片相对速度分布图

由图 3-18 可以看出，叶片上压力都是由入口到出口不断升高，变化幅值比较大，动能已大部分转换为压力能，对应半径处，叶片工作面的压力大于叶片背面的压力。叶片背面入口处一小块区域出现汽蚀现象，压力值为负值。从图 3-19 可以看出，叶片背面和工作面的流动比较平顺，没有明显的回流、横向流动。相对速度随着相对流线的变化趋势均

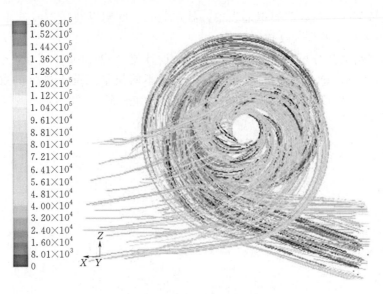

图 3-20　全流道流线分布图

匀，整体流线顺畅，速度分布情况良好，如图 3-20 所示。

（12）不同流量下的扬程计算。

1）0.2Q 流量的扬程计算。

Area - Weighted Average

	Total Pressure	（pascal）
Intel	−13977.31	
Outlet	640349.69	

2）0.4Q 流量的扬程计算。

Area - Weighted Average

	Total Pressure	（pascal）
Intel	−23246.03	
Outlet	616365.97	

3）0.6Q 流量的扬程计算。

Area - Weighted Average

	Total Pressure	（pascal）
Intel	−34828.8	
Outlet	583691.69	

4）0.8Q 流量的扬程计算。

Area - Weighted Average

	Total Pressure	（pascal）
Intel	−42348.5	
Outlet	557533.0	

5）1.0Q 流量的扬程计算。

Area – Weighted Average

Total Pressure （pascal）

Intel　　　　−36174.83

Outlet　　　522798.97

6) 1.2Q 流量的扬程计算。

Area – Weighted Average

Total Pressure （pascal）

Intel　　　　−40066.09

Outlet　　　461476091

根据模拟的数据可计算出实际水头和效率：

实际水头：
$$H = \frac{p_出 - p_进}{\rho g} + Z_出 - Z_进 \qquad (3-19)$$

效率：
$$h_h = \frac{\rho g Q H}{M\omega} \qquad (3-20)$$

式中　$p_出 - p_进$——进出口总压力差，Pa；

　　　$Z_出 - Z_进$——进出口位置差，m；

　　　　　ρ——流体的密度，kg/m³；

　　　　　g——重力加速度，m/s²；

　　　　　Q——体积流量，m³/s；

　　　　　H——实际水头，m；

　　　　　M——旋转轴总力矩，N·m；

　　　　　ω——旋转角速度，rad/s。

数值模拟所得的结果高于试验值，对此原因进行分析，认为造成此现象的原因有下列几个方面：

①在数值计算时没有考虑泄漏引起的容积损失。

②在模拟计算中忽略了过流部件粗糙表面所引起的摩擦损失。

③数值计算本身具有一定的误差。

现将不同流量下试验扬程与模拟扬程的相关数值制成表格见表 3-3，试验效率与模拟效率的相关数值见表 3-4。

表 3-3　　　　　　　　　　　　不同流量下试验扬程与模拟扬程

$Q(m^3/s)$　　　$H(m)$	0.2Q	0.4Q	0.6Q	0.8Q	1.0Q	1.2Q
试验扬程	64.80	64.20	62.00	60.50	56.00	48.50
模拟扬程	66.70	65.20	63.05	61.15	56.98	51.54
误差	0.0293	0.0156	0.0169	0.0107	0.017	0.0627

表 3 - 4不同流量下试验效率与模拟效率

$Q(\mathrm{m^3/s})$ $\eta(\mathrm{m})$	0.2Q	0.4Q	0.6Q	0.8Q	1.0Q	1.2Q
试验效率	26	50	68	82	88	83
模拟效率	26.9	50.4	68.7	82.8	90.0	85.6
误差	0.0335	0.0080	0.0103	0.0998	0.0227	0.0313

为了更加直观的比较不同流量下试验数据和模拟数据,将表 3 - 3 和表 3 - 4 的数据绘制成曲线见图 3 - 21、图 3 - 22。

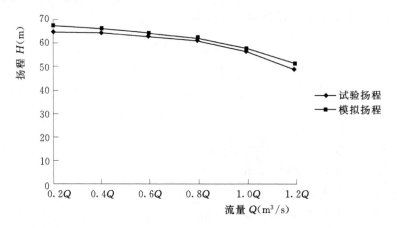

图 3 - 21　H—Q 曲线图

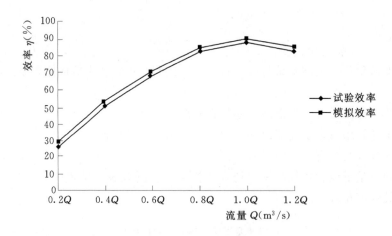

图 3 - 22　η—Q 曲线图

从图 3 - 22 中可以看出,数值计算的效率稍大于试验值,主要因为数值计算没有考虑泄漏引起的容积损失、泵轴承填料函中的机械摩擦损失和泄漏液体与叶轮之间的圆盘摩擦损失。

数值模拟计算所得的结果和已有的试验结果比较,趋势吻合,消除误差的影响,可以认为此次数值模拟计算具有一定的可行性,能反映出泵内的真实流动。

3.4 含沙水流对水泵效率的影响研究

新中国成立后，黄河干流上兴建了许多大型抽水泵站，如甘肃的景泰川，宁夏的固海、红寺堡，山西的夹马口、尊村、大禹渡、万家寨引黄工程，河南的邙山和山东的胜利油田等等，总装机容量达几百万千瓦。黄河是世界上含沙量最多的河流，汛期最大含沙量高达 $618\sim713kg/m^3$，多年平均含沙量为 $32.2kg/m^3$，泥沙 90%以上的成分为高硬度的石英和长石。工作在黄河流域上的水泵站内的水泵极易发生汽蚀和泥沙磨蚀，致使水泵的叶轮等主要部件在短期内严重损坏，这直接影响水泵的性能、寿命和泵站的经济效益。

3.4.1 泥沙磨损成因分析

3.4.1.1 磨损破坏原因

研究表明，泥沙磨损对水泵的破坏主要有下列两个原因：

（1）固体颗粒对过流表面的冲击作用。造成磨损的原因是掺混在流体中的固体颗粒对过流表面进行冲击作用，致使材料表面依次产生弹性变形和塑性变性，经固体颗粒的反复冲击，材料发生疲劳破坏，造成表面材料的脱落。磨损轻微时有集中的沿流动方向的划痕和麻点；磨损严重时表面呈波纹状或沟槽状痕迹，并常连成一片如鱼鳞状的磨坑；磨损特别严重时，可使部件穿孔，成块崩落。破坏程度和痕迹与材料的性质有关，脆性材料如铸铁和铸钢等易脱落，划痕就严重。

（2）汽蚀与磨损的联合作用。离心泵与输送含尘气体的离心式风机所受破坏的原因相同之处是颗粒冲击表面，不同之处在于汽蚀。汽蚀是泵内压力低于液体的汽化压力时产生气泡，气泡在泵内壁面处由于压力升高而溃灭，小液滴就像无数小弹头一样，连续地打击金属表面（其撞击频率高达 $2000\sim3000Hz$），金属表面因受冲击疲劳而剥落，造成材料的损失。如果同时液体中再有固体颗粒受汽蚀带动冲击金属表面，这种破坏既有液滴的冲击又有沙粒的冲击是汽蚀与泥沙磨损的联合作用。它们相互促进，互为因果，加剧了破坏进程，也称为磨蚀。在这种情况下很难区分是磨损破坏还是汽蚀破坏。可见磨蚀破坏与纯汽蚀或纯磨损相比是最严重的。叶片进口最先穿孔就是由于磨蚀破坏，如图 3-23 所示。而且固体颗粒冲击金属表面应该又比液滴冲击严重，消除汽蚀可以减轻破坏而消除泥沙更有助于减轻破坏。

图 3-23 水泵叶轮磨蚀破坏图

3.4.1.2 泥沙磨损的因素

根据国内外专家的试验研究，泥沙磨损和水流相对流速、含沙量、运行时间、材料耐磨系数和泥沙磨损能力等诸多因素有关，可按式（3-21）计算：

$$\delta = 1/\varepsilon S\beta w^m T \tag{3-21}$$

式中　δ——磨损量，计算部位的平均磨损深度，mm；

　　　ε——材料耐磨系数，与磨损量成反比，和材料硬度、设计形线、表面光洁度等因素有关；

　　　S——平均过泵含沙量，kg/m^3；

　　　β——泥沙磨损能力的综合系数，与泥沙粒径大小、颗粒形状、硬度等有关，可由试验装置试验确定或由试验曲线近似估算；

　　　w——水流相对速度，m/s，平顺流动时 $m=2.3\sim2.7$，冲击表面时 $m=3\sim3.3$ 或更大，近似计算时可用 $m=3$ 计算；

　　　T——累计运行时间，h。

由式（3-21）可知影响磨损的因素大概分为下列几种：

（1）磨损量随流速的增大而增加。水泵在含沙水中运行时，普遍磨损是不可避免的，并且磨损情况与过流速度的大小和方向密切相关。当水流与过流表面相切时，流体横向脉动造成固体颗粒冲击表面破坏，磨损与速度的平方成正比，例如吸水室和涡壳表面的破坏。当水流与过流表面成一定冲角时，主流的速度分量造成固体颗粒冲击表面，磨损破坏增大，磨损与流速的3~4次方成正比，例如叶片进口头部的迎流面、密封环的间隙射流等产生的磨损。

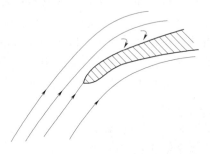

图3-24　过大的冲角引发汽蚀示意图

（2）漩涡会加剧磨损。流线与过流表面重合，则过流表面为流线型，如果设计不合理，流线与过流表面分离，形成局部脱流造成漩涡会加剧颗粒冲击表面的频率，加快了磨损破坏。如叶片进口和涡壳隔舌等处冲角过大时，会在叶片另一面形成脱流产生漩涡磨损破坏见图3-24。

有一些叶轮在叶片中部从工作面穿孔，分析认为主要是在破坏位置叶片安放角度变化太快，引起脱流，形成汽蚀所致。

（3）过流表面粗糙度对磨损有影响。流体经过泵流道时是湍流状态，由于湍流的横向脉动，使得颗粒冲击表面造成破坏。如果过流表面粗糙，凹凸不平会加剧对流体的扰动，增大了流体的横向脉动，磨损会更加严重；有时凹凸不平也会诱发汽蚀，产生汽蚀与磨损的联合作用。例如在实际运行中发现，过流表面一有破坏痕迹，就会恶性循环，成倍地加速破坏。提高过流表面的光滑程度，可减小扰动，有利于形成层流底层，保护过流表面，减轻磨损。这也得到试验证实，曾对一球铁叶轮六枚叶片中的三枚打磨光滑，未打磨的二枚叶片分别运行3000h和4000多小时在头部穿孔，经过补焊修复运行8000h叶片中部基本已穿孔报废，在不同时间观察对比实验叶片，发现打磨过的叶片虽然表面较软，但与未打磨过的叶片比较，磨损程度普遍减轻。

（4）含沙量、颗粒粒径及形状等对磨损都有影响。一般说，磨损随含沙量增大而增大，随粒径增大而增加，随硬颗粒泥沙增多而增大。抽黄用泵在清水期与浑水期的运行情况就是明显的对比，在冬季清水期含沙量很低时，泵叶轮上的红丹漆都不会磨掉，在浑水期运行相同时间叶轮会有明显的破坏痕迹，甚至导致叶片穿孔。

（5）泵叶轮材料对磨损有影响。排灌用泵叶轮常用的材料有铸铁、球墨铸铁、铸钢和不锈钢。实验表明，铸铁的抗磨蚀性能相对较差，不锈钢的抗汽蚀性能比较好，但它的抗磨损性能与普通碳钢相当。因此，采用不锈钢制造叶轮或其他过流部件以提高其抗磨性是不经济的。例如，给甘肃泵站设计的低碳钢板成型叶片组焊叶轮，与球铁叶轮造价相当，但寿命由球铁叶轮 4000 多小时提高到 14000 多小时仍完好运行，仅在叶片进口个别部位有小麻点，预计运行寿命可提高 5 倍以上。同时，实验中给磨损严重的泵体口环加一个钢板制成的钢圈，经一年运行，破坏痕迹明显减轻，最大磨损量不到 0.4mm，但球铁口环达 5mm。铸铁表面及内部不可避免地存在着气孔、砂眼等铸造缺陷，这些缺陷可诱发汽蚀或漩涡。低碳钢板与铸铁及铸钢相比有组织细密、韧性好不易脱落等优点，耐汽蚀和磨损能力成倍提高，而且钢板叶轮与铸铁叶轮相比有良好的补焊修复性能，因而是一种制造泵叶轮的廉价的耐磨材料。在前述甘肃泵站推广使用后不仅每年节约叶轮备件费在百万元以上，而且，由于叶轮完好取消了一次正常的检修，经济效益和社会效益都非常显著。

非金属材料有环氧金刚砂、复合尼龙、聚氨酯橡胶等涂层，经实验在叶轮流道内粘接性能较差，不适合使用；在泵体流道内以环氧树脂为主体的环氧类涂层取得了一定的抗磨损效果。金属涂层有焊条堆焊和合金粉末等，但大多数农用泵站由于经费等原因选用铸铁叶轮，无法使用金属涂层。

3.4.2 磨蚀防治对策

水泵磨蚀破坏的防治对策，必须采取综合措施，主要有下列几个方面：

（1）大力开展水土保持和流域治理工作，减少水土流失以达到减少河流泥沙含量的目标。

（2）工程上采取沉沙排沙措施以减少过泵泥沙含量。例如东雷抽黄工程管理局在总干渠上兴建了几个面积很大的沉沙池后，干渠含沙量由 11.84kg/m³ 下降到 5.01kg/m³。减少了过泵泥沙，减轻了泵的过流部件磨蚀破坏。

（3）改进设计。抽黄用泵大多按清水理论设计，没有考虑泥沙过泵的问题，因此水泵过流部件磨蚀破坏十分严重。山西万家寨引黄工程，针对单泵扬程高（H 在 140.00m 以上），流量大（Q 在 6.45m³/s 以上），高转速（n 在 600r/min 以上），效率高（η 在 91% 以上），配套功率 $N=12000kW$，年运行时间长（7300h 以上），设备利用小时达 5800h 的特点，在泵站设计阶段，设计单位（水利部天津勘测设计研究院）就非常重视水泵的磨蚀破坏问题，调查总结了沿黄各泵站水泵磨蚀破坏的情况，对水泵设计制造提出了较高的抗磨要求。因此，日本任原公司给万家寨引黄工程提供的水泵在水力设计、结构设计和加工制造方面都比较重视，产品质量较好。

（4）提高加工制造水平。20 世纪七八十年代国内生产的水泵，大多制造水平较差。因此，不少泵站现场实测表明，泵的效率与产品样本上相同型号的水泵效率相差很多（有的达 10% 以上）。总结几十年来实践经验，必须对水泵的加工制造质量提出严格要求，不仅叶轮叶片的型线要准，而且表面光洁度要高。大型水泵在工厂加工制造时，业主必须派驻厂代表进行监造。

（5）采取必要的防护涂层措施，节能增效。景泰工程抽水泵站采用非金属防护涂层，不仅减轻了磨损，延长了水泵运行时间和使用寿命，还提高了泵的运行效率，经济效益十分显著。

（6）确保安装质量和严格运行管理。众所周知，机电设备的安装质量将直接影响泵站的安全运行，所以一定要保证安装质量，按规程规范运行，做到长期安全运行并精心维护，机电设备该修必修，修必修好，还要做好运行和检修记录。

3.4.3　景电工程水泵磨损实例

3.4.3.1　水泵磨损破坏情况

景电工程是高扬程、大流量、多梯级电力提水工程，多级泵站从黄河直接取水，因为没有拦沙、沉沙设施，提水过程中所含泥沙全部通过各级泵站，再加一些泵站机组安装高程偏高，使水泵各过流部件严重汽蚀磨损，水泵效率和出水量急剧下降、能源单耗提高，以至远未达到使用寿命而报废。因为各级泵站的扬程及运行工况不同，水泵损坏各有差别，现场调查表明，水泵的磨蚀主要表现在螺旋压水室中两侧靠密封环一周损坏最严重，形成密聚的蜂窝状汽蚀穴和沟槽，排列与水流方向一致，向外逐渐减弱，由较密的深沟槽逐渐变为较疏的浅沟槽，至泵腔最深处减轻为鱼鳞状，使表面损失 2cm 以上见图 3-25。

图 3-25　鱼鳞状磨损图

泵体与泵盖接合面靠密封环处间隙汽蚀使压水室与吸水室形成深 1～3cm、宽 5～20cm 沟壑，有的泵体与密封环黏合不严，出现泄漏，造成间隙汽蚀。运行过程中，泵隔舌前端出现汽蚀穴和沟槽，逐渐变薄成锯齿形，缩短 15～20cm。高压水流从密封环间隙流入吸水室，使密封环与叶轮结合面均产生严重的汽蚀，实践证明，水泵在这种工况下运行 3500～4300h 后，间隙从 0.7mm 扩大到 1～2cm。叶轮进入端叶片背面先出现海绵状破坏，然后穿通，形成 8～10cm 三角形缺损。叶轮盖板外圆及叶片出水端，先呈小而深的坑穴，而后逐渐延伸呈排列紧密的沟槽，边沿变薄，缩短成锯齿形，流道中也出现沟槽状损坏，有些叶轮盖板在流道中向外蚀穿。景电一期工程装置的 800S80 型泵的蜗壳隔舌被破坏多于 20cm，但都仍能使泵正常工作，但其效率有所下降。

景电二期工程主要用 1200S56 和 1200S32 两种大型双吸离心泵，流量均为 10800m³/h，扬程分别为 56.00m 和 32.00m。现场调查发现，水泵的汽蚀和泥沙磨损对泵叶轮的破坏较为严重，主要在叶片进出口和叶轮口环间隙处，有大块材料脱落形成凹坑或称鱼鳞坑等，严重的甚至造成叶片局部穿孔（见图 3-26），运行寿命较短，一般为 3000～4000h，也使泵工作性能严重下降。水泵的流量普遍减少 20%～30%，效率下降 10%～30%。从报废的泵体口环和叶轮口环看出其内表面由

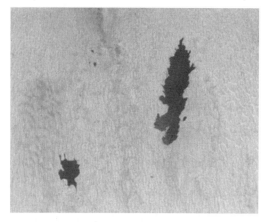

图 3-26　叶片局部穿孔图

汽蚀与泥沙磨损成鱼鳞坑和蜂窝状坑，深度为 4～10mm，最深处可达 12mm 以上。

3.4.3.2　水泵汽蚀磨损修复技术研究

通过对景电灌区水泵叶片和泵壳汽蚀磨损情况的现场调查发现，严重的汽蚀磨损直接影响水泵的运行效率和使用寿命，导致水泵配件的消耗量和维修费用逐年增加，同时造成水泵运行中的诸多安全隐患。

在分析和总结景电工程灌区水泵叶轮机配件维修维护经验的基础上，该工程的机械维修厂经与水泵的科研设计方联合攻关，提出了采用异使特高性能球磨金属材料对水泵叶轮和配件进行喷涂修复的技术和抗蚀性金属粉末喷焊技术。

水泵叶轮及配件采用喷涂技术前后对比见图 3-27。

实践证明，异使特高性能球磨金属材料对水泵叶轮和配件进行喷涂修复的技术可快捷、有效地对受汽蚀磨损的水泵、水泵配件及闸阀等进行修复处理。该技术的应用可使水泵的使用寿命延长 2 倍以上，可使 30%～40% 的水泵配件重复利用，对新设备和新配件应用该技术进行喷涂抗蚀处理后可使其使用寿命延长 2～3 倍。采用抗蚀性金属粉末喷焊技术对水泵叶轮和承磨环进行喷焊后，明显增强了叶轮口环和承磨环的耐磨损、抗汽蚀性能，使水泵运行中的内泄量大幅降低，提水效率提高 8%～15%。对同类泵的抗磨蚀处理，提高水泵的使用寿命具有较好的借鉴意义。

3.4.3.3　梯级提水泵站降低水流含沙量的技术措施

大量的工程实践和研究表明，在水流进入梯级泵站输水系统前，通过增设沉沙池的措施，可以明显减少进入梯级泵站输水系统中水的含沙量。该措施可以有效减少输水系统中水的含沙量，提高泵站的运行效率，节约输水能耗，降低维护费用。

一般来讲，在梯级泵站系统的初级泵站前设置沉沙池，可采用"河—渠—池—站"的形式，即在水源与系统的一级泵站之间设置沉沙池，一级泵站从沉沙池提取沉淀后的清水进入提水系统，沉沙池中的泥沙可通过排沙渠泄回河道。其形式见图 3-28。

当地形条件不能满足在河道边设置较大的沉沙池时，可以选择先采用低扬程（扬程 10.00～15.00m）的初级泵站将高含沙水提至适合修建沉沙池的区域，然后再设置沉沙

（a）喷涂前叶轮正面

（b）喷涂前叶轮侧面

（c）喷涂后叶轮正面

（d）喷涂后叶轮侧面

图 3-27　水泵叶轮及配件采用喷涂技术前后对比图

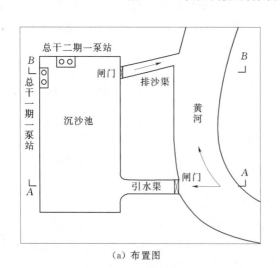

（a）布置图

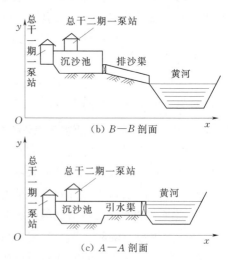

（b）B—B 剖面

（c）A—A 剖面

图 3-28　河—渠—池—站形式示意图

池，高含沙水经沉沙池沉淀处理后，再进入下一级提水系统的方式，即"河—站—池—站"的形式见图3-29。

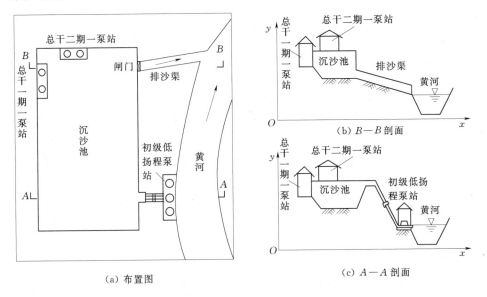

图3-29 河—站—池—站形式示意图

沉沙池的具体工作原理如下：

(1)"河—渠—池—站"形式。

1)浑水变清水。由引水渠从黄河水源中引水到沉沙池中沉淀，然后由泵站抽取经沉淀后的清水向高扬程灌区逐级供水。

2)沉沙池清淤。经过一定时间的运行，沉沙池中必定淤积有大量的泥沙，沉沙池淤积清理主要是通过排沙渠排往黄河，排沙渠的坡度需满足冲刷泥沙的要求。冲沙用水是引水渠引自黄河的水，水从引水渠流入池中后打开排水冲沙闸，将池中淤积的泥沙通过排沙渠冲排出去。

(2)"河—站—池—站"形式。

1)浑水变清水。由一个初级低扬程泵站（扬程10.00～15.00m）从黄河取水泵送至沉沙池，经过沉淀由浑水变至清水后，再由泵站抽取清水逐级泵送至高扬程灌区。

2)沉沙池清淤。沉沙池中淤积的泥沙主要是通过排沙渠排往黄河，排沙渠的坡度需满足冲刷泥沙的要求。通过初级低扬程泵站抽取黄河水泵送至池中后，打开排水冲沙闸，将池中淤积的泥沙通过排沙渠冲排出去。

通过以上分析可见，"河—渠—池—站"形式对于地理位置，地形地貌要求较高，它必须保证在引水渠与排沙渠之间的黄河段有一定的高差，足以使泥沙排走，"河—站—池—站"形式对于地形地理条件要求相对较低，清淤效果较好，但需消耗初级泵站的能耗用于排沙。

4 水泵装置与运行效率

水泵装置的效率不仅取决于水泵自身的性能，还取决于水泵装置的电动机、闸阀、管路等附属设备的状态和运行参数，同时还与运行管理水平密不可分。不断探索提高水泵装置效率的途径，加强泵站运行管理，提高泵站设备完好率，确保设备安全可靠、节能高效运行，降低能源单耗和提水成本，对于创建节约型工程，构建节约型社会具有非常重要的意义。

4.1 水泵配套装置对能耗的影响

4.1.1 电机对能耗影响

电动机是排灌泵站中最主要的动力机之一，因此，研究电动机及输变电系统的节能是泵站节能技术中的重要课题。

4.1.1.1 电动机与水泵的配套

（1）电动机类型。驱动水泵的电动机均是三相交流电动机，一般中、小型泵站采用异步电动机，大型泵站采用同步电动机。

1）若单机容量小于100kW，常采用 Y 系列和封闭式鼠笼型异步电动机，Y 系列鼠笼型异步电动机较 J 系列、JD 系列具有效率高、启动转矩大、噪音小、防护性能好等优点，额定电压为220V、380V。

2）若单机容量在100~300kW 之间，采用 JS、JC 或 JR 系列异步电动机，"S"表示双鼠笼型，"C"表示深槽鼠笼型，"R"表示绕线型。JS 和 JC 都具有较好的性能，适用于启动负载较大和电压容量较小的场合，额定电压为220V、380V、3000V 或6000V。

3）若单机容量大于300kW，采用 JSQ、JRQ 系列异步电动机，或 Tz 型同步电动机，"Q"表示加强绝缘，"T"表示同步，"z"表示座式轴承。同步电机成本较高，但具有较高的功率因数和效率，适用于大型泵，额定电压为3000V 或6000V。

（2）电动机的配套。配套功率是指与水泵配套的动力机所应有的输出功率，用 $P_{配}$ 表示。与水泵配套的电动机，一般由水泵厂成套供应或按式（4-1）、式（4-2）计算：

$$P_{配} = k\frac{\rho g Q H}{1000\eta\eta_p} \tag{4-1}$$

$$P_{配} = k\frac{P_{\max}}{\eta_p} \tag{4-2}$$

式中　　$P_{配}$——配套功率，kW；

　　　　k——电动机储备系数，电动机的储备系数按实际情况见表4-1；

　　　　ρ——水的密度，kg/m³；

Q、H、η——水泵运行范围内，可能出现的最大轴功率时的流量，m^3/s；扬程，m；效率，$\%$；

P_{max}——水泵运行范围内可能出现的最大轴功率，kW；

η_p——传动效率，$\%$。

电动机的储备系数 k 为水泵可能出现的最大轴功率和动力机额定功率的比值。应考虑下列一些非恒定因素对功率的影响：①水泵和电动机性能测试中，允许有 5% 的误差；②机组及管路陈旧后，磨损和漏损增加，泵的性能下降，而管路特性曲线变陡，工作点左移，对于轴流泵其功率可能增大；③电动机与水泵额定转速的微小差值；④机组在运行中可能出现的外界干扰，如抽取多沙水、电压降低等会增加负荷。这些非恒定因素的大小不宜精确确定，但其影响是随着机组功率的减小而增大的。

储备系数 k 不宜定得太大，否则电动机负荷不足，造成能量浪费；也不宜定得太小，否则会造成动力机超载见表 4-1。

表 4-1 电动机的储备系数

水泵轴功率（kW）	<5	5～10	10～50	50～100	>100
电动机的储备系数	2～1.3	1.3～1.15	1.15～1.10	1.10～1.05	1.05

1）电动机转速的选用。电动机与主水泵之间传递动力，采用直接传动时，则要求电动机的转速与水泵的转速大小匹配，转向相同。

2）电动机额定电压。电动机的型号、规格应经过技术经济比较选定。目前，水泵厂家生产出的水泵一般都提供了与之配套的电动机型号，可以直接采用。

4.1.1.2 泵站的电动机降耗

减少电动机的电能损耗的主要途径是提高电动机的效率和功率因数。然而，电动机的设计、制造、选择、使用以及维修管理对电动机的效率和功率因数都有影响。根据国内外资料介绍，目前电动机的节能途径有下列几个方面：

（1）泵站电动机的设计和选择。

1）设计或选择高效率电动机。

2）选择合适的电动机型号、规格、容量。

3）对于扬程变幅较大的泵站，选择变速电动机。

4）低速大容量水泵应选配同步电动机。

（2）运行中电动机的降耗途径。

1）根据水泵工况的变化，调整电动机的转速，使抽水装置效率更高。

2）根据水泵工况的变化，改变电动机绕组的接线方法。

3）改变励磁电流，调整同步电动机的功率因数。

4）绕线型异步电动机的同步化运行。

5）在非排灌季节，让同步电动机空转，作调相机运行。

6）防止异步电动机空转。

7）采用功率因数调节器。

8）定期检修电动机，提高自然功率因数。

9）在非排灌季节，在有条件的情况下，使鼠笼型电动机在水泵倒转时发电，回收部分能量。

实际工程中，泵站电机的能耗过高的主要问题是与水泵不配套的问题。如景电一期的西干五泵站和景电二期工程的直滩五级泵站就存在水泵与电机不配套的问题，再加上更换叶轮后输水管径没改变，致使耗电量比较大。研究表明，电机效率在运行中随负荷而变化，当负荷为额定负载的80%～100%时效率较高，当工作负载小于60%时效率将明显下降，当工作负载低于50%时效率将大幅度下降。因此，可根据具体情况调换电动机，使电动机的储备系数在1.05～1.2之间为宜。

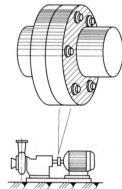

图4-1　动力机和水泵
直接传动示意图

4.1.2　传动装置对能耗影响

动力机与水泵之间的能量传递主要是通过传动设备来完成的，传动设备在水泵各机组之间亦起着主要作用，不仅影响到传动效率，还影响到整个泵站的效率，应合理地选用传动设备。

4.1.2.1　传动方式

传动方式基本上分为直接传动与间接传动两种。

（1）直接传动。直接传动又称为联轴器传动，是通过联轴器把动力机和水泵的轴连起来来传递能量的如图4-1所示。此传动方式结构紧凑，简单方便，安全可靠，传动平稳，且传动效率接近100%。目前机电排灌中，电动水泵机组大多数采用直接传动方式。采用这种传动方式，动力机与水泵需满足下列条件：①动力机的轴与水泵的轴在同一直线上；②动力机的额定转速与水泵的额定转速大小相等或接近相等 $\left(\dfrac{|\Delta n|}{n} < 2\%\right)$；③动力机与水泵转向相同。联轴器分为刚性联轴器和弹性联轴器两种。

1）刚性联轴器。刚性联轴器是由两个分装在动力机轴和水泵轴端带凸缘的半联轴器与螺栓组成的如图4-2所示。轴与半联轴器之间用键连接或键连接并上紧螺帽，两个半联轴器用螺栓连接。此种结构简单，传递扭矩大，可传递轴向力，但不能承受机组轴向窜动和偏移，安装要求严格。

2）弹性联轴器。弹性联轴器是在刚性联轴器基础上发展起来的。又分为弹性圆柱销型和爪型两种。

①弹性圆柱销型联轴器。弹性联轴器是在联轴器中增加了具有缓冲和减振能力的弹性圈而得来的。弹性圆柱销型联轴器由半联轴器、柱销、弹性圈、挡圈等组成见图4-3。此种联轴器，能缓冲抗振，安装时两轴不要求严格对中，但不能传递轴向力，弹性圈、柱销易坏，需勤更换。

②爪型弹性联轴器。此种联轴器是用橡胶制成的镶嵌在两个爪型半联轴器之间的星形弹性垫块组成并得名的见图4-4。结构简单，安装方便，但传递扭矩小，多用于小型卧式机组。常用的联轴器多已标准化或规格化，设计时可查阅《机械零件设计手册》，根据动力机的功率、转速以及轴径等要求进行选择。

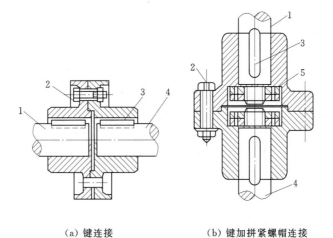

（a）键连接　　　　　　　　（b）键加拼紧螺帽连接

图 4-2　刚性联轴器示意图

1—动力机轴；2—连接螺栓；3—键；4—水泵轴；5—螺帽

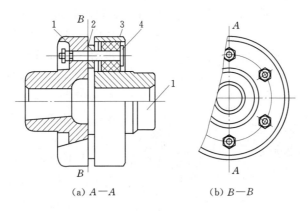

（a）A—A　　　　　　　　（b）B—B

图 4-3　弹性圆柱销型联轴器示意图

1—半联轴器；2—挡圈；3—弹性圈；4—柱销

（2）间接传动。当动力机与水泵的转速不满足直接传动的条件时，需采用间接传动。间接传动又分为齿轮传动和皮带传动。

1）齿轮传动。当水泵和动力机的转速不等或两者轴线不在同一直线上时，可通过一对分装在动力机轴与泵轴上的主、从动齿轮之间的相互啮合来传递动力。此种方式传动效率高，结构紧凑，可靠耐用，传递功率大，传动比准确，但要求制造工艺和安装精度高，价格高。根据水泵和动力机位置或转速不同，可以采用不同的齿

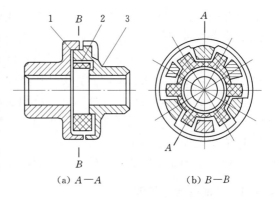

（a）A—A　　　　　　（b）B—B

图 4-4　爪型弹性联轴器示意图

1—水泵半联轴器；2—弹性块；
3—动力机半联轴器

轮，两轴线平行时，采用圆柱形齿轮见图4-5（a）；当两轴线相交时，采用伞形齿轮见图4-5（b）。

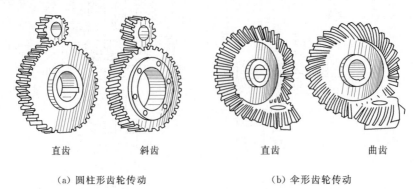

（a）圆柱形齿轮传动　　　　　　　　（b）伞形齿轮传动

图4-5　齿轮传动示意图

2）皮带传动。当水泵和动力机两者的转速不同，彼此轴线间有着一段距离或不在同一平面上时，亦可采用皮带传动，它通过固定在动力机轴和泵轴端的带轮和紧套在轮上的环形皮带间的摩擦力来传递动力。此传动方式带有弹性，可缓和冲击与振动，但因皮带易打滑，安全性差，占地面积大，寿命短，传动效率较低。皮带根据其形状不同分为平皮带和三角带。

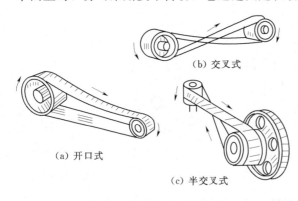

（b）交叉式

（a）开口式

（c）半交叉式

图4-6　平皮带传动示意图

①平皮带传动。平皮带传动应用范围广，传动方式可以多种变换，传动比大。此传动方式又可分为开口式、交叉式和半交叉式三种方式见图4-6。

开口式皮带传动适用于泵轴和动力机轴互相平行且转向相同的场合；半交叉式皮带传动适用于泵轴和动力机轴互相垂直的场合；交叉式皮带传动适用于泵轴和动力机轴互相平行，转向相反的场合。

②三角带传动。三角带具有梯形断面，紧嵌在皮带轮上的梯形槽内，由于其两侧与轮槽紧密接触，摩擦力比平皮带大，传动比亦较大如图4-7所示。

随着社会发展，出现了一种综合齿轮和皮带传动优点的一种新型传动方式，既不易打滑，又具有弹性，能起到缓冲、吸振作用。此种传动方式称为同步齿形带传动见图4-8，工作时依靠轮齿的啮合来传递动力。

直接传动和间接传动两种传动方式的比较见表4-2。

4.1.2.2　提高传动效率

传动装置效率为水泵轴功率与动力机输出功率之比，传动方式的选择是否合理，直接影响传动效率。当动力机的转速能够满足水泵运行的工况下，一般采用直接传动。当水泵工况变化较大，动力机又无法调速时，可将直接传动改为间接传动。将直接传动改为间接

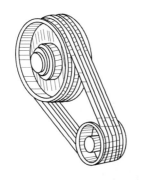
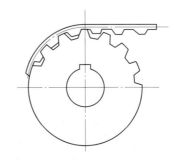

图 4-7　三角带传动示意图　　　图 4-8　同步齿形带传动示意图

表 4-2　　　　　　　　　　　　　两种传动方式的比较

传动方式	传动效率	传递功率	传动比	占地面积	平稳性	综合利用
平皮带	0.90～0.98	22～29kW	1:5 以内，最好 1:3	较大	有振动	方便
三角带	0.90～0.96	29～74kW	1:7 以内，可达 1:10	较小	振动小	较方便
齿轮传动	0.90～0.99	不受限制	1:8 以内	小	平稳安全	较方便
联轴器	0.99～0.995	不受限制	1:1 且机泵转向要一致	小	平稳安全	不方便

传动后，传动效率会有所下降，但水泵效率、管路效率会有所提高。因此，必须保证泵站效率不降低，才能获得良好的节能效果。在采用皮带传动时，通常应避免平带或 V 带交叉、半交叉传动。另外，传动装置的安装使用是否正确，也直接影响传动效率。如果直接传动时联轴器不同心，皮带传动时传动轴距过小或过大，以及带的张紧程度过紧或过松等情况，都应予以克服。

4.2　泵站管路系统对能耗的影响

　　管路及其附件是抽水装置中的主要组成部分。通常，进水池中的水是经过进水管路引入水泵的，水泵排出的水则通过出水管路进入出水池。水流通过管路时，为了克服管路阻力，需要消耗一定的能量（即局部损失和沿程损失），管路阻力越大，管路效率则越低，消耗的能量也越多；水流由进水管进入水泵，进水管中水流流态则会影响水泵叶轮进口的流态均匀，因此通过改善进出水管流态、减少管路阻力，提高管路效率，也是提高泵站效率需要研究的重要方面。

4.2.1　水头损失曲线

　　流体在管路中流动存在着水头损失 h_w，它包括沿程水头损失 h_f 和局部水头损失 h_j。

$$h_w = h_f + h_j, \quad h_f = \lambda \frac{l}{d} \frac{v^2}{2g}, \quad \lambda = \frac{8g}{C^2}, \quad C = \frac{R^{1/6}}{n}, \quad R = \frac{d}{4}, \quad v = \frac{4Q}{\pi d^2}$$

联立各式即得式（4-3）：

$$h_f = 10.29 \sum \left(\frac{n^2 l}{d^{16/3}} Q^3 \right) = \sum (S_f) Q^2$$

$$h_j = 0.083 \sum \left(\frac{\zeta}{d^4} Q^2 \right) = \sum (S_j) Q^2$$

$$h_w = \sum (h_f + h_j) = \sum (S_f + S_j) Q^2 = \sum (S) Q^2 \qquad (4-3)$$

式中　n——管道糙率；

　　　l——管道长度，m；

　　　d——管道直径，mm；

　　　S——管道总的阻力参数，s^2/m^5；

S_f、S_j——管道沿程、局部阻力参数，s^2/m^5；

　　　ζ——局部阻力系数，可查阅《水力计算手册》、《流体力学》或《水力学》等。

　　对于给水管道，沿程水头损失的计算，可按式（4-4）计算：

$$h_f = \sum (KALQ^2) \qquad (4-4)$$

其中

$$A = 10.29 \frac{n^2}{d^{16/3}}$$

式中　A——比阻，s^2/m^5；

　　　K——修正系数，对于钢管 $K = K_1 K_2$，对于铸铁管值 $K = K_3$。

　　由式（4-4）可知，水头损失与流量的平方成正比，它是一条通过坐标原点的二次抛物线，称为管路损失特性曲线或水头损失曲线，以 $Q—h_w$ 表示如图 4-9（a）所示。

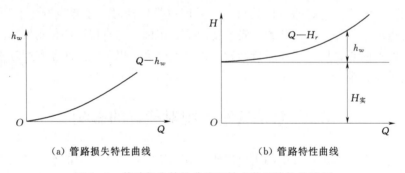

（a）管路损失特性曲线　　　　　　（b）管路特性曲线

图 4-9　管路损失特性曲线和抽水装置特性曲线图

4.2.2　管路特性曲线

　　在式

$$H = H_{ST} + h_w + \frac{v_2^2 - v_1^2}{2g} = (Z_u - Z_b) + h_w + \frac{v_2^2 - v_1^2}{2g} \qquad (4-5)$$

中，其流速水头差 $\dfrac{v_2^2 - v_1^2}{2g}$ 一般均可以忽略不计，可并改写成式（4-6）：

$$H_r = H_{ST} + h_w = H_{ST} + SQ^2 \qquad (4-6)$$

式中　H_r——需要扬程，m。

　　曲线的形状、位置取决于抽水装置、液体性质和流动阻力。为了确定水泵装置的工况点，将上述管路损失曲线与静扬程联系起来考虑，即按式（4-6）绘制出的曲线，称为管路特性曲线（或称为抽水装置特性曲线，也称为管路系统特性曲线）如图 4-9（b）所示。该曲线上任意点表示水泵输送流量为 Q，提升净扬程为 H_{ST} 时，管路中损失的能量为 $h_w = SQ^2$，流量不同时，管路中损失的能量值不同，抽水装置所需的扬程也不相同。

4.2.3　管路节能途径

4.2.3.1　管路损失与管路效率的关系

在管路不漏水的情况下，管路效率 $\eta_{管}$、管路损失 $\eta_{损}$ 和水泵实际扬程 $H_{实}$ 之间的关系式为：

$$\eta_{管} = \frac{H_{实}}{H_{实} \times h_{损}} \times 100\%$$

根据上式，同一管路损失 $h_{损}$ 对于不同的实际扬程 $H_{实}$ 其管路效率是不同的见图 4-10。如管路损失 $h_{损} = 10\text{m}$ 时，对于 $H_{实} = 90\text{m}$ 的泵站，其管路效率可达 90%，而对于 $H_{实} = 30\text{m}$ 的泵站，其管路效率只有 75%。如果不同扬程的泵站要达到同样的管路效率，就必须使不同泵站达到不同的管路损失 $h_{损}$ 值。例如，为了要使管路效率达到 90%，对 $H_{实} = 90\text{m}$ 的泵站，要求管路损失 $h_{损} = 10\text{m}$ 即可，而对于 $H_{实} = 10\text{m}$ 的泵站，则要求管路损失减少到 1.1m。对于 $H_{实} = 5\text{m}$ 的泵站，则要求管路损失减少到 0.55m。

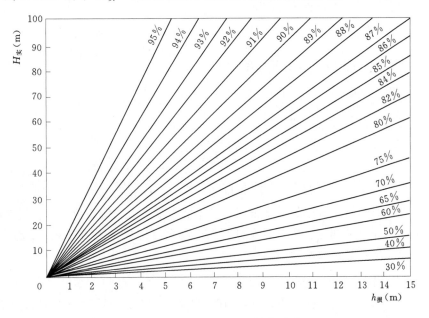

图 4-10　$\eta_{管}$、$h_{损}$、$H_{实}$ 的关系图

4.2.3.2　管路效率的影响因素

管路不仅有扬程损失，而且有时还有漏水损失，如因某些原因使管路破裂或接头（如法兰、承插接头等）处连接不良引起漏水，若其漏水量为 $q(\text{m}^3/\text{s})$，水泵的出水量为 Q（m^3/s），则流入出水池的流量为 $Q-q(\text{m}^3/\text{s})$。这时的管路效率 $\eta_{管}$ 表达式为：

$$\eta_{\text{管}} = \frac{\gamma(Q-q)H_\text{实}}{102} \Big/ \frac{\gamma Q(H_\text{实}+h_\text{损})}{102} = \frac{(Q-q)H_\text{实}}{Q(H_\text{实}+h_\text{损})} = \frac{1-\dfrac{q}{Q}}{1+\dfrac{h_\text{损}}{H_\text{实}}} \times 100\% \qquad (4-7)$$

此外，管路损失扬程 $h_\text{损}$ 包括沿程损失 $h_\text{程}$ 和局部损失 $h_\text{局}$，采用钢管、铸铁管和钢筋混凝管的泵站可按式（4-8）计算：

$$h_\text{损} = h_\text{程} + h_\text{局} = \frac{L}{C^2 R} v^2 + \sum \zeta \frac{v^2}{2g} \qquad (4-8)$$

式中　L——管路总长，m；

　　　R——直管段的水力半径，即管路的断面面积 A 与湿周 χ 之比，对圆管，其水力半径为 $R=D/4$，m；

　　　C——谢才系数（即阻力系数），$C=\dfrac{1}{n}R^{\frac{1}{6}}$；

　　　n——管路内壁的糙率，与管材有关。对钢管 $n=0.012$，铸铁管 $n=0.013$，对于钢筋混凝土管 $n=0.014$；

　　$\sum \zeta$——管路局部阻力系数的总和；

　　　v——计算断面的平均流速，m/s；

　　　g——重力加速度，$g=9.81$，m/s^2。

对于等直径圆管，管路损失 $h_\text{损}$ 为：

$$h_\text{损} = \left(10.29n^2 \frac{L}{D^{5.33}} + 0.083 \frac{\sum \zeta}{D^4}\right) Q^2 = sQ^2 \qquad (4-9)$$

式中　s——管路阻力参数。对于等直径圆管：

$$s = \left(10.29n^2 \frac{L}{D^{5.33}} + 0.083 \frac{\sum \zeta}{D^4}\right)$$

将式（4-9）代入式（4-7）得：

$$\eta_{\text{管}} = \frac{1-\dfrac{q}{Q}}{1+\dfrac{1}{H_\text{实}}\left(10.29n^2 \dfrac{L}{D^{5.33}} + 0.083 \dfrac{\sum \zeta}{D^4}\right)Q^2} \times 100\% \qquad (4-10)$$

由此可见，影响管路效率的因素很多。管路漏水量越大、管路越长、管路内壁越不光滑、管路附件（如各种阀件、弯管、变径管等）越多（即局部阻力系数 $\sum \zeta$ 越大），则管路效率越低；反之，管路效率越高。

4.2.3.3　提高管路效率的途径

（1）选择适当的管路直径。由式（4-10）可知，管路效率大致与管路直径 D 的五次方成正比。也就是说管径减少会导致管路效率的显著下降，反之亦然。因此，若规划设计时所选择的管径太小会引起管路效率降低。从这点出发，应尽量增大管路直径，以减少能源消耗。但是管路直径的增大又会增加管路投资，因此，管路直径又不宜过大。而适宜的管路直径只有通过技术经济分析才能确定。

（2）尽量减少管路长度。由式（4-10）可知，管路越长（即 L 越大），则管路效率越低。因此，尽可能减少管路长度，不仅可以减少管路投资，而且还可以节约能源。但在坡度很缓的岸边建站时，缩短管路必然增加引渠、进水池以及泵房的挖方量，或增加出水池和干渠的填方工程，从而增加工程造价。因此，也要通过技术经济比较来正确地决定管长。

（3）减少不必要的管路附件。排灌泵站总的管路附件主要包括各种阀件（如底阀、闸阀、逆止阀和拍门等）、异径管（如渐扩管、渐缩管或由圆变方、由方变圆的连接管等）以及不同曲率半径的弯管等。管路附件多，形状变化复杂，会使管路局部阻力系数 $\sum f$ 增大，从而降低管路效率。因此，应尽量减少管路附件，并使各种异径管和弯管的形状变化合理。由于各种阀件有不同用途，如底阀的作用是充水启动，因此，取消底阀就必须采用其他的充水方法；逆止阀是为了防止停车后管路和出水池中的水倒流，从而引起机组倒转，因此，取消逆止阀就必须研究停泵水锤等问题。为了改善弯管和异径管的水流条件，往往可能加大附件尺寸，增加工程造价。总之，在减少管路局部阻力系数时，除考虑管路节能以外，还必须解决各项有关问题，并进行技术经济比较。

（4）确保管路的密封性。如上所述，当管路中的法兰或承插接头连接不好、或因不均匀沉陷等原因使伸缩缝的止水遭到破坏、或管路产生裂缝时，在负压处（如正值吸水的吸水管和虹吸式出水流道的驼峰处）会使空气进入管内，而在正压处（如负值吸水的进水管和虹吸管驼峰以外的出水管）管路的水流会向外渗漏。显然，渗漏流量 q 的增加会降低管路效率，而空气进入管道后，又减少了过水断面，增加了管路损失，也会使管路效率下降。如果空气停留在局部低压区（如虹吸管驼峰顶部）形成气囊，会使管道内的压力不稳定，加剧机组振动。更为严重的是，当空气从进水管进入水泵后，会使水泵效率大幅度下降。如果从直径为 300mm 的进水管中放进空气，当进气量为水泵出水量的 1.5% 时就可以发现水泵的出水量大幅度地下降。当进气量增至水泵流量的 4% 时，水泵的流量将减少40%。如果进气量继续增加，真空度将会很快遭到破坏，致使水泵完全停止供水。由此可见确保管路的密封性是十分重要的。

（5）确保水泵叶轮进口的流态均匀。如果在水泵的进口接入弯头，或将闸阀安装在距离水泵进口很近的进水管上，并在运行时部分开启，或者在进水流道进口处的拦污栅部分被水草等杂物堵塞时，不仅会增加管路的阻力损失，降低管路的效率，而且还会使水泵进口处的流速和压力分布不均匀，从而改变水泵性能，降低水泵效率。为此，应尽量使弯管和闸阀布置得离水泵远些，以免降低水系效率，又可能增大泵房面积或开挖深度，增加工程造价。因此研究合理的进水形式和尺寸，对于减少能源消耗也同样具有重要意义。

4.2.3.4 管路损失与泵站节能的关系

对于某个泵站的规划设计或技术改造，应该根据具体情况，采取各种措施，进行多方案比较，最后选择节能效果最好，工程投资最少的方案。

（1）对于因管路损失太大而使水泵实际运行工作点 A 经常处于额定点 B［见图 4-11（a）］左侧的泵站，采取减少管路损失的措施后，不仅可以提高管路效率，而且可以使水泵效率从 $\eta_{泵a}$ 提高到 $\eta_{泵b}$，流量从 Q_a 增加到 Q_b，对离心泵，若动力机是按水泵额定工况配套的轴功率从 N_a 增加到 N_b 后，负荷系数增大，动力机的效率也可以提高，因此，泵站经过管路改造以后，即可获得良好的节能效果。

（2）对于尽管其管路损失大，管路效率低，但其运行工作点 A［见图 4-11（b）］经常在额定点的右侧的情况，如果仅采取减少管路损失的措施，则会使工作点由 A 向右移至点 C，偏离水泵额定点更远。这时，虽然管路效率提高了，但水泵效率却下降了。对于管路效率提高幅度大于水泵效率下降幅度的情况，泵站效率将有所提高，但提高的幅度却较少；而对于管路效率提高幅度小于水泵效率下降幅度的情况，泵站效率不仅不能提高，反而可能降低，甚至还会使动力机超载。因此，对于这种情况，仅采用减少管路损失的措施是难以达到理想节能的目的，通常还需要采取降速、车削叶轮、或改变叶片安装角以及改造管路等相结合的综合措施，使图 4 - 11（b）中的工作点由点 C 移至点 C'，这样，不仅提高了管路效率，同时也提高了水泵效率。

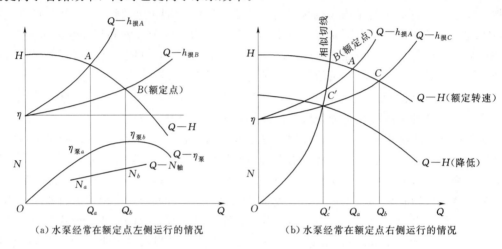

（a）水泵经常在额定点左侧运行的情况　　　　　（b）水泵经常在额定点右侧运行的情况

图 4 - 11　不同情况的节能方案示意图

4.2.4　经济管径 N_b 的确定

如上所述，管路的沿程阻力与管径的 5.33 次方成反比，局部阻力与管径的 4 次方成反比。它表明管路直径的减少会使管路阻力显著增加，效率急剧下降。但管径增大又会使管路投资增加，因此，合理地确定管路直径，无论对提高效率、节约能源，还是对减少工程投资都有重要意义。根据泵站运行费用和管路投资之和为最小的原则所确定的管路直径，称为经济管径。确定经济管径的方法很多，有的计算简单但不够精确，有的十分繁琐，工程中又无法使用。因此加强经济管径的研究是很有必要的。下面介绍年费用最小法和经验公式法，前者较麻烦，但计算结果较为精确，后者较简单，但不够精确，初步设计时可采用。

4.2.4.1　年费用最小法

年费用 ε（元）包括年耗电（或耗油）费 ε_1（元）和年生产费（管道折旧费和维修保养费等）ε_2（元），可按式（4 - 11）计算：

$$\varepsilon = \varepsilon_1 + \varepsilon_2 \qquad (4 - 11)$$

因为 ε_1 和 ε_2 都是管径 D 的函数，假定一个管径，即可分别求出一个 ε_1 和 ε_2，从而求得相应的 ε 值。假定一系列的管径，即可求出一系列的 ε_1、ε_2 和 ε。并绘出 ε_1—D、ε_2—D 以及 ε—D 曲线见图 4 - 12。其中 ε 的最小值所对应的管径，即为经济管径 $D_{径}$。下面分别介绍 ε_1 和 ε_2 的计算方法。

（1）年耗电费 ε_1 的确定。泵站所消耗的能量包括克服管路阻力所消耗的能量，但是，由于管路直径的不同，不仅会影响管路阻力的大小，而且还会改变水泵的工作点，从而在泵站净扬程不变的情况下使水泵的流量、管路损失、轴功率和效率都会发生变化，泵站效率也随之而变，以致直接影响泵站的总能耗。因此，在计算年耗电费时，不应只考虑因管路阻力变化所引起能耗费用的差别，还需要考虑整个泵站耗电费用的增减。

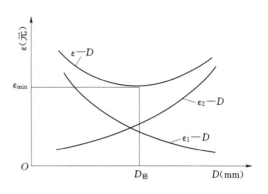

图 4-12　ε_1—D、ε_2—D、ε—D 曲线图

此外，排灌泵站在不同年份中的净扬程也是不同的，所以，年份不同，泵站的耗电费也是变化的。从节能的观点看，应该以多年平均的泵站耗电费作为选择经济管径的依据。因此年耗电费用 ε_1 可按式（4-12）计算：

$$\varepsilon_1 = \frac{f \gamma Q H_{净} t}{102 \eta_{站}} \quad （元）\tag{4-12}$$

式中　f——电费价格，元/℃；

　　　γ——水的容重，kg/m³；

　　$H_{净}$——泵站多年平均净扬程，m，在不考虑进出水池水头损失的情况下，$H_{净}$ 即为 $H_{实}$；

　　　Q——多年平均净扬程对应的流量，m³/s；

　　　t——年运行小时数。若毛灌溉定额为 m，m³/亩，灌溉面积为 A，亩，水泵的流量为 Q，m³/s，则 $t = \dfrac{mA}{3600Q}$，h；

　　$\eta_{站}$——多年平均净扬程对应的泵站效率，%。

从表面上看，式（4-12）并没有直接反应管径与年耗电费之间的关系。但是，每个管径都对应一条管路阻力曲线和装置效率曲线见图4-13。在同一净扬程下，如果改变管路直径，则管路阻力参数 S 将发生变化，管路阻力曲线以及水泵工作点都会因此而异，从而使水泵的流量、轴功率、管路效率以及动力机的效率都不同，最后集中反映到泵站效率或装置效率的变化上。

现以8BA-12型离心泵为例说明管路直径改变后年耗电费用的变化情况，由图4-13可知，当管径为 $D=200$mm 时，$S=852 s^2/m^5$，在净扬程 $H_{净}=27$m 时，水泵的流量 $Q=68$L/s，如忽略进出水池的水头损失，则 $\eta_{站}$ 等于装置效率 $\eta_{装}$，其值为 63%。若该泵用于毛灌溉定额为 $m=800$m³/亩、灌溉面积为 360 亩的灌区，则年运行时间 $t = \dfrac{800 \times 360}{3600 \times 0.068} = 1176$

(h)，年运行费用 $\varepsilon_1 = \dfrac{f \gamma Q H_{净} t}{102 \eta_{站}} = \dfrac{0.06 \times 1000 \times 0.068 \times 27 \times 1176}{102 \times 0.63} = 2016.00$（元）。若 $D=250$mm，则 $S=300 s^2/m^5$，在 $H_{净}$ 仍为 27m 时，水泵流量 $Q=80$L/s，$\eta_{装}=68\%$，运行时间

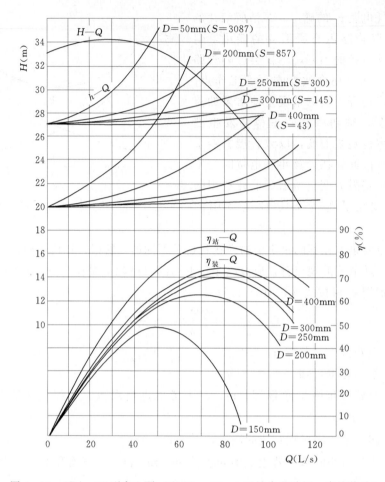

图 4-13 8BA-12型离心泵（配JO₂-80-4型异步电动机、直接传动）
不同管径时的管路阻力曲线和装置效率曲线图

$t = \dfrac{800 \times 360}{3600 \times 0.008} = 1000$（h），年运行耗电费 $\varepsilon_1 = (0.6 \times 1000 \times 0.08 \times 27 \times 1000) \div (102 \times 0.68) = 1868.51$ 元。也就是说，当管径从 200mm 扩大到 250mm 时，年耗电费可节约 $2016.00 - 1868.51 = 147.49$ 元。

（2）年生产费 ε_2 的确定。当管路总投资为 K（元），包括维修保养在内的设备折旧率为 α（%），则 ε_2 可按式（4-13）计算：

$$\varepsilon_2 = \alpha K \qquad\qquad (4-13)$$

可见，影响年生产费 ε_2 的主要因素为管路的总投资 K。而对于管长和管路附件一定的管路，管径则是管路总投资 K 的主要影响因素。应指出，管径扩大后，不仅会使管路的造价增加，而且会使管路附件（如喇叭口、异径管、拍门和闸阀等在内的阀件）的口径也随之增大，从而使管路造价增加更多。

应该指出，扬程高、管路长的泵站与扬程低、管路短的泵站相比，由于管路直径变化后，使前者管路总造价和年生产费用的变化大于后者，因此，高扬程泵站的经济管径比低扬程泵站的小。

4.2.4.2 经验公式法

确定经济管径的经验公式有两种，一种是根据扬程、流量来确定；另一种是根据经济流速来确定。

（1）根据扬程、流量确定经济管径。

$$D = \sqrt[7]{\frac{5.2Q_{最大}^3}{H_净}} \qquad (4-14)$$

式中　D——经济管径，m；

$\quad Q_{最大}$——管内最大流量，m^3/s；

$\quad H_净$——泵站净扬程，m。

试验研究表明，这种方法忽略了很多因素，对高扬程泵站较为适合。

（2）根据经济流速确定经济管径。管径 $D(m)$ 与通过管路的多年平均流量 $Q(m^3/s)$ 和流速 $v(m/s)$ 有下列关系：

$$v = \frac{Q}{\frac{1}{4}\pi D^2} \quad 故 \quad D = 1.13\sqrt{\frac{Q}{v}} \qquad (4-15)$$

如果能定出一个合适的流速 v，即经济流速，则按式（4-15）可以方便地算出经济管径 D。本书经过计算分析，建议净扬程为 50.00m 以下的泵站取经济流速为 1.5～2.0m/s。

净扬程为 50.00～100.00m 的泵站，经济流速可取 2～2.5m/s。初步估算经济管径时可按式（4-16）或式（4-17）计算：

$$H_净 < 50 \text{ 时} \qquad\qquad D = (0.923～0.799)\sqrt{Q} \qquad (4-16)$$

$$50 < H_净 < 100 \text{ 时} \qquad D = (0.799～0.715)\sqrt{Q} \qquad (4-17)$$

4.2.5　水泵进水管的节能措施

水泵的进水管主要从三个方面影响泵站效率：其一，进水管阻力增大后，会降低管路效率，也可能引起水泵汽蚀、降低水泵效率；其二，设计不合理的进水管，会使水泵进口的流速场和压力场发生急剧变化，降低水泵效率；其三，进水管若有缝隙，空气进入管路，降低水泵效率。因此，减少进水管的阻力损失，改善水泵叶轮进口处的流态以及防止管路漏气，应成为进水管节能的主要问题。这里仅介绍减少管路阻力损失和改善水泵叶轮进口处的流态的几项主要措施。

4.2.5.1　取消底阀

底阀是安装在水泵进水管进口处的一种单向阀门，在小型离心泵和混流泵抽水装置中常常可以见到。底阀在排灌泵站的各种管路附件中阻力系数最大。据有关资料介绍，底阀的能量损失占进水管能量损失的 50%～70%，占进、出水管总的能量损失的 10%～50%。泵站扬程越低，底阀能量损失所占的比例则越大。另外，底阀的存在也给泵站的运行管理带来麻烦，因此，很早就有人提出取消底阀的问题。现在，在大中型泵站中基本上取消了底阀，而用抽真空的方法解决灌注引水的问题。但在小型抽水装置中底阀仍然普遍存在，这也是其装置效率普遍较低的原因之一。

底阀能否取消，关键在于充水方法是否切实可行。实践证明，取消底阀后的充水方法是很多的，各泵站可以根据本站的具体情况加以选用。另外，底阀一般都带有滤网，防止吸入水草等杂物，保证水泵安全运行。但滤网也有较大的阻力系数 $\zeta_{网}$，一般可按式（4-18）计算：

$$\zeta_{网} = (0.675 \sim 1.575) \left(\frac{A}{A_n} \right)^2 \tag{4-18}$$

式中 A——进水管的过水断面面积；

A_n——滤网孔眼的面积。

为了减少滤网的阻力系数，应尽量增大滤网孔眼面积。在有条件的地方，也可以用拦污栅代替滤网，阻力损失可以进一步减少。

4.2.5.2 减少管路进口的能量损失

对进水管取消底阀后可提高水泵装置效率，取消底阀和滤网后，其进口形式尺寸不同时，阻力系数 $\zeta_{进}$ 的大小也不相同。图 4-14 表示水平进水管的进口阻力系数 $\zeta_{进}$ 与管径 D、进口伸入池中的长度 L 以及管壁厚度 t 的关系。由图可见：①$\zeta_{进}$ 与 L/D 有关，L/D 越大，$\zeta_{进}$ 也增大，但 $L/D > 0.5$ 以后，$\zeta_{进}$ 趋近于 1.0。当 $L/D = 0$，即进口与池壁齐平时，阻力系数为 0.5。因此，从节能的观点看，不希望进水管伸入进水池中；②$\zeta_{进}$ 与伸入水池的管壁相对厚度 t/D 有关，$t/D = 0.05$ 时，$\zeta_{进} = 0.5$，当 $t/D \approx 0$（即把进口管壁磨成尖角）时，$\zeta_{进}$ 可增加到 1.0 以上。

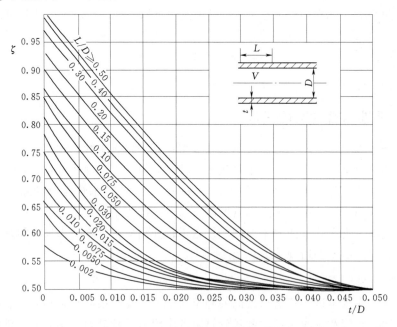

图 4-14 $\zeta_{进}$ 与管径 D、进口伸入池中的长度 l 以及管壁厚度 t 的关系图

此外管路水平进口还有很多形式，主要几种见图 4-15。它们的进口阻力系数也各不相同。由图可知，进口阻力系数 $\zeta_{进}$ 在 0.005～3 的很大范围内变化，可见选择进口形式对减小阻力系数是很重要的。

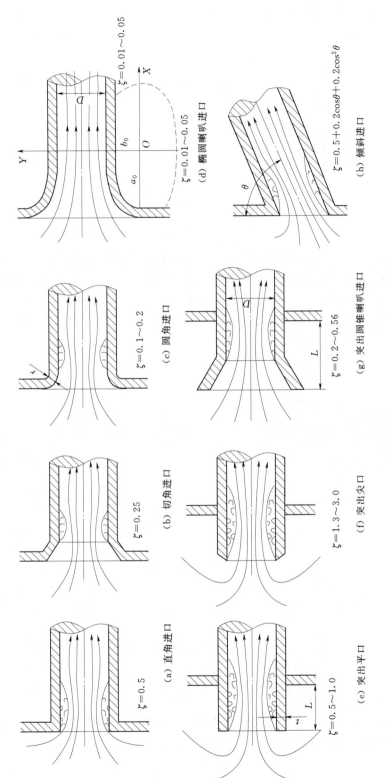

$\zeta=0.01\sim0.05$

$\zeta=0.01\sim0.05$

(d) 椭圆喇叭进口

$\zeta=0.5+0.2\cos\theta+0.2\cos^2\theta$

(h) 倾斜进口

$\zeta=0.1\sim0.2$

(c) 圆角进口

$\zeta=0.2\sim0.56$

(g) 突出圆锥喇叭进口

$\zeta=0.25$

(b) 切角进口

$\zeta=1.3\sim3.0$

(f) 突出尖口

$\zeta=0.5$

(a) 直角进口

$\zeta=0.5\sim1.0$

(e) 突出平口

图 4-15 水平和倾斜进口形式及其阻力系数示意图

垂直进口的阻力系数也与进口形式有关。由图 4-16 可见，如果将等径的进口改为椭圆形喇叭口，阻力系数可以从 1.0 减小到 0.1，从而达到提高管路效率的目的。

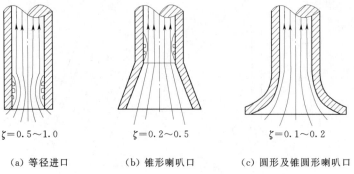

（a）等径进口 　　　（b）锥形喇叭口 　　　（c）圆形及锥圆形喇叭口

图 4-16　垂直吸入的进口形状及其阻力系数示意图

在研究进水管进口能量损失的同时，还应该考虑泵站的工程投资。因为进口形式不同时，所需要的淹没深度及悬空高度都各有差异（图 4-17）。水平吸入的阻力系数一般比垂直吸入小，但要求的淹没深度也大，进水池底板高程低，工程量较大。对于水平吸入的进水管，为了减少淹没深度和进口损失，可以采取图 4-16（c）的特殊喇叭口。

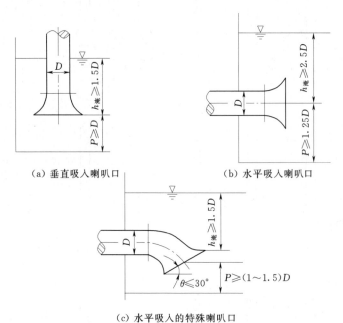

（a）垂直吸入喇叭口 　　　　　　　（b）水平吸入喇叭口

（c）水平吸入的特殊喇叭口

图 4-17　进口形式与淹没深度示意图

4.2.5.3　减少弯管的能量损失

弯管是进、出水管中最常见的异形管之一。弯管主要有铸铁（热压）和焊接弯管两类。前者为等曲率半径的普通弯管，后者为折曲弯管，简称折管。可按式（4-9）计算：

$$\zeta_{弯}=\left[0.13+0.16\left(\frac{d}{R}\right)^{3.6}\right]\frac{\theta}{90} \tag{4-19}$$

可以在图 4-18 中绘出圆形断面的等曲率半径的普通弯管阻力系数与转弯角度 θ 之间的关系曲线，也可以根据有关资料绘出折管的阻力系数与 θ 的关系曲线。由此可见，对于同一转弯角度 θ 的弯管阻力系数小于折管。而弯管的阻力系数又与曲线半径 R 有很大的关系。90°的折管（见表 4-3），$\zeta_{折}=1.1$；$R/D=0.8$ 的 90° 弯管，$\zeta_{弯}=0.48$；而 $R/D=1$ 的 90° 弯管，$\zeta_{弯}$ 为 0.29。另据有关资料介绍如图 4-19 所示的椭圆弯管具有更小的阻力系数。对长短轴之比 $a/b=2$，$b=(1\sim3)D$ 的 90° 椭圆弯管，其阻力系数 $\zeta_{弯}$ 可按式（4-20）计算：

$$\zeta_{椭}=\left[0.05+0.05\left(\frac{D}{b}\right)^{1.45}\right]$$

$$(4-20)$$

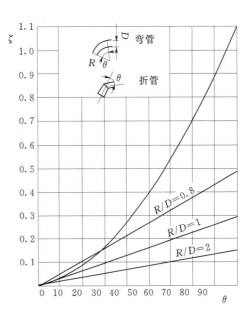

图 4-18 弯管和折管的阻力系数示意图

表 4-3 两次转折的折管阻力系数

a/D	0.710	0.943	1.174	1.420	1.500	1.850
ζ	0.51	0.42	0.38	0.38	0.38	0.39
a/D	2.560	3.140	3.720	4.890	5.590	6.280
ζ	0.43	0.43	0.46	0.46	0.44	0.44

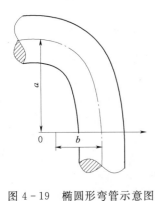

图 4-19 椭圆形弯管示意图

当 $D/b=1$ 时，$h=0.1$。

对于折管，为了减小阻力系数，可以采用两次或多次转折的弯管。表 4-3 为两次转折的折管阻力系数。由表 4-3 可见，当 $a/D=1.174\sim1.850$ 时，其阻力系数具有最小值 0.38 ~0.39。

4.2.5.4 改善弯管的流态

水流通过弯管后，由于离心力的作用，容易产生脱壁漩涡和二次流动，使断面流速分布不均匀，如果弯管安装在水泵进口处，则会改变水泵的进水条件，从而改变水泵的性能，降低水泵效率，同时也会加剧机组振动和噪声。

图 4-20 为四种不同形状和尺寸的弯管。其中图 4-20（a）和图 4-20（b）为折管和等直径弯管（$R/D=1.5$），它们的出口断面流速分布都很不均匀，对水泵性能有很大影响。如果将弯管的断面设计成渐缩形，即从 $\phi330$ 逐渐缩小到 $\phi250$ [图 4-20（c）]，则在曲率半径 R 不变的情况下，流速分布也可以得到明显的改善。如果将弯管设计成变曲率半径，且断面逐渐收缩，则弯管出口断面的流速分布基本趋于均匀。由此可见，曲率半径

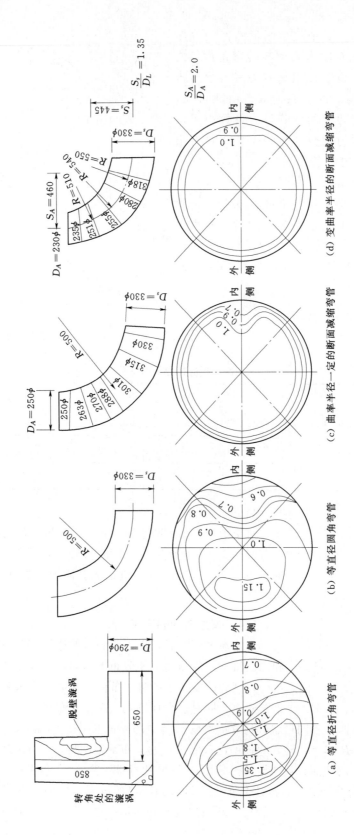

图 4-20　弯管形状及其出口断面的流速分布示意图（单位：mm）

和断面渐变的弯管不仅可以使阻力系数减小，而且对改善流态也很有好处。因此，用图 4-20（d）所示的弯管代替目前常用的等直径圆角弯管图 4-20（b）是很有必要的，特别是对于直接接入水泵进口的弯管，其效果更为显著。

4.2.5.5　减小收缩管的能量损失

如上所述，水泵的进水管尺寸常常大于水泵的进口尺寸，因此，常需要收缩管把水泵和进水管连接起来。虽然收缩管的阻力系数不大，但设计不合理的收缩管仍然会造成较大的能量损失。如果收缩管接入水泵进口，则其流态对水泵性能也有影响。

收缩管包括突然收缩管和逐渐收缩管两类。逐渐收缩管，简称渐缩管，又分圆锥形收缩管、流线型收缩管以及偏心收缩管几种如图 4-21 所示。突然收缩管因水流紊乱而具有较大的阻力系数，见表 4-4。对于渐缩管，由于压力沿流动方向下降，水流不容易脱离管壁，因此阻力系数比突然收缩管小得多。但是，如果收缩角太大，也可能在收缩以后的管段内产生脱壁漩涡，从而增加能量损失，因此控制收缩角对减少能量损失具有重大意义。在收缩角无法减小的情况下，采用图 4-21（c）中的流线型渐缩管可以使水流条件大为改善。此外，在进水管中，常常采用偏心渐缩管见图 4-21（d），使进水管不会因为采用渐缩管后形成上部突起而存气。

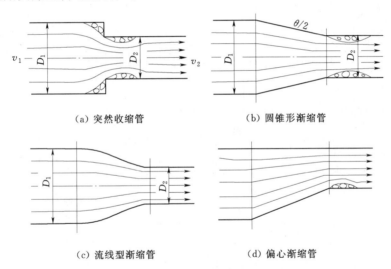

（a）突然收缩管　　　　　　　　　　　（b）圆锥形渐缩管

（c）流线型渐缩管　　　　　　　　　　（d）偏心渐缩管

图 4-21　几种不同类型的收缩管示意图

表 4-4　　　　　　　　　　　　　突然收缩管的阻力系数 ζ

D_2/D_1	0	0.1	0.2	0.3	0.4	0.5	0.6	0.7	0.8	0.9	1.0
ζ	0.50	0.50	0.49	0.46	0.43	0.40	0.38	0.29	0.18	0.09	0

4.2.5.6　进水管上的闸阀影响

对于进水池中的水位经常高于水泵叶轮的泵站，为了便于水泵检修，常常在进水管中装有闸阀。闸阀在全开时的损失很小，但开度减小时会使其阻力系数显著增大见表 4-5。同时也会使水泵进口处的流态紊乱，降低水泵效率。因此，安装在进水管上的闸阀一定要保持常开状态。此外，闸阀的上部是可以存气的空腔，为了保证水泵能够稳定工作，进水管上的闸阀应该水平安装见图 4-22（h）。

表 4-5　　　　　　　　各种开度时闸阀的阻力系数　　　　　　　　单位：mm

管径 D	开度 a/b						简　图
	1/8	1/4	3/8	1/2	3/4	1	
100	91	16	5.6	2.6	0.55	0.14	
150	74	14	5.3	2.4	0.49	0.12	
200	66	13	5.2	2.3	0.47	0.10	
300	56	12	5.1	2.2	0.47	0.07	

归纳上述进水管的节能要求，列举出图 4-22 中的各种正确和不正确的布置形式，可供泵站设计和改造时参考。

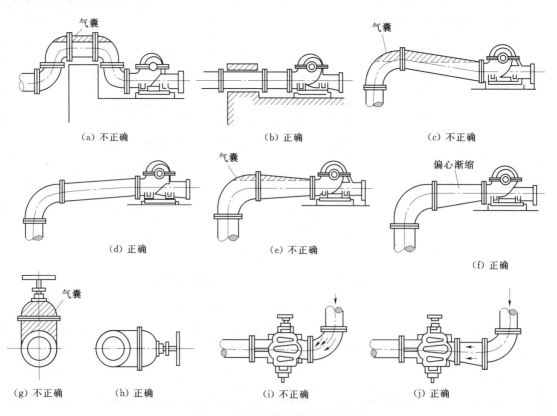

图 4-22　进水管的布置形式图

在对景电工程泵站现场调查时发现，部分进水管上的闸阀安装如图 4-23 所示，属于图 4-22（g）的情况，实际运行表明，这类安装方式进水流态复杂，管道振动现象比较明显。在对这些管路进行更新改造时，将其改造安装成图 4-22（h）的形式，明显改善了管路流态，减少了振动。

（a）（g）布置形式

（b）（h）布置形式

图 4-23 景电工程闸阀安装图

4.2.6 水泵出水管的布置

出水管中的水流是从水泵压出并流向出水池的，因此，出水管中的流速和压力分布的变化，对水泵本身的性能并无多大影响。但是，流速和压力分布不均匀会增加阻力损失，从而改变水泵的工作点，使管路效率和装置效率下降，增加能量损耗。所以，改善出水管的流态，减少管路损失，也是出水管的主要节能问题。

对于高扬程和长管路的泵站，沿程阻力在总的管路损失中占有很大的比例，但不能因此认为局部阻力对节能无影响而可以忽略。现以净扬程为 100.00m、流量为 $10m^3/s$ 的泵站为例，说明局部阻力损失对节能的影响。当局部阻力损失增加 2.5m 时，对于管路效率影响并不太大，但运行 1000h 所增加的耗电量将达 40 万 kW·h，电价按 0.04 元/（kW·h）计，折合 1.5 万元左右，这个数字是很可观的。同样，对于低扬程泵站，因管路短，沿程损失在总的管路损失中所占的比例较小，故局部损失成为影响管路节能的主要因素。但也不能因此就认为沿程损失可以忽略不计，现以 10m 长的钢管为例来说明。当管径为 0.3m 时，管路的沿程阻力参数为 $S_{程}=9.07s^2/m^5$，管路通过 $0.45m^3/s$ 流量时的沿程阻力损失为 1.8m。当管径扩大到 0.4m 时，$S_{程}$ 可以减少到 $1.96s^2/m^5$，流量仍为 $0.45m^3/s$，其沿程阻力损失为 0.39m，即损失可减少 1.41m。若某县有 100 台这样的抽水装置，每年运行 1000h，则可节约用电 123.5 万 kW·h，折合电费 7.4 万元。

管路的沿程损失主要与管径、管长、管内壁的糙率有关。合理的管径应该按经济管径加以确定。管长与地形和地质等条件有关，对于坡度很缓的地形，缩短管长则会增加出水池和干渠的填方工程或泵房和引渠的挖方工程。因此，合理的管路长度，应根据当地的实际情况分析比较后才能决定。以下主要介绍减少局部阻力损失的有关技术措施。

4.2.6.1 合理的选择阀件

出水管路上的阀件主要有逆止阀、拍门和闸阀等。

（1）逆止阀。逆止阀是一种单向阀，是为了防止停泵后因水倒流而引起的机组高速倒转而设置的。正常运行时，逆止阀中的活页被水流冲开。停泵时靠活页的自重或倒流水的作用而关闭。因此，逆止阀不仅会在正常运行时造成较大的局部阻力损失，而且还会引起很大的水锤压力，甚至可能使水泵和管路遭到破坏。因此，很早就有人提出取消逆止阀的问题。

一般认为逆止阀的阻力系数 $\zeta_{逆}=1.7$，但实际上 $\zeta_{逆}$ 并不是常数，它与逆止阀的结构、开启度和口径大小有关。例如，口径为 200mm 的 $\zeta_{逆}$ 可达 5.5；升降式结构的逆止阀，其 $\zeta_{逆}$ 可达 7.5。

实践证明，低扬程（低于 60.00m）的泵站是可以取消逆止阀而在管路出口加装拍门或在出水池中设溢流堰等措施，防止停泵后水泵倒转。扬程为 60.00~100.00m 的泵站能否取消逆止阀，则应通过论证或试验后才能决定。而扬程超过 100.00m 的高扬程泵站，最好采用可以控制的缓闭阀。这样不仅可以减小阻力损失（有的液控阀的阻力系数在 0.18 以下），而且可以消除水锤的有害影响。

（2）拍门。拍门实际上是安装在管路出口的单向阀门。由于结构简单，造价低廉，阻力损失较小，在排灌泵站应用广泛。拍门的阻力系数与其开启角度有很大关系见表 4-6。当开启角度达 60°时，其阻力系数为 0.1；若开启角度减小到 20°时，阻力系数可增加到 2.5。因此，设法增大拍门的开启角度对节能来说是必要的。

表 4-6　　　　　　　　　　　拍门的开启角度与阻力系数

θ	20°	30°	40°	50°	60°	简　　图
$\zeta+1$	3.5	2.0	1.6	1.3	1.1	
ζ	2.5	1.0	0.6	0.3	0.1	

拍门的开启角度与很多因素有关，如管口流速、拍门的自重等。目前，增大拍门开启角度的主要措施是减轻拍门自重。但重量太轻又难以满足强度要求，所以，不少泵站采取浮箱式拍门结构，或加设平衡锤的办法来加大开启角度。不过，拍门过轻或加设平衡锤后，又会延迟拍门的关闭时间，增大拍门关闭时的冲击力，从而加速拍门的破坏，甚至影响泵房的稳定。因此，拍门与门座之间都应加橡皮缓冲圈。对于带有平衡锤的拍门，在停泵时，最好能将平衡锤脱开。对于大型拍门，还可以加设油压缓冲装置。

此外，在使用拍门的情况下，为了防止关闭拍门时管内形成真空而损坏水管，在拍门附近的管路上方应设有孔径为 $\left(\dfrac{1}{5}\sim\dfrac{1}{6}\right)D$（$D$ 为管口直径）的通气孔。

（3）闸阀。闸阀一般安装在离心泵抽水装置中，其主要作用有：①水泵启动前关闭闸阀，减少抽真空的时间；②水泵启动时关小闸阀，减小启动力矩；③水泵停车前关闭闸阀，防止水柱倒流及水锤现象的产生；④在并联管路中，关闭不运行的水泵，避免在部分机组运行时水向进水池倒流等。

如前所述，闸阀全开时的阻力系数并不很大，但在开度较小时，阻力系数会急剧增大，从而降低管路效率，增加泵站能耗。因此，用改变闸阀开度的方法来调节流量，是很不经济的。为此，在排灌泵站的运行中，要求出水管上的闸阀处于全开状态。对于轴流泵，关小闸阀会使动力机超载，所以，轴流泵是不宜装闸阀的。对于低扬程的离心泵和混流泵，拍门可起到上述作用，因此，也无安装闸阀的必要。当然，对于长管道和并联管路，安装闸阀是有必要的，不过应保证闸阀有较好的密封性，减少闸阀的漏水量，否则也会增加能量损失。

4.2.6.2　异形管的阻力损失对能耗的影响

出水管上的异形管主要有扩散管、弯管以及各种形式的分岔管等，各类管件都会在局部造成局部水头损失。

（1）扩散管。通常，出水管的经济管径都大于水泵出口的直径。因此，出水管中常用扩散管。扩散管有突然扩散管和逐渐扩管两类见图 4 - 24。不同形式和尺寸的扩散管的阻力系数有很大差异，在设计和选择时应该注意。

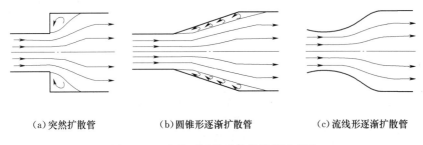

（a）突然扩散管　　　　　　（b）圆锥形逐渐扩散管　　　　　　（c）流线形逐渐扩散管

图 4 - 24　几种不同类型的扩散管示意图

突然扩散管的局部损失系数很大，因此，在泵站的出水管中不宜采用。渐扩管的阻力系数与扩散角 θ 有很大关系。若用 $h_{渐扩} = \zeta \dfrac{(v_1 - v_2)^2}{2g}$ 来计算渐扩管的阻力损失，根据水力学试验，其阻力系数 ζ 如图 4 - 25 所示。由图可知，当扩散角 $\theta = 8°$ 时，阻力系数最小（约为 0.14）；当 $\theta = 45°$ 时，ζ 则增加到 1，即相当于突然扩散时的阻力系数，当 $\theta = 60°\sim 70°$ 时，渐扩管的阻力系数将达到最大值（即 $\zeta > 1.2$）。因此，在设计渐扩管时，应特别注意扩散角的选择。

（2）弯管。在高扬程梯级扬水泵站中，出水管上的弯管是常见的。设计合理的出水管，一般都可以使弯管的角度小于 90°。但是设计不合理时，在同一管道上出现数个 90°弯管也是可能的，例如有的泵站为了便于通行，往往在水泵出口处增加 2 个 90°弯管（图 4 - 26）。据有关资料介绍，这样的"乙"字形组合弯管的阻力系数相当于一个 90°弯管的 4 倍。因此，在布置出水管时应特别注意。在设计或选择必要的弯管时，也应选用阻力系数小的形式和尺寸。

4.2.6.3　管路的出口形式

管路出口形式主要有三种见图 4 - 27 所示。其中图 4 - 27（a）为断面直径不变的圆管出口，这种形式是最常见的，其出口阻力系数 ζ 为 1.0；若采用图 4 - 27（b）所示的圆锥形收缩出口形式，阻力系数会急剧增加见表 4 - 7。当出口断面的直径 d 与收缩前的直径 D 之比 $d/D = 0.95$ 时，其出口阻力系数就会增加到 1.43；当 $d/D = 0.5$ 时，出口阻力系数则增加到 5.51。此外，由于管口的收缩，使出口处的流速增加，因此，出口阻力损失

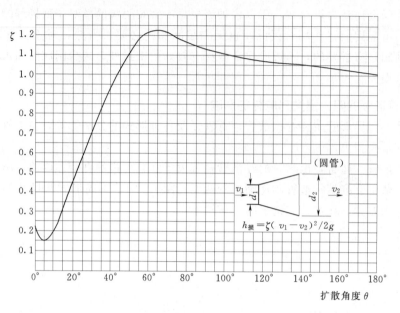

图 4-25 渐扩管的阻力系数

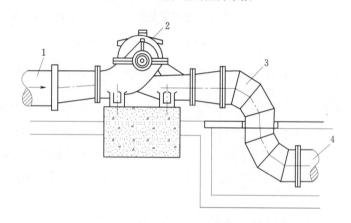

图 4-26 出水管不合理的布置形式图

1—进水管；2—水泵；3—"乙"字形弯管；4—出水管

$h_{损}=\zeta\dfrac{v^2}{2g}$ 也会急剧增加。因此，这种收缩形出口形式在泵站不宜采用。

表 4-7   圆锥形收缩出口的阻力系数

d/D	0.95	0.90	0.85	0.80	0.70	0.60	0.50
ζ	1.43	1.92	2.25	2.54	3.20	4.14	5.51

图 4-27（c）为圆锥形扩散出口形式，其阻力系数与 d/D 和扩散角 θ 有关见表 4-8。当 $\theta<45°$ 时，其阻力系数均小于图 4-27（a）所示出口形式。因为出口的阻力损失 $h_{损}=\zeta_{出}\dfrac{v^2}{2g}$，管口扩大后，不仅可以使 $\zeta_{出}$ 减小，而且可以使管口的流速 v 降低，因此，扩大管

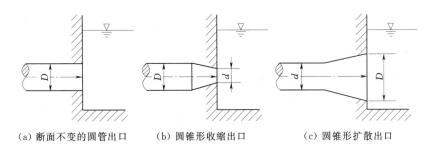

| （a）断面不变的圆管出口 | （b）圆锥形收缩出口 | （c）圆锥形扩散出口 |

图 4 - 27　管路出口形式示意图

口对减小阻力损失、节约能耗也有明显的效果。为了说明这个问题，假定图 4 - 27（a）的管口直径、阻力系数和阻力损失分别为 D、ζ、h，图 4 - 27（c）所示扩大后的管口直径、阻力系数和阻力损失分别为 $D_{扩}$、$\zeta_{扩}$、$h_{扩}$，则管口扩大前后阻力损失的可按式（4 - 21）计算：

$$h_{扩}=\frac{\zeta_{扩}}{\zeta}\left(\frac{D}{D_{扩}}\right)^4 h \qquad (4-21)$$

表 4 - 8　　　　　　　　　圆锥形扩散出口的阻力系数 $\zeta_{出}$

θ \ D/d $\zeta_{出}$	1.05	1.10	1.20	1.30	1.50	2.00	3.00
8°	0.84	0.70	0.51	0.38	0.24	0.11	0.06
15°	0.85	0.73	0.57	0.46	0.33	0.22	0.17
30°	0.94	0.82	0.73	0.65	0.61	0.52	0.49
45°	1.00	0.86	0.81	0.75	0.66	0.61	0.54

　　现以扩散前后的直径之比 $D_{扩}/D=1.5$ 为例，假定扩散角 $\theta=8°$，由表 4 - 8 查得阻力系数 $\zeta_{扩}=0.24$，而管口不扩大时的阻力系数 $\zeta=1$，代入式（4 - 21）后可得 $h_{扩}=\dfrac{0.24}{1}\times\left(\dfrac{1}{1.5}\right)^4 h=0.047h$。这说明采用 $\theta=8°$、$D/d=1.5$ 的圆锥形扩大出口后，其阻力损失相当于断面不扩大的出口形式的 0.047 倍。可见，扩大管口对于节能是很有好处的。对于 12 英寸的水泵（流量为 $0.35\mathrm{m^3/s}$），若采用 350mm 不扩大的出口，管口流速为 3.64m/s，阻力系数为 1，则阻力损失 $h=\zeta\dfrac{v^2}{2g}=1\times\dfrac{3.64^2}{2\times9.8}=0.675\mathrm{m}$。若采用 $\theta=8°$、$D/d=1.5$ 的圆锥形扩散出口，其阻力损失可减小到 $h_{扩}=0.047h=0.047\times0.675=0.03\mathrm{m}$，即管口阻力损失约减小 0.64m。当然，采用扩散出口后，会加大拍门尺寸，也会增加扩散损失。但在扩散角较小的情况下，扩散出口仍有显著的节能效果。

4.2.7　泵站管路布置与泵站能耗

　　对于多机组、长管路的泵站，为了减少管路投资，常常采用机组并联的方式。在运行中，当灌溉或排水要求的流量小于设计标准年份所需要的流量时，可让并联系统中的部分机组运行，使管路中的流速显著下降，阻力损失大为减小，从而达到节能的目的。但是，由于并联管路的连接方式不同，所造成的能量损失也有很大差异。因此，选择并联方式时应予以注意。如图4-28所示的三台机组并联时，图4-28（a）比图4-28（b）的阻力损失大得多。以图中的1号机组为例，图4-28（a）的阻力系数比图4-28（b）约增大6.91，在流速为3.0m/s的情况下，阻力损失将增加3.1m。

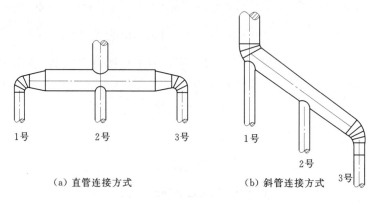

（a）直管连接方式   （b）斜管连接方式

图4-28　并联管路的两种连接方式示意图

为了合理地选择并联管路的连接方式，现将并联（合流）接管和分流叉管的阻力系数列入图4-29中。由图可知，图4-29（c）的阻力系数是各种并联方式中最小的一种形式，图4-29（j）为分流中阻力系数最小的形式。因此，在布置管路时应注意连接方式。

现场调查发现，景电工程总干泵站的厂后汇总区普遍存在管路布置不合理的问题，图4-30景电一期工程总干二泵站和景电二期工程总干二泵站的厂后管网布置图，由图4-30可见，厂后管网在布置时大量使用了"乙"字形组合弯管，其局部水头损失严重，对泵站的能耗影响明显。

景电二期工程总干九泵站的厂后管路为侧向分布，1号管的分布见图4-31。

通过数值模拟，在4台水泵全打开的情况下原管道中水流的速度分布见图4-32，在这种情况下，管道的损失大，而且水流流态也不稳定，管道合并处出现回流。

如果采取图4-33修改后的管路布置方式后，通过数值模拟，在4台水泵全打开的情况下管道中水流的速度分布如图4-34所示。在这种情况下，管道的损失比以前小，而且水流流态也稳定，管道合并处没有出现回流。

4.2.8　管道激流振动

高扬程输水泵站管道压力较大，管道结构的动态特性对整个泵站的安全工作起着至关重要的作用。大型泵站的压力管道类型多为混凝土管和钢管。由于长期负载运行，通常会存在振动幅度大、噪音大的问题。管道的振动会对水流流态和管内压力分布产生影响，而当水流运动受到管道振动影响后，其流态和压力分布会发生新的变化，同时反作用于管道，形成相互作用。因此，压力管道的振动不仅会直接影响整个泵站输水管路的安全运

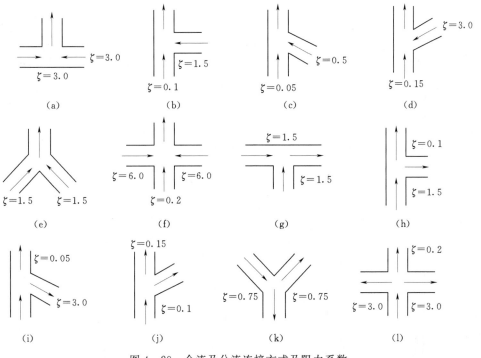

图 4-29 合流及分流连接方式及阻力系数

(a) ～ (f) 合流；(g) ～ (l) 分流

(a) 景电一期工程总干二泵站

(b) 景电二期工程总干二泵站

图 4-30 厂后管网布置图

行，而且由于振动原因造成的管道流速和压力分布不均匀会增加阻力损失，增加能量损耗。

本节以景电工程灌区为例，应用 Fluent 软件对压力管道振动时的流态进行数值模拟，进行压力管道的设计改造，分析由水流激励引起的管道振动的减振方案。景电工程一期灌区总干二泵站压力管道布置见图 4-35，压力管道是多机单管的布置模式，1～4 号总管结构形式相同，都是分叉管形式，2～4 号总管分别由直径 1000mm 的出水管和直径 800mm

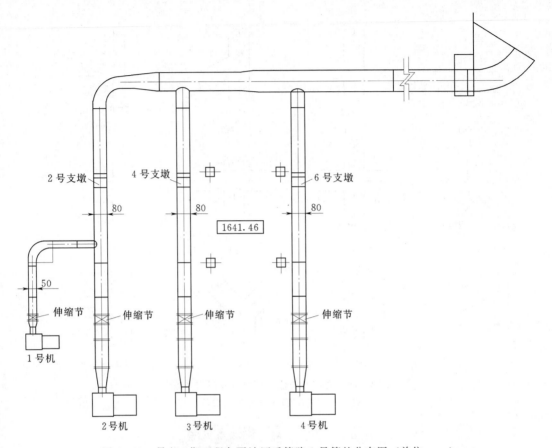

图 4-31　景电二期工程九泵站厂后管路 1 号管的分布图（单位：cm）

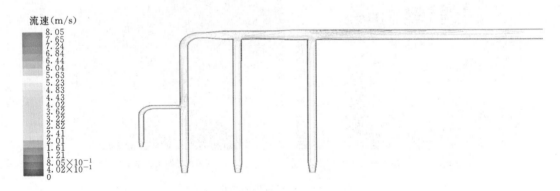

图 4-32　原管道中水流的速度分布图

的出水管汇总成直径 1400mm 出水总管，而 1 号总管是两个直径 1000mm 的出水管组成的。

在分析泵站压力管道振动实际情况时，我们采用了下列两种工况：

单机正常运行的工况（工况一）：4 号机组正常运行。

开机瞬间工况（工况二）：8 号机组开机过程，4 号机组正常运行。

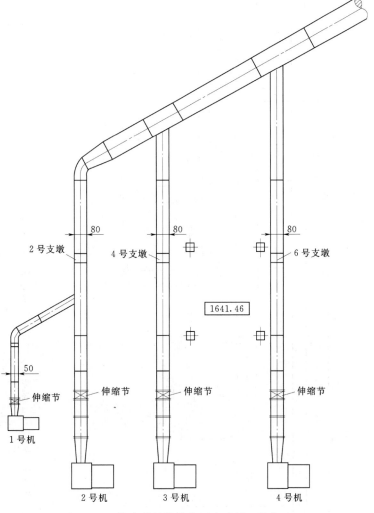

图 4-33 修改后的管路布置方式图（单位：cm）

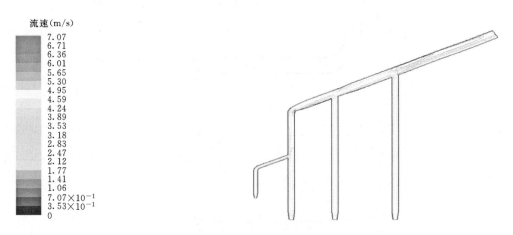

图 4-34 修改后管道中水流的速度分布图

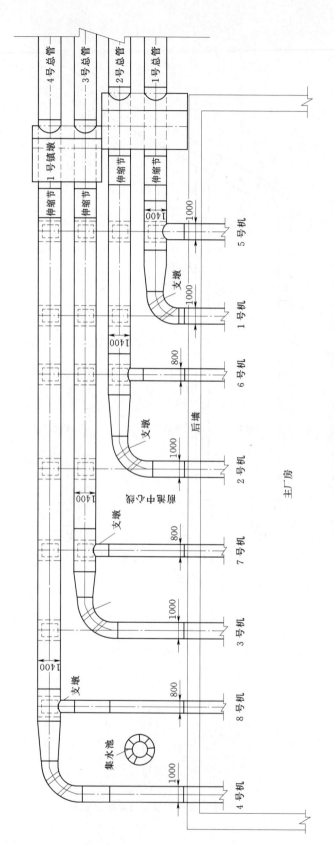

图 4-35　景电一期工程灌区总干二泵站压力管道布置示意图（单位：mm）

4.2.8.1 单机运行工况的流态模拟

支管 1 直径 1000mm，支管 2 直径 800mm，总管直径 1400mm。利用 GAMBIT 建立模型，设定 Quad/Tri，Pave 网格类型，并进行面网格划分见图 4-36。

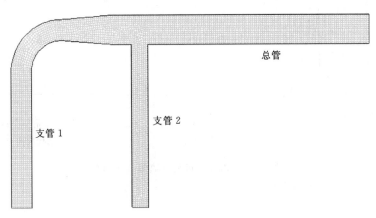

图 4-36 网格划分示意图

生成网格类型（.msh 后缀文件）导入 Fluent 流体软件。经过 Grid 网格检查后，没有发现错误，可以建立求解模型。选择 2D 求解器，设置标准 $k-\varepsilon$ 湍流模型，选择能量方程，设置流体——水的物理属性，设置边界条件，支管①有流速，取额定流量为 $2m^3/s$，入口流速为 0.8m/s，支管②入口没有流速。在此状态下进行水流流体模拟。Fluent 求解模型见表 4-9。

表 4-9   **Fluent 求解模型**

项　　目	信　　息	备　　注
求解器	2D	
求解方程	湍流	$k-\varepsilon$
能量方程	Energy Equation	
流体	水	水的物理属性
边界条件	Fluid	Water
	Inlet1	velocity_inlet（支管①）
	Inlet2	velocity_inlet（支管②）
	Outlet	pressure_outlet（总管）

设置流场初始化，以 Inlet1 为初始条件，设置 Mass Flow Rate 为出口质量流量监视器，迭代计算 100 次，趋于稳定见图 4-37。

图 4-37 出口质量流量曲线体现了收敛性。通过模拟计算得出压力管道内部水流流速分布见图 4-38。

从图 4-38 中分析出，在弯管段水流流速最大，而内环比外环流速还要大，造成水流回流，水流运动不稳定。支管②没有水流，流速为 0。总管内分布着各个等级的流速，水流运动也不稳定，比较紊乱。再对管道内压强分布进行分析见图 4-39。

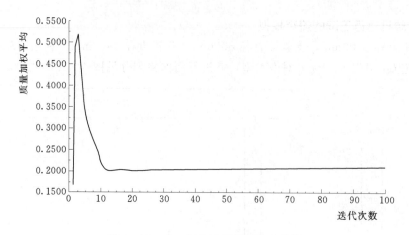

图 4-37 出口质量流量监测变化曲线

图 4-38 工况一管道内部水流流速分布图

从图 4-39 中可以看出，总管和支管②压强最大，入水口相较于总管气压较低，水流阻力增大，造成水流不畅。而弯管段分布着 4 个等级的压强，弯管内侧存在负压。表明了在只有 4 号机运行的情况下，管道内气压变化较大，在弯管段水流运动非常不稳定，水流运动紊乱，分布着不同等级的流速。

通过 Fluent 流态模拟可知，4 号机组运行的情况下，在弯管段分布着不同层次的气压和流速，是造成总管内水流运动不稳定的主要因素，即在造成管道振动的水流激励中占重要地位。

4.2.8.2 开机瞬间工况的流态模拟

与工况一 Fluent 流态模拟操作相同，设置工况二的边界条件：流速为 0.8m/s。图 4-40 和图 4-41 分别是通过模拟计算得出的压力管道内部基本流态图和压强分布图。

由图 4-40 可知，4 号和 8 号机组在稳定运行的情况下，流速的最大值分布在总管与

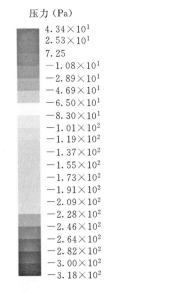

压力（Pa）

4.34×10¹
2.53×10¹
7.25
−1.08×10¹
−2.89×10¹
−4.69×10¹
−6.50×10¹
−8.30×10¹
−1.01×10²
−1.19×10²
−1.37×10²
−1.55×10²
−1.73×10²
−1.91×10²
−2.09×10²
−2.28×10²
−2.46×10²
−2.64×10²
−2.82×10²
−3.00×10²
−3.18×10²

图 4 - 39　工况一管道内部压强分布图

流速（m/s）

1.47
1.40
1.32
1.25
1.17
1.10
1.03
9.55×10⁻¹
8.81×10⁻¹
8.08×10⁻¹
7.34×10⁻¹
6.61×10⁻¹
5.87×10⁻¹
5.14×10⁻¹
4.41×10⁻¹
3.67×10⁻¹
2.94×10⁻¹
2.20×10⁻¹
1.47×10⁻¹
7.34×10⁻²
0

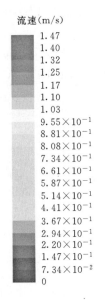

图 4 - 40　工况二管道内部基本流态图

支管相接的位置，两个支管的水流流速均匀，尤其弯管段，相较于工况一，水流运动较稳定，运动状况明显好转。

由图 4 - 41 看出，管内最大压强分布在两个支管内，即进水段。而总管与支管相接的地方出现负压，但影响范围较小，造成不利程度较低，相较于工况一来说，整体上管道运行较好。

4.2.8.3　基于 Fluent 的压力管道减振方案

与工况一和工况二压力管道流态相似的模态都会对压力管道造成不同程度振动。根据

压强（Pa）

7.11×10²
6.41×10²
5.70×10²
4.99×10²
4.28×10²
3.57×10²
2.86×10²
2.15×10²
1.44×10²
7.34×10¹
2.47
−6.84×10¹
−1.39×10²
−2.10×10²
−2.81×10²
−3.52×10²
−4.23×10²
−4.94×10²
−5.65×10²
−6.36×10²
−7.07×10²

图 4-41　工况二管道内部压强分布图

压力管道设计特点，通过对压力管道设计改造方案的对比，并对其模型进行 Fluent 流体模拟，流态分析结果可作为设计或改造方案是否可行的判断依据。

（1）管径方案。将支管①与总管设计成同管径，支管②管径不变，即压力管道减少了管道扩散段，保留了大小管相接段。图 4-42 和图 4-43 分别是管径 1m 和 1.4m 时的 Fluent 流体模拟情况。

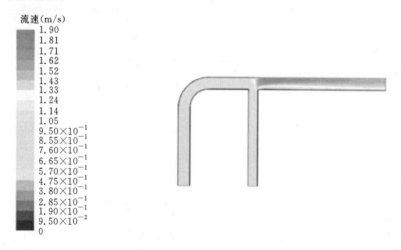

流速（m/s）

1.90
1.81
1.71
1.62
1.52
1.43
1.33
1.24
1.14
1.05
9.50×10⁻¹
8.55×10⁻¹
7.60×10⁻¹
6.65×10⁻¹
5.70×10⁻¹
4.75×10⁻¹
3.80×10⁻¹
2.85×10⁻¹
1.90×10⁻¹
9.50×10⁻²
0

图 4-42　管道管径 1m 流态图

图 4-42 的 Fluent 流态模拟，与工况二管道振动时模拟结果相比，管道内水流运动更加稳定，流速也增大很多。由图 4-42 和图 4-43 比较，发现管径大，流速小，流态也越稳定，满足流量计算公式 $Q=VA$，所以改变管径可以减少管道振动。单从管道振动角度考虑，管径越大，管道振幅越小，但是实际工程中，还要考虑设计、制造技术以及经济等因素，所以并不是管径越大越好。以工况二模拟结果作参考，管径宜取 1.4～1.5m。另

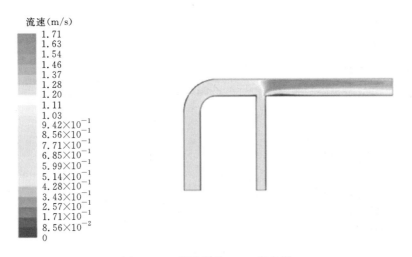

流速(m/s)
1.71
1.63
1.54
1.46
1.37
1.28
1.20
1.11
1.03
9.42×10^{-1}
8.56×10^{-1}
7.71×10^{-1}
6.85×10^{-1}
5.99×10^{-1}
5.14×10^{-1}
4.28×10^{-1}
3.43×10^{-1}
2.57×10^{-1}
1.71×10^{-1}
8.56×10^{-2}
0

图 4-43　管道管径 1.4m 流态图

外再从速度和压强的大小来看，数值都有所增加，有助于降低泵站能耗的损失，所以此方案可行。

（2）调整支管距离。考虑支管的距离对水流流态的影响。经过多次设计与试算，从泵站厂房规模、结构尺寸等方面考虑，两支管相距 1~5m 之间进行试算，发现管道内流速和压强分布图与工况二 Fluent 流体模拟结果基本相同，速度和压强大小数量级都相同，可见只是单独改变两支管的距离对降低管道振动基本上不起作用，却对泵站能耗损失有影响。因为两支管相距越远，尽管速度数量级表现相同，但速度一直在减小，所以能耗损失就会越大，具体流态见图 4-44 和图 4-45，图中是支管距离分别 2m、3m 时，Fluent 模拟的水流流态情况。

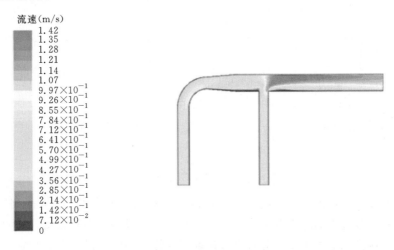

流速(m/s)
1.42
1.35
1.28
1.21
1.14
1.07
9.97×10^{-1}
9.26×10^{-1}
8.55×10^{-1}
7.84×10^{-1}
7.12×10^{-1}
6.41×10^{-1}
5.70×10^{-1}
4.99×10^{-1}
4.27×10^{-1}
3.56×10^{-1}
2.85×10^{-1}
2.14×10^{-1}
1.42×10^{-1}
7.12×10^{-2}
0

图 4-44　支管相距 2m 流态图

（3）调整总管走向。可以考虑调整总管的走向，使总管与水平线之间有倾角。经过 1°~30° 之间调整分析，与工况二相比，弯管段和两管相接处水流流态变化较大。倾角越大，速度会越小，所以并不是倾角越大越好。一是管道制作工艺困难，二是虽然降低了管

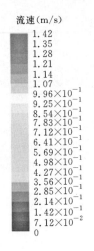

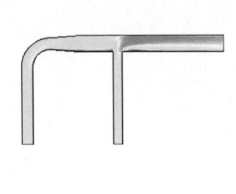

流速(m/s)
1.42
1.35
1.28
1.21
1.14
1.07
9.96×10⁻¹
9.25×10⁻¹
8.54×10⁻¹
7.83×10⁻¹
7.12×10⁻¹
6.41×10⁻¹
5.69×10⁻¹
4.98×10⁻¹
4.27×10⁻¹
3.56×10⁻¹
2.85×10⁻¹
2.14×10⁻¹
1.42×10⁻¹
7.12×10⁻²
0

图 4-45　支管相距 3m 流态图

道振动，但同时增加了泵站能耗损失，降低了工作效率，是不可取的。经过多次试算，在不考虑制作工艺困难的情况下，取 2°～5°之间比较合适，不仅能够降低管道振动，而且能够减少泵站能耗损失。景电二期工程总干三泵站就是采用此种方式布置管道，在现场实验时发现振动强度要比景电一期工程总干二泵站低很多。图 4-46 和图 4-47 分别是总管倾角 2°、20°时 Fluent 模拟的水流流态情况。

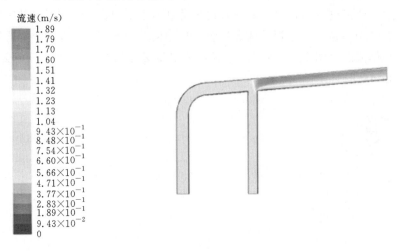

流速(m/s)
1.89
1.79
1.70
1.60
1.51
1.41
1.32
1.23
1.13
1.04
9.43×10⁻¹
8.48×10⁻¹
7.54×10⁻¹
6.60×10⁻¹
5.66×10⁻¹
4.71×10⁻¹
3.77×10⁻¹
2.83×10⁻¹
1.89×10⁻¹
9.43×10⁻²
0

图 4-46　总管倾角 2°时流态图

　　通过压力管道的各种设计与改造方案，由 Fluent 流态模拟发现，与工况二相比，管径和总管走向对管道内部的流态影响较大，尤其是弯管段和大小管相接处的内部水流流态变化较明显，速度也增大很多，对管道减振起到关键作用。所以在水流激励作用下，管径和总管走向与管道振动关系较大，而支管相对位置对管道振动影响较小，可忽略不计。此外降低管道振动还可以从管道之外寻找减振措施。

4.2.8.4　水流激励的减振措施

　　实际运行表明，压力管道的构造不同引起水流的运动状况不同，通过 Fluent 模拟管

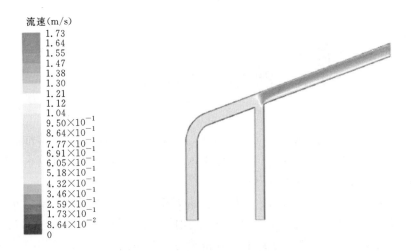

流速(m/s)
1.73
1.64
1.55
1.47
1.38
1.30
1.21
1.12
1.04
9.50×10^{-1}
8.64×10^{-1}
7.77×10^{-1}
6.91×10^{-1}
6.05×10^{-1}
5.18×10^{-1}
4.32×10^{-1}
3.46×10^{-1}
2.59×10^{-1}
1.73×10^{-1}
8.64×10^{-2}
0

图 4-47　总管倾角 20°时流态图

道振动时的水流流态，与管道改造或设计后的流态模拟对比，提出针对水流激励引起管道振动的减振措施，具体有下列几个方面：

（1）调整管道的走向和结构尺寸，减少使水流运动不稳定的因素，降低水流激励对管道振动的影响。但在已建工程中，管道的走向和结构尺寸由于现场条件和工艺条件的限制无法改变，只有通过改变约束条件来改变管路系统的固有频率。

（2）尽量避免管道中出现弯管。在机组稳定运行时，其激振力主要由弯管和异径管的接头处产生，因此在管道的安装中应尽量使管道走向平直以减少弯管数目，减少激振力。

（3）采用管道隔振器和阻尼器。隔振器、阻尼器可以增强系统的抗冲击能力，有效降低传递率，因此应用于管道上同样可以有效降低管道系统的振动。

5 前池布置与提水效率

泵站工程一般由进水前池、进（吸）水管、水泵机组、出水管道、出水池等建筑物共同组成。前池水流经水泵的进（吸）水管路引入水泵，经水泵转换为高速水流后，通过出水管路进入出水建筑物（出水池或出水塔），泵站工程剖面见图 5-1。

在泵站的输水系统中，除水泵、电机和管路等装置影响泵站提水效率之外，泵站进出水建筑物的布置型式和尺寸也会直接影响水泵性能、装置效率、工程造价以及运行管理等。在工程规划设计时，为保证泵站安全经济运行，泵站的进出水建筑物的布置一般需遵循下列原则：①满足一般进出水建筑物的强度、刚度和稳定性要求。②力求结构简单、施工方便、维修养护便利。③进水建筑物中应尽量避免回流、环流、漩涡。④出水建筑物应避免冲刷，出流淹没等（第6章介绍）。总之要求水力条件良好，进出水流应平顺，流速分布均匀，流道尽量减少突变和弯曲；在满足水力条件良好的情况下，尽量减小建筑物的尺寸以减少工程量，降低工程造价。

5.1 泵 站 前 池

5.1.1 泵站前池的主要功能

在有引渠的泵站中，前池是引水渠和进水池之间的连接建筑物。前池的底部在平面上呈梯形，其短边等于引渠底宽，长边等于进水池宽度。纵剖面为逐渐下降的斜坡与进水池池底衔接见图 5-2 (b)。它的作用是：平顺地扩散水流，将引渠的水流均匀地输送给进水池，为水泵提供良好的吸水条件；当水泵流量改变时，前池的容积可以起到一定的调节作用，从而减小前池和引渠的水位波动。

泵站进水池是水泵进水管直接从中取水的水工建筑物，一般在前池与泵房之间或在泵房之下（对于湿室型泵房而言），是连接泵站前池和水泵进口之间的过渡段，目的是使水流平稳地转向和加速，给水泵提供良好的进水流态，在检修水泵或进水管路处截断水流，便于清淤和清理维护，尽量满足水泵进口的设计条件；进水池布置形式应根据地基、流态、含沙量、泵型及机组台数等因素，经技术经济比较确定，可选用开敞式、半隔墩式、全隔墩式矩形池或圆形池。尤其是在多泥沙河流上，宜选用圆形池，每池供一台或两台水泵抽水。

5.1.2 泵站前池的形式及特点

前池形式按水流方向可分为正向进水前池和侧向进水前池两种形式。所谓正向进水是指前池的来水方向和进水池的进水方向一致见图 5-3 (a)。侧向进水是两者的水流方向

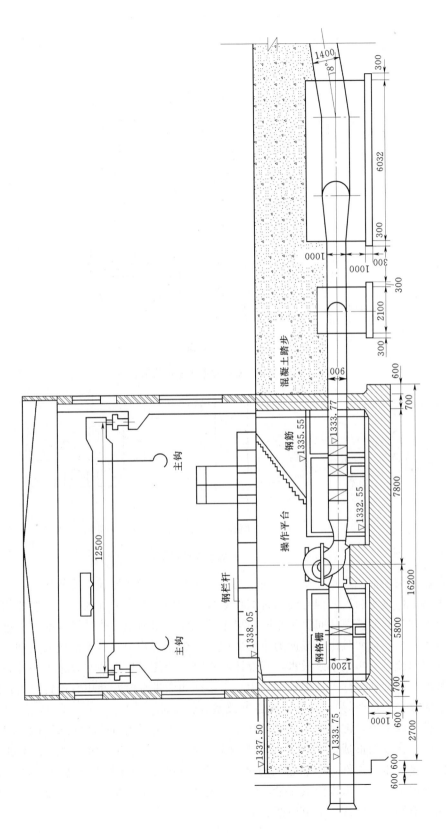

图 5 - 1　泵站工程剖面图（单位：mm）

成正交或斜交见图 5-3（b）。

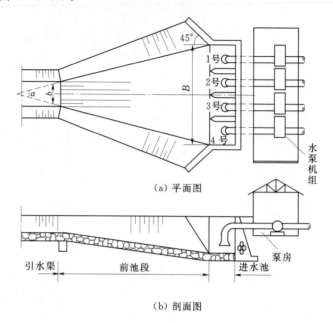

（a）平面图

（b）剖面图

图 5-2　引渠、前池和进水池结构示意图

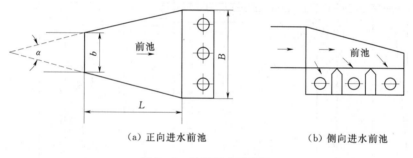

（a）正向进水前池　　　　　　　　　（b）侧向进水前池

图 5-3　前池形式示意图

正向进水前池形式简单，施工方便，池中水流比较平稳，流速也比较均匀，工程中应尽可能采用正向进水前池。但有时当机组台数较多致使前池尺寸加大，工程投资增加，或由于地形条件的限制使总体布置困难时，可采用侧向进水前池。侧向进水前池流态比较紊乱，水流条件较差，而且由于流向的改变造成流速分布不均匀，容易形成回流和漩涡，出现死水区和回流区，影响水泵吸水，当设计不良时，会使最里面的水泵进水条件恶化，甚至无法吸水，因此在实际工程中较少采用。当必须侧向进水时，池中宜设置导流设施（导流栅、导流墩、导流墙等），必要时要通过模型试验验证。

对于进水池来说，常用的平面形状见图 5-4。矩形进水池的后墙两墙角处及其中部，由于水流容易在该处形成脱壁现象而产生漩涡。如果改变后墙平面为梯形、半圆形或蜗形，不但可改善水流条件，而且它们的喇叭口阻力系数均小于矩形进水池。从水力角度看，弧线形和蜗壳形进水边壁最理想，半圆形次之。但从施工角度看，矩形、梯形易于施工，因此，矩形、梯形常用于中小型泵站。

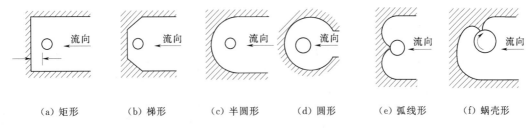

| （a）矩形 | （b）梯形 | （c）半圆形 | （d）圆形 | （e）弧线形 | （f）蜗壳形 |

图 5-4　各种进水池的平面形状图

5.1.3　泵站前池流态对提水效率的影响

　　泵站运行中，调节前池的流态是否平稳会直接影响水泵吸水管的进水流态。理论分析和试验表明，泵站进水池中的水流流态对泵站提水效率及水泵的气蚀性能具有重要影响。而影响池中水流流态的主要因素包括进水池几何形状、尺寸、吸水管在池中的相对位置以及水泵的类型等。

　　进水池对水泵提水性能的影响主要表现为进水流态对水泵工作状态的影响。首先，由于水泵喇叭管的吸水作用和水流流过喇叭管的绕流作用，难免会有局部漩涡出现如图 5-5 所示；其次，水流是黏性流体，当喇叭管很短时，水泵叶轮的旋转势必影响喇叭管管

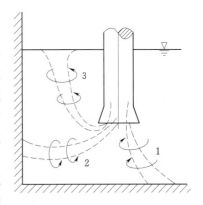

图 5-5　进水池中的漩涡示意图
1—附底漩涡；2—附壁漩涡；3—水面漩涡

口流速的分布，使池中水流产生旋转。在这种情况下，如果进水池设计不当，就会产生漩涡或加大涡流强度，破坏水泵设计的先决条件；如果漩涡进入水泵，会使水泵叶片受到不等负荷；更甚者，如果漩涡具有吸气能力，则可能使空气击破水层进入泵内，造成水泵吸水量的减少。所有这些，势必将造成水泵效率的降低，严重时会产生汽蚀振动等异常情况，以至于水泵不能正常工作。

　　对于高泥沙含量泵站，当进水池结构形式设计不当时，同样将导致池中流速分布不均，出现死水区、回流区及漩涡区，致使部分机组进水量不足，同时将造成严重的泥沙淤积。

　　以甘肃景电灌区为例，灌区的总干泵站的进水前池多为正向进水和侧向进水前池。多年的实际运行发现，不论是正向进水前池还是侧向进水的前池，其进水流态对水泵的性能参数都有明显的影响。

　　例如景电灌区二期工程总干七泵站、景电一期工程西干二泵站等均为正向进水前池。试验分析发现，此类前池内的流态易产生两侧回流，产生泥沙淤积，最终导致池中水流流态紊乱，水泵进水条件更加恶化见图 5-6（a）。特别是当进入这些泵站前池的水流具有较大的含沙量时，水流从引水渠进入前池后，由于断面扩大，流速减小，来流不能及时扩散，导致沿程阻力增大，从而使水流在惯性力作用下产生回流、偏流、脱流等现象，并且会造成前池大面积的泥沙淤积。这种淤积会不断恶化前池的水流条件，同时还会增大泵站的输水能耗。

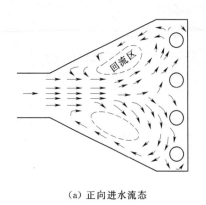
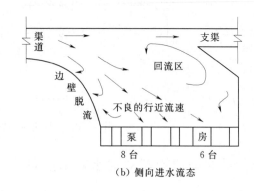

（a）正向进水流态　　　　　　　　　（b）侧向进水流态

图 5-6　前池不良水流流态示意图

景电灌区二期工程总干三泵站、总干五泵站均采用侧向进水前池的形式。这些进水前池，当水流从左侧流入前池再经 90°转弯后进入水泵时，水流会在离心力的作用下，在池中产生逆时针方向的环流并绕水泵进水管周围旋转，使叶片进口处水流的相对速度有所增加，即相当于水泵转速有所增加，因此，水泵的扬程、流量、功率都会增大，造成使机组超载的危险，并使水泵的提水效率降低见图 5-6（b）。而当水流从侧向进水前池的右侧流入时，水流在离心力的作用下，在池中形成顺时针方向的环流，并与水泵旋转的方向相同，减小了叶片进口处水流的相对速度，即相当于降低了水泵的转速，因此，扬程、流量、功率都有减少，效率也有明显下降。

5.2　泵站前池的泥沙淤积

5.2.1　前池泥沙淤积的现场模型

对甘肃景电灌区和宁夏固海扬水灌区等多泥沙河道取水的大型泵站前池泥沙淤积情况做现场调查发现，正向进水前池和侧向进水前池池内均存在严重的泥沙淤积现象，有的泵站泥沙淤积量达到前池容积的 1/3，有的甚至达到 1/2。这种严重的泥沙淤积会使前池的有效容积大大减小，削弱了其水量调节功能，严重影响了泵站的运行效率。经实地调查比较发现，正向进水前池泥沙淤积情况比侧向进水前池的普遍严重。

5.2.1.1　正向进水前池

正向进水前池中泥沙淤积主要出现在前池扩散角两侧及两个底脚处，在中线两侧附近一般不存在泥沙淤积见图 5-7。

5.2.1.2　侧向进水前池

侧向进水前池泥沙淤积主要出现在前池的末端，即在前池进水口远端处见图 5-8。

5.2.2　泵站前池的泥沙淤积模型试验

采用模型试验的方法，可以随时监测并分析水流在泵站前池内的回流、涡流现象及泥

图 5-7　景电灌区工程泵站正向进水前池泥沙淤积图

图 5-8　景电灌区工程泵站侧向进水前池泥沙淤积图

沙淤积原理。通过建立景电灌区二期工程总干七泵站 1：15 的正向进水前池水工模型和景电灌区二期工程总干三泵站 1：20 的侧向进水前池水工模型，观测了进入泵站前池的水流流态，研究了不同机组开启组合状态下的泥沙淤积形态，模型实验的淤积状况与实际的现场调查情况完全相同。正向进水前池的主要淤积部位在前池的两侧、侧向进水前池的主要淤积部位在进水口的远端见图 5-9、图 5-10。

（a）正向进水前池水工模型　　　　　　　　　（b）正向进水前池泥沙淤积形态

图 5-9　1：15 正向进水前池水工模型

（a）侧向进水前池水工模型

（b）侧向进水前池远端处泥沙淤积形态

图 5-10　1∶20 侧向进水前池水工模型

　　建立水工模型后，为了进一步分析水流在前池内的流速情况，分别对正向前池和侧向前池内不同位置处的水流速度进行测量。正向前池内共取 11 个测速点见图 5-11 中①～⑪，图中 1～6 为 6 台机组的编号记录此 11 个点在不同机组开启组合状态下的水流流速，测量数据见表 5-1。

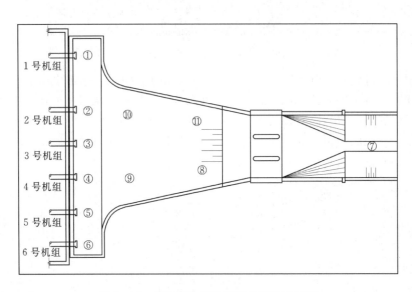

图 5-11　正向进水前池测速点位置示意图
①～⑪—11 个测速点

　　侧向进水前池共进行了 14 个点的流速测量见图 5-12 中①～⑭，图中 1～10 为 10 台机组 14 个点在不同机组开启组合状态下的水流流速测量值见表 5-2。

表 5－1			正向进水前池测速点水流流速记录表							单位：m／s	
不同机组 开启状态	不同位置的水流流速										
	①	②	③	④	⑤	⑥	⑦	⑧	⑨	⑩	⑪
全部开启	0.08	0.09	0.1	0.15	0.12	0.1	0.32	0.16	0.17	0.13	0.15
1、2、5、6开启	0.26	0.24	0.08	0	0.21	0.31	0.34	0.15	0.11	0.1	0.12
4、5、6开启	0	0	0	0.17	0.11	0.14	0.30	0.1	0.07	0	0
1、3、5开启	0.16	0	0.17	0	0.18	0	0.33	0.09	0	0	0.16

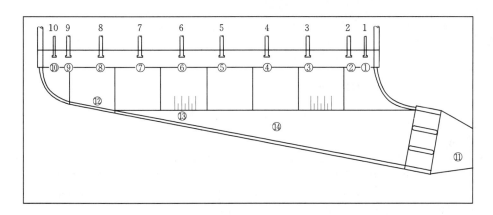

图 5－12　侧向进水前池测速点位置示意图
①～⑭—14个测速点；1～10—编号

表 5－2			侧向进水前池测速点水流流速记录表									单位：m／s	
不同机组 开启状态	不同位置的水流流速												
	①	②	③	④	⑤	⑥	⑦	⑧	⑨	⑩	⑪	⑫	⑬	⑭
全部开启	0.04	0.12	0.12	0.15	0.08	0.09	0.05	0.11	0.14	0.1	0.42	0	0	0.04
1、2、3、4、5开启	0.13	0.28	0.29	0.32	0.23	0.1	0.12	0.09	0	0	0.48	0	0.04	0.05
6、7、8、9、10开启	0	0	0	0.08	0.09	0.15	0.25	0.37	0.26	0.26	0.48	0	0.04	0.07
2、5、6、9开启	0	0.24	0.03	0.07	0.38	0.17	0.09	0.08	0.25	0.03	0.41	0	0.04	0.09

5.2.3　前池泥沙淤积对能耗的影响

黄河天然河川径流量为 580 亿 m³，仅占全国河川径流量的 2%，多年平均输沙量为 16 亿 t，年平均含沙量为 37.7kg／m³，在世界各大江河中居首位。

黄河流域多年平均降水量 476mm。从地区分配来看，降水量从东南向西北递减；从时间分配看，全年降水量的 60%～80% 集中在夏秋两季，多形成暴雨洪水。尤其在"黄汛期"的 7～10 月这 4 个月，不仅集中了全年水量的 60%，而且集中了全年 85% 左右的泥沙。

经实地调查发现，景电灌区黄河段年平均含沙量为 30kg／m³，最大含沙量为 382kg／

m³。本书对景电灌区泵站前池的泥沙做了现场取样，泥沙样本及取样位置见图5－13，并对泥沙样本进行了粒径分析试验，试验数据见表5－3。

（a）不同位置泥沙样本　　　　　　　　　　（b）泥沙样本取样位置

图5－13　泥沙样本及取样位置示意图（单位：mm）

①～⑤—取样部分的试样编号

表5－3　　　　　　　　　　泵站前池泥沙粒径试验分析数据

	筛孔尺寸	9.5	4.75	2.36	1.18	0.6	0.3	0.15	0.075	筛底
颗粒级配	标准颗粒级配范围累计筛余（%）　Ⅰ区	0	0～10	5～35	35～65	71～85	80～95	90～100	—	—
	Ⅱ区	0	0～10	0～25	10～50	41～70	70～92	90～100	—	—
	Ⅲ区	0	0～10	0～15	0～25	16～40	55～85	90～100	—	—
	筛余量（g）	—	—	—	0	0.3	0.2	1.7	35.8	461.7
	分计筛余（%）	—	—	—	0	0.06	0.04	0.34	7.16	92.3
	实际累计筛余（%）	—	—	—	0	0.06	0.1	0.44	7.6	99.9

景电灌区工程泵站前池泥沙粒径分析试验曲线见图5－14。

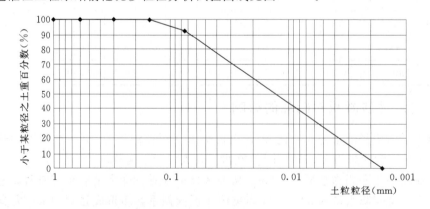

图5－14　景电灌区工程泵站前池泥沙粒径分析试验曲线图

可见，泵站前池淤积的泥沙属于极细颗粒的沙土，92.3%的粒径小于0.075mm。

通过对景电灌区泵站前池泥沙淤积情况的现场调查、水工模型试验研究及前池泥沙颗粒分析不难发现：①黄河流域内的高扬程大型梯级提水灌区泵站前池泥沙淤积严重，多年淤积量达到前池容积的 1/3，有的甚至达到 1/2，致使有效容积大为减少，严重影响了泵站的运行效率；②正向进水前池泥沙淤积主要出现在前池扩散角两侧及两个底脚处，在前池的中线两侧一般不存在泥沙淤积；侧向进水前池泥沙淤积主要出现在前池的末端，即进水口远端处；③通过泥沙颗粒分析试验得知，淤积的泥沙属于极细颗粒泥沙；④高含沙水流进入水泵对水泵机组磨蚀非常严重，缩短了水泵机组的使用寿命，大大增加了能源消耗及维修费用。

5.3 前池流态数值模拟

要研究泵站进出水建筑物的流态对泵站能耗大小的影响，除可采取现场实测、模型试验等物理模型方法外，采用先进的模拟软件通过数值模拟的形式研究内部水流的规律也是一种可靠的方法。通过将 Pro/ENGINEER 与 Fluent 软件相结合运用于水泵管路系统流态分析及泵站进出水建筑物中水流流态分析，可取得良好的效果。

5.3.1 Fluent 软件简介

随着计算流体动力学软件（Fluent）的迅速发展和应用，发达国家对各类工程流体力学问题的研究一般都采用以模拟计算为主实验为辅的方法，能够有效避免带有盲目性的实验研究。采用三维 $N—S$ 方程和 $k—\varepsilon$ 紊流模型方程，模拟计算水力机械内部流态性能的方法，已被大量工程实践证明是有效的可行的，并得到了越来越多的应用。

5.3.1.1 程序结构

Fluent 是目前功能较全面、适用性较广、国内使用广泛的 CFD 软件之一，它提供了非常灵活的网格特性，让用户可以使用非结构网格来解决具有复杂外形的流动，甚至可以用混合型非结构网格。它允许用户根据解的具体情况对网格进行修改（细化/粗化）。Fluent 使用 GAMBIT 作为前处理软件，它可读入多种 CAD 软件的三维几何模型和多种 CAE 软件的网格模型。Fluent 可用于二维平面，二维轴对称和三维流动分析，可完成多种参考系下定常与非定常流动、不可压流和可压流、层流和湍流、传热和热混合、化学组分混合和反应、多固体与流体混合传热、多孔介质等流动的流场模拟、分析和计算，它的湍流模型包括 $k—\varepsilon$ 模型、Reynolds 应力模型、LES 模型、标准壁面函数模型、双层近壁模型等。

Fluent 可让用户定义多种边界条件，如流动入口及出口边界条件、壁面边界条件等，可采用多种局部的笛卡儿和圆柱坐标系的分量输入，所有边界条件均可随空间和时间变化，包括轴对称和周期变化等。提供的用户自定义子程序功能可让用户自行设定连续方程、动量方程、能量方程或组分输运方程中的体积源项，自定义边界条件、初始条件、流体的物性、添加新的标量方程和多孔介质模型等。

在 Fluent 中解的计算和显示可以通过交互式的用户界面来完成。用户界面是通过 Scheme 语言编写的。其后处理程序可以有效地观察和分析流动计算结果，功能包括对计算过程中各种状态的监控，速度矢量线、填充型等值线图（云图）的显示；动态模拟流动效果，方便直观地了解 CFD 的计算结果。

运用 Fluent 进行流体流动模拟计算流程见图 5-15。

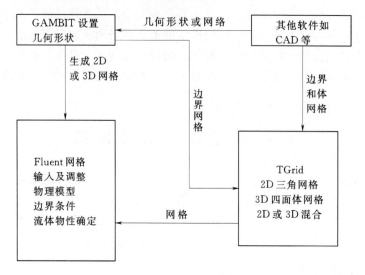

图 5-15　流体模拟计算流程示意图

5.3.1.2　求解步骤

应用 Fluent 软件进行求解的步骤如下：

（1）创建几何模型和网格模型。本章用 Pro/e 建模，用 GAMBIT 生成计算网格。

（2）启动 Fluent 求解器。

（3）导入网格模型。

（4）检查网格模型是否存在问题。

（5）选择求解器及运行环境。本计算采用 3D 求解器，即三维单精度求解器。

（6）决定计算模型，即是否考虑热交换，是否考虑黏性，是否存在多相等。

（7）设置材料属性。本计算流体为水体。

（8）设置边界条件。

（9）调整用于控制求解的有关参数。

（10）初始化流场。

（11）开始求解。

（12）显示求解结果。

（13）保存求解结果。

（14）如果有必要，修改网格或计算模型，然后重复上述过程重新进行计算。

5.3.2　前池流态模拟

泵站进水池水流流动可视为定常不可压缩、强曲率湍流流动，故采用雷诺时均 $N—S$ 方程与连续性方程对该流动进行描述，并选用重整化群（Renormalization Group，简称 RNG）$k—\varepsilon$ 紊流模型进行数值模拟。在模拟计算时，应用非正交曲线贴体坐标系统，采用非结构化六面体单元进行网格剖分，同时模型在长度与宽度方向选定网格单元，在垂直方向分层，池底与边壁附边界层网格，从而生成计算区域贴体网格。其中雷诺时均 $N—S$ 方程即连续性方程式（5-1）、动量方程式（5-2）、湍流动能方程式（5-3）及湍流动能耗散率方程式（5-4）构成了封闭的非线性偏微分方程组。在模拟计算时采用 Fluent 软件作为计算平台，将方程组变换到贴体坐标系中，应用有限容积法离散计算求解压力场和流速场。

$$\frac{\partial \rho}{\partial t} + \frac{\partial}{\partial x_i}(\rho v_i) = 0 \tag{5-1}$$

$$\frac{\partial}{\partial t}(\rho v_i) + \frac{\partial}{\partial x_j}(\rho v_i v_j) = -\frac{\partial \rho}{\partial x_i} + \frac{\partial \tau_{ij}}{\partial x_j} + \rho g_i + F_i \tag{5-2}$$

$$\rho \frac{\partial k}{\partial t} = \frac{\partial}{\partial x_i}\left(\alpha_k \mu_{eff} \frac{\partial k}{\partial x_i}\right) + G_k - \rho \varepsilon \tag{5-3}$$

$$\rho \frac{\partial \varepsilon}{\partial t} = \frac{\partial}{\partial x_i}\left(\alpha_\varepsilon \mu_{eff} \frac{\partial \varepsilon}{\partial x_i}\right) + G_k C_\varepsilon \frac{\varepsilon}{k} - C_{2\varepsilon} \frac{\varepsilon^2}{k} - R \tag{5-4}$$

式中　τ_{ij}——应力张量，N/m；

ρg_i——重力项，N；

F_i——外部源项，N；

μ_{eff}——有效黏性系数，Pa/s；

α_k，α_ε——有效普朗特数；

C_ε——翼型阻力系数；

G_k——由于速度梯度引起的应力生成项，N/m；

ε——单位质量流体紊流动能耗散率；

k——单位质量流体紊流动能。

5.3.2.1　模型构建

以景电工程总干一泵站为例，其进水池结构形式见图 5-16 进水前池是典型的正向进水矩形结构形式，水泵的进水管为竖向进水管，吸水管直径 $D=1.0\text{m}$，在数值模拟时，为模拟简化起见，进水前池池宽取 $3D$，池长取 $5D$，3—3 断面到喇叭口距离为 $1.5D$，设计流量取 $Q=0.95\text{m}^3/\text{s}$。

（1）网格剖分。在应用 Fluent 进行流态模拟时，网格剖分通常有结构化和非结构化两种形式。在结构化网格中，每个节点及控制体的几何信息必须存储，但节点与节点之间的关系则可依据网格编号的规律自动得到，因此在计算中占用内存小、速度快。但结构化网格对几何形状的适应性较差，而非结构化网格能以较少的网格数去适应复杂的几何边界。

对于进水池而言，由于池内包括了进水管，几何形状复杂，因此软件 Fluent 采用四面体单元的非结构化网格进行剖分，模型计算网格见图 5-17。

（2）边界条件。

1）进口边界。进口边界取在进水池来流上游处，此处水流可认为是已充分发展的紊

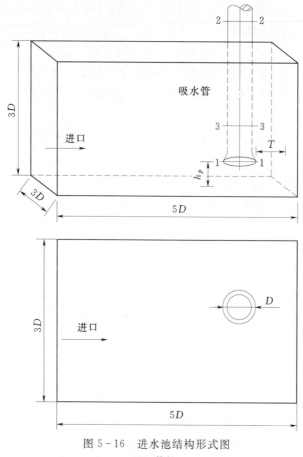

图 5-16　进水池结构形式图
D—管径

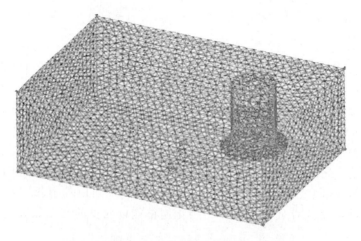

图 5-17　模型计算网格图

流且来流比较均匀，进水池入口（5D处）的流速场一定，按照普朗特的紊流假定，水流流速在水深方向设为对数式分布，可按式（5-5）计算，将需模拟的典型高度处的流速计算后植入程序。

$$v = \frac{v^*}{K}\ln y + C \qquad (5-5)$$

式中　v^*——动力速度，m/s；

　　　K——卡尔曼常数，取 0.40；

　　　C——常数，取 5.1。

邻近进口边界单元节点上的质量流速可按式（5-6）计算：

$$m = \int_0^l \rho v \, \mathrm{d}A \qquad (5-6)$$

其中只有垂直于控制体表面的流动分量（重力）才对流入质量流速有影响。

2）出口边界。出口边界取在泵吸水管出口处，即水泵的进口端面，认为出口流动已成单向状态，计算区域不受出口下游影响，此时出口边界条件为：

$$\frac{\partial u}{\partial x} = 0, \frac{\partial \rho}{\partial x} = 0 \qquad (5-7)$$

3）自由水面边界。进水池内的流速不高，水面波动不大，采用静水压力假定，简化为对称边界条件，即

$$\frac{\partial u}{\partial x} = 0, \frac{\partial \rho}{\partial x} = 0 \qquad (5-8)$$

4）固体壁面边界。进水池中的固体壁面包括边墙、吸水管等，在固体边壁处规定无滑移条件。

（3）控制方程。工程的运行实践表明，泵站进水池内水流流态对水泵进水管的水力性能和水泵的效率有明显的影响。从改善水泵的进水条件和减少水力损失的角度，分别从内特性和外特性上定量优化进水池的设计参数，建立下列优化目标作为评价函数。

1）水力损失最小为目标函数。通过三维数值模拟计算，可得到计算区域内的三维流速矢量、压力分布等基本数据，在分析中，需要对各种计算方案进行水力外性能比较，根据伯努利能量方程引入水力损失 h_w 概念，由计算得到的流速场和压力场，计算出水力损失。

优化最终目标应是在各种运行工况下水力损失最小，建立进水喇叭口（见图 5-16 中 1—1）断面与出水管（见图 5-16 中 2—2）断面水力损失优化目标函数：

$$\min\{h_w\} = E_2 - E_1 = \left(\frac{\overline{P_2}}{\rho g} - \frac{\overline{P_1}}{\rho g} + Z_2 - Z_1\right) + \left(\frac{\overline{U_2}^2}{2g} - \frac{\overline{U_1}^2}{2g}\right) \qquad (5-9)$$

其中

$$E_2 = \frac{\overline{P_2}}{\rho g} + Z_2 + \frac{\overline{U_2}^2}{2g}$$

$$E_1 = \frac{\overline{P_1}}{\rho g} + Z_1 + \frac{\overline{U_1}^2}{2g}$$

式中　　　　　E_2——出水管断面处总能；

　　　　　　　E_1——进水喇叭口断面；

　　　$\dfrac{\overline{P_1}}{\rho g}$、$\dfrac{\overline{P_2}}{\rho g}$——1—1，2—2 断面的平均静水压；

　　　　　　　Z——断面的高程；

$\dfrac{\overline{U}^2}{2g}$ ——速度水头；

$\left(\dfrac{\overline{P_2}}{\rho g} - \dfrac{\overline{P_1}}{\rho g} + Z_2 - Z_1 \right)$ ——势能差；

$\left(\dfrac{\overline{U_2}^2}{2g} - \dfrac{\overline{U_1}^2}{2g} \right)$ ——动能差。

$\overline{P}$ 为断面质量加权平均静压可按式（5-10）计算：

$$\overline{P} = \frac{\int P_i \rho \mid \overline{U} d\,\overline{A_i} \mid}{\int \rho \mid \overline{U} d\,\overline{A_i} \mid} = \frac{\sum\limits_{i=1}^{n} P_i \rho \mid \overline{U_i} d\,\overline{A_i} \mid}{\sum\limits_{i=1}^{n} \rho \mid \overline{U_i} d\,\overline{A_i} \mid} \tag{5-10}$$

$\overline{U}$ 为断面质量加权平均流速可按式（5-11）计算：

$$\overline{U} = \frac{\int U_i \rho \mid \overline{U} d\,\overline{A} \mid}{\int \rho \mid \overline{U} d\,\overline{A} \mid} = \frac{\sum\limits_{i=1}^{n} U_i \rho \mid \overline{U_i} d\,\overline{A_i} \mid}{\sum\limits_{i=1}^{n} \rho \mid \overline{U_i} d\,\overline{A_i} \mid} \tag{5-11}$$

2）以基于质量加权的流速均匀度最大为目标函数。进水池为水泵提供均匀的进水流态，进水管（图5-16中3-3）断面流速均匀性将影响水泵性能的发挥，研究表明水力损失相近的进水池，水泵进口断面的流速分布决定叶片表面压力分布，影响水泵水力性能。为此引入基于质量加权的流速均匀度函数，流速均匀度越高表明断面均匀性越好。

$$\max\{v_{zu}\} = \left[1 - \frac{1}{u_z m} \sqrt{\frac{\sum\limits_{i=1}^{n}(u_{zi}m_i - \overline{u_z m})^2}{n}} \right] \times 100\% \tag{5-12}$$

其中

$$\overline{u_z} = \frac{\int\limits_{s_1} u_{zi} \rho \mid udA \mid}{\int\limits_{s_1} \rho \mid udA \mid} = \frac{\sum\limits_{i=1}^{n} u_{zi} \rho \mid u_i dA_i \mid}{\sum\limits_{i=1}^{n} \rho \mid u_i dA_i \mid} \tag{5-13}$$

$$\overline{m} = \frac{\int\limits_{s_1} m_i \rho \mid udA \mid}{\int\limits_{s_1} \rho \mid udA \mid} = \frac{\sum\limits_{i=1}^{n} m_i \rho \mid u_i dA_i \mid}{\sum\limits_{i=1}^{n} \rho \mid u_i dA_i \mid} \tag{5-14}$$

式中 $\overline{u_z}$ ——断面质量加权平均轴向流速，m/s；

ρ ——水体密度，g/m^3；

u_{zi} ——计算单元轴向流速分量，m/s；

n ——计算断面单元个数；

u_i ——计算单元流速矢量，m/s；

$\overline{m}$ ——计算断面质量平均值，g；

m_i ——计算单元质量，g，其值为 $\rho \mid u_i dA_i \mid$；

A_i ——计算单元面积矢量，m^2。

进水池基本流态见图 5-18，在水泵运行时，进水池内部流动主要分为三个阶段：进水池直段、喇叭口吸水段、进水管内流动段。

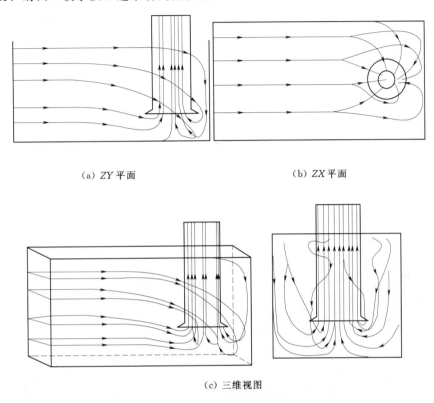

（a）ZY 平面　　　　　　　　　　（b）ZX 平面

（c）三维视图

图 5-18　进水池基本流态图

进水池直段：水流在进入吸水管前通过直段进行整流，保证流速分布均匀。由图 5-18（a）、（b）所示的 ZY 和 ZX 两个平面视图可知，水流进入进水池后，流动在池宽方向保持流线平行，但在水深方向出现不同程度的弯曲，其中从吸水喇叭口到水面曲率半径逐步增大。

喇叭口吸水段：由计算得到的三维视图 5-18（c）及各平面视图可知，进水池底部的水流直接由喇叭口前部进入吸水管；底部向上近 2/3 左右的水体，即在池中心线附近的水流从喇叭口前部进入吸水管，靠近两侧池壁水流从喇叭口的两侧进入管中；水面向下 1/3 左右的水体，从喇叭口后侧进入管中。喇叭口吸水段的主要特征为水流从喇叭口四周进入吸水管内。

进水管内流动段：水流通过喇叭口将水体从四周吸入进水管后，压力和流速分布并不理想，通过半椭圆或其他曲线型的喇叭口的吸水方式，再经过一定的直管整流，使得管内流速和压力分布均匀。在这一阶段，压力和流速的调整至关重要，而且进水管内叶轮中心的位置也与之有关。

5.3.2.2　正向进水前池流态模拟

以景电灌区西干二泵站前池为例，其平面见图 5-19 所示。

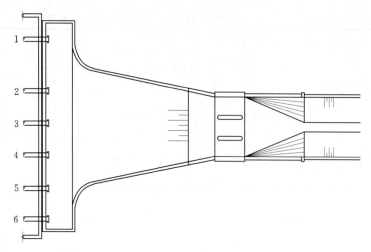

图 5-19　景电灌区西干二泵站前池平面示意图

1~6—机组的编号

其中，1、3、5、6 管径为 800mm，额定流量为 0.8m³/s；2、4 管径为 1000mm，额定流量为 1.53m³/s。上游渠道设计流量为 6.87m³/s，加大流量为 8.12m³/s。

扩散角为 20°时，1、2、3、5、6 号机组开启状态下的流态见图 5-20～图 5-22。

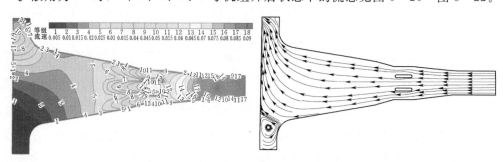

（a）速度等值线图　　　　　　　　　　　　（b）速度流线图

图 5-20　1 号机组开启状态下的流态图

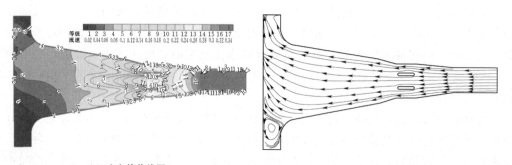

（a）速度等值线图　　　　　　　　　　　　（b）速度流线图

图 5-21　1、2、3 号机组开启状态下的流态图

扩散角为 30°时，1、2、3、5、6 号机组开启状态下流态见图 5-23～图 5-25。

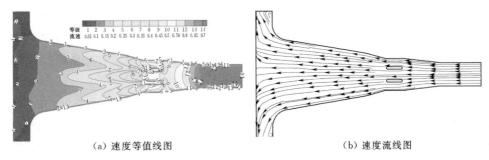

（a）速度等值线图 （b）速度流线图

图 5-22 1、2、5、6 号机组开启状态下流态图

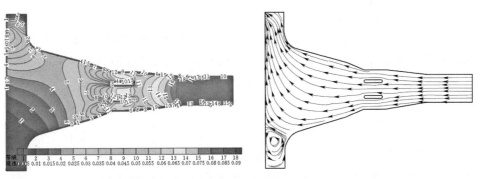

（a）速度等值线图 （b）速度流线图

图 5-23 1 号机组开启状态下流态图

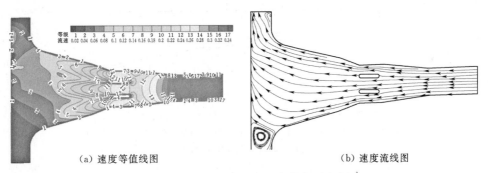

（a）速度等值线图 （b）速度流线图

图 5-24 1、2、3 号机组开启状态下流态图

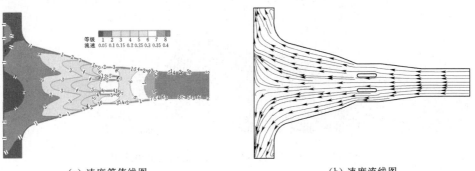

（a）速度等值线图 （b）速度流线图

图 5-25 1、2、5、6 号机组开启状态下流态图

由图 5-20～图 5-25 模拟结果对比分析可以看出，在 20°～30°范围内扩散角的改变对前池内的水流流态产生了一定的影响，在此范围内影响水流流态的主要原因在于机组开启组合状态的不同。在 1 号、2 号、5 号、6 号机组开启状态下，没有产生回流区，1 号、2 号、3 号机组开启时，分别在 6 号和 1 号泵前方形成了回流区。

由此可见：回流区的产生主要是由于水泵开启组合状态的不同造成的。而在实际的水泵运行过程中，水泵的开启是根据来水量的多少进行适当调配的，所以为了避免在减少水泵开启数量时在前池内出现回流区，就要避免集中一侧开启或间隔开启的组合方式，并推荐对称间隔开启的组合方式。

5.3.2.3 侧向进水前池流态模拟

对于侧向进水前池的前池结构，现场调查表明，侧向进水前池结构由于比正向前池形成的泥沙淤积情况相对较轻，在数值模拟时，我们采取的是在前池内设置底坎、压力板等措施。以景电灌区总干五泵站为例，其平面结构见图 5-26。

上游渠道设计流量为 $18\text{m}^3/\text{s}$，加大流量为 $21\text{m}^3/\text{s}$。数值模拟见图 5-27～图 5-34。

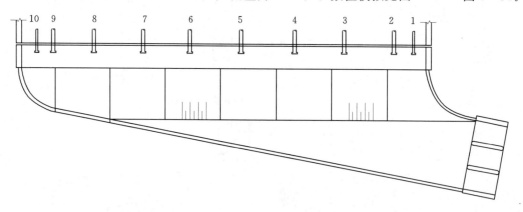

图 5-26　景电灌区总干五泵站平面结构示意图

1～10—泵站水泵的编号。其中，1、10 管径为 800mm，额定流量为 $0.85\text{m}^3/\text{s}$；

2～9 管径为 1200mm，额定流量为 $3.0\text{m}^3/\text{s}$。

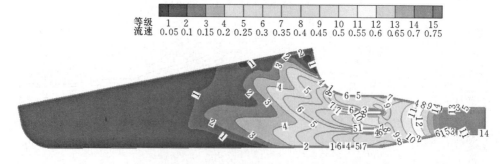

等级	1	2	3	4	5	6	7	8	9	10	11	12	13	14	15
流速	0.05	0.1	0.15	0.2	0.25	0.3	0.35	0.4	0.45	0.5	0.55	0.6	0.65	0.7	0.75

图 5-27　1～5 号机组开启状态下的速度等值线图

由现场调查和数值模拟结果可见，侧向进水前池内的泥沙淤积并不像正向前池那样大面积的存在。在水泵 1～5 号机组开启状态下，前池内形成的回流区域比较多，而且面积比较大，在 6~10 号机组进水口前方，形成了大范围的死水区域，在这些区域中易形成泥沙淤积。当水泵以其他组合方式开启时，前池内很少出现回流区域，一般在 1 号机组和 10 号泵前方易形成小范围回流或低流速区，因此以其他组合方式开启时池内淤积情况比较轻。由此也可验证，侧向进水前池泥沙淤积主要出现在前池进水口远端处。

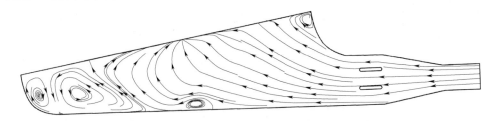

图 5-28　1~5 号机组开启状态下的速度流线图

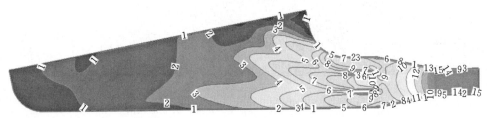

图 5-29　1、3、5、7、9 号机组开启状态下的速度等值线图

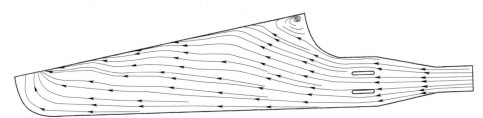

图 5-30　1、3、5、7、9 号机组开启状态下的速度流线图

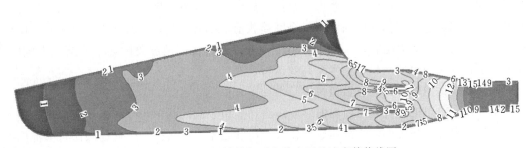

图 5-31　6~10 号机组开启状态下的速度等值线图

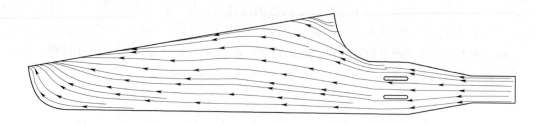

图 5-32　6~10 号机组开启状态下的速度流线图

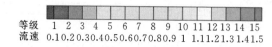

等级　1 2 3 4 5 6 7 8 9 10 11 12 13 14 15
流速　0.10.20.30.40.50.60.70.80.9 1 1.11.21.31.41.5

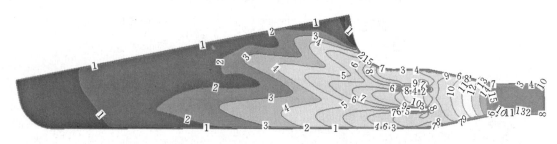

图 5-33　全部机组开启状态下的速度等值线图

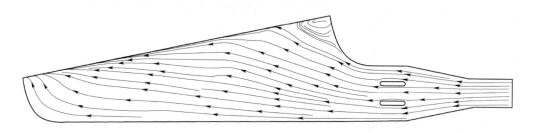

图 5-34　全部机组开启状态下的速度流线图

5.3.2.4　圆筒状泵站前池流态模拟

泵站前池除了正向进水形式和侧向进水形式，还有圆筒状形式，其前池特点与前两种有明显的不同。以宁夏固海扩灌灌区八泵站圆筒状前池为例如图 5-35 所示，水流经过渐变段，通过暗箱进入圆筒状的前池。每个圆筒状前池都有闸门，当来水量大时所有的闸门都打开，所有水泵同时运行；来水量变小时，可以根据实际情况关闭某个或某几个闸门，以保证运行水泵前池的水位，使水泵高效运行。

圆筒状前池内部水流流态数值模拟结果如图 5-36 所示。

由图 5-36 可见，在圆筒内两侧形成涡流，但由于圆筒状形状，前池比较小，即使形成了涡流，涡流区域内的水流流速也比较大，泥沙也不容易沉淀，因此在圆筒状前池内的泥沙淤积情况比较轻微。

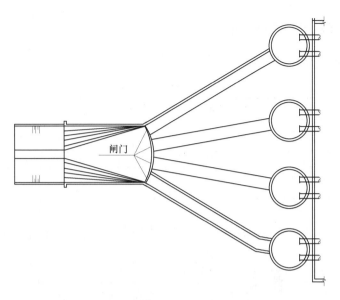

图 5 - 35　固海扩灌灌区八泵站圆筒状前池平面示意图

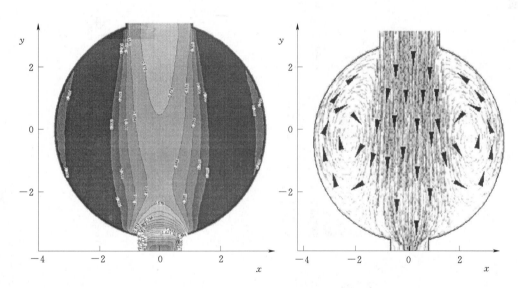

图 5 - 36　圆筒状前池水流流态数值模拟结果示意图

5.4　前池参数对水泵进水流态的影响

目前进水池几何参数的确定主要依赖模型试验结果,但由于试验条件的差异,所得试验成果常常不尽相同,有时甚至偏差很大。本书研究进水池几何参数对水力性能的影响采用了单因素比较的方法,即研究某一参数影响时其他控制参数保持不变,研究中主要考虑了进水池流量、进水池的形式、进水管在进水池中的相对位置、池宽等几个主要因素。

5.4.1　进水流量与水力损失

为分析进水池不同流量下的流态及水力损失，采用数值模拟方案见表5-4。

表 5 - 4　　　　　　　　　　　　　数 值 模 拟 方 案

方案号	流量 Q	宽度 B	后壁距 T	悬空高 P	后壁平面形状
1	0.6Q	3D	0.4D	0.6D	矩形
2	0.8Q	3D	0.4D	0.6D	矩形
3	1.0Q	3D	0.4D	0.6D	矩形
4	1.2Q	3D	0.4D	0.6D	矩形
5	1.4Q	3D	0.4D	0.6D	矩形

注　$Q=0.95\mathrm{m^3/s}$；$D=1.0\mathrm{m}$。

进水池不同流量下的速度流线见图5-37。由图5-37可知：在小流量至大流量各工况

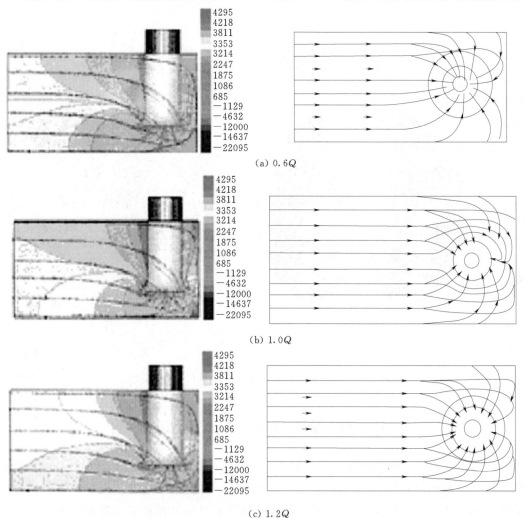

(a) 0.6Q

(b) 1.0Q

(c) 1.2Q

图 5 - 37　进水池不同流量下的速度流线图

下，流态及压力分布相似，进水管水面处、喇叭口下方靠近后壁处和后壁区均为低速区，压力较高。喇叭口处压力分布见图5-38，水流由进水池进入吸水管时，喇叭口处压力发生剧烈变化，沿吸水管内由下向上急剧减小，并在吸水管出口处压力出现最小值。应用控制方程——水力损失最小为目标函数进行计算，得到进水池流量与水力损失关系曲线见图5-39，计算表明，水力损失随流量的增大而逐渐增大并与流量的二次方呈线性关系即$h_w = 2.87Q^2$。

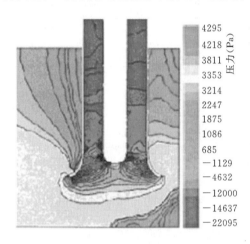

图5-38　喇叭口处压力分布图

5.4.2　进水池形式

如本章第5.1节介绍进水池常见形式可分为矩形、梯形、半圆形、对称蜗形见图5-40。不同形式的进水池，有不同的流态，对水泵性能的影响也有所不同。为了研究泵站进水池水流流态状况，针对性地对泵站矩形、梯形、半圆形以及对称蜗形进水池进行研究，模拟出了进水池不同形式下的速度流线见图5-41及吸水管喇叭口断面轴向流速等值线见图5-42。在速度等值线图中，红色表示的速度最大，蓝色表示的速度最小，即红色到蓝色，速度由大到小。

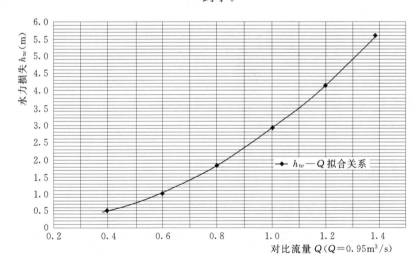

图5-39　进水池流量与水力损失对比关系曲线图

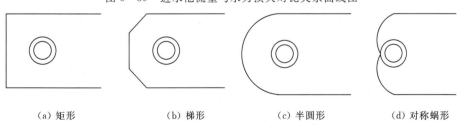

（a）矩形　　　　（b）梯形　　　　（c）半圆形　　　　（d）对称蜗形

图5-40　进水池形式

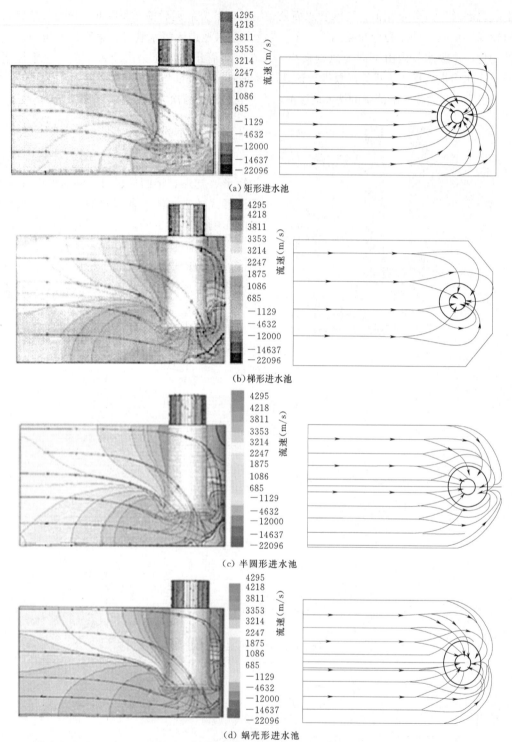

图 5-41　不同形式进水池速度流线图

（a）矩形进水池

（b）梯形进水池

（c）半圆形进水池

（d）蜗壳形进水池

　　矩形方案：这种结构形式简单、施工方便，在一般的高扬程泵站中普遍采用。但水流条件并不理想，在后壁两直角处和水泵（或进水管）的后侧处为低速区，易产生漩涡。若进水管口淹没水深较小时，这些漩涡则容易变成进气漩涡，将空气带入水泵。再者，因为水泵（或进水管）距离后壁有一定的距离，故水流在水泵周围的自由度较大。当池中的流速分布不均匀时，又容易在水泵进口形成环流，导致泥沙严重淤积堵塞吸水进口，从而使水泵性能变坏。同时，由于矩形后壁形状与平面流线不一致见图5-42（a），进水池的水力损失急剧增大。

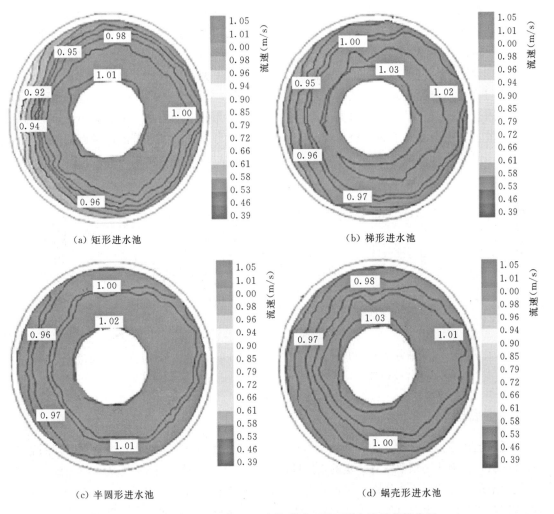

图5-42 不同形式进水池吸水管喇叭口断面轴向流速等值线图

梯形方案：梯形进水池相当于切去了两个直角的矩形进水池，基本消除了直角处的漩涡，水流条件有所改善。但水流围绕水泵旋转的自由度仍然较大，因此也很难避免环流的产生。仍能形成淤积，效果于矩形相比变化不大见图5-42（b）。

半圆形方案：半圆形进水池也是比较常见的进水池形式。其主要优点是后侧的受力条件较好，可做成拱形挡水墙，工程投资较少。在水流条件方面，和矩形进水池相比，不会形成直角处的漩涡，但水泵后侧的漩涡仍然无法消除。另外这种形式没有防止环流产生的措施，水流仍有较大的旋转自由度。因此池中水流比较紊乱，特别是圆形进水池更为严重。对于高泥沙含量泵站，则利用这种紊乱水流来防止泥沙在池中沉积。然而，这种紊乱的水流也必然引起水泵性能恶化，特别是对轴流泵性能影响更大，增加了进水池的水力损失见图 5-42（c）。

对称蜗形方案：该方案进水池后壁最符合水流流线要求见图 5-42（d），且后壁的隔舌能有效地消除水流奇点限制管后对称回流，使得池中水流不易产生漩涡，泥沙不易淤积，能够保证水流平稳地转向和加速，给水泵提供良好的进水流态，水力损失达到最小。通过泵装置现场测试表明，采用对称蜗形进水池与采用矩形进水池情况相比水泵效率提高了 3%～5%，泵装置效率提高了 2%～4%。

经试验测定给出了各方案的进水池形式与水力损失关系比较柱状见图 5-43 以及进水池形式与流速均匀度关系比较柱状见图 5-44，试验测定表明：在其他条件基本相同的情况下，矩形、梯形和半圆形进水池水力性能相近，蜗壳形进水池水力损失最小。矩形与梯形进水池水管出口断面轴向流速均匀度较差。半圆形与蜗壳形进水管出口断面轴向流速分布相似，但均匀性要好于矩形与梯形。可知试验数据与数值模拟结果一致。

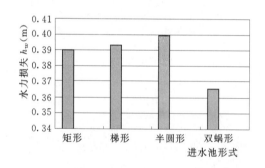

图 5-43　进水池形式与水力损失
关系比较柱状图

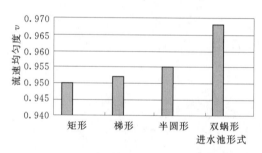

图 5-44　进水池形式与流速均匀度关系
比较柱状图

5.4.3　后壁距

通过上述模拟计算得出的进水池基本流态图可知，水面下的部分水体要从喇叭管的后部进入喇叭管，因此必须要留有一定的空间即后壁距，用 T 表示。图 5-45 为计算出的进水池不同后壁距对应的速度流线图，图 5-46 为图 5-16 进水池结构形式图中进水管3-3 断面轴向流速等值线图，由图可见，过小的后壁距由于后壁区的流线弯曲过大，将引起进水喇叭口的单面进水趋势，导致不均匀的流态。过大的后壁距由于水流在后壁空间的自由度随之加大，引起吸水管后的脱流区逐渐加剧，导致后壁产生较大区域的回流，不仅加大了吸气漩涡产生的可能，而且还会产生严重的泥沙淤积，堵塞管口，恶化喇叭口进水条件。

根据 Fluent 数值模拟计算与评价函数绘制出了后壁距与水力损失关系曲线见图 5-47，以及后壁距与流速均匀度关系曲线见图 5-48，计算表明：在其他条件基本相同的情况下，后壁距越大，吸水管越趋向于四周均匀进水从而使流速分布越均匀，但会在进水池内产生大面积的回流并造成进水池的泥沙淤积；而后壁距越小水力损失又会急剧增加，只有当后壁距大于 $0.4D$ 以后，水力损失才逐渐变小，趋向于定值。这就表明，一味增大后

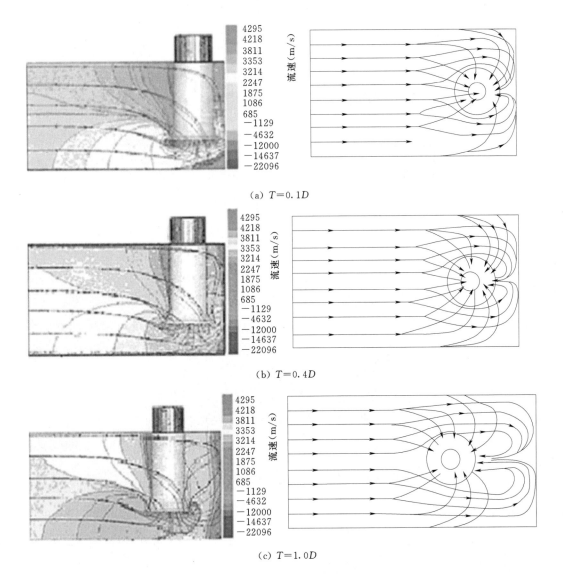

（a）$T=0.1D$

（b）$T=0.4D$

（c）$T=1.0D$

图 5-45　不同后壁距下进水池速度流线图

壁距将不能达到减少水力损失和改善水泵进口流速均匀度的目标，反而增加后壁水面漩涡的几率和泥沙淤积的产生。因此，后壁距的取值要适当，除了考虑水力性能和后壁漩涡和泥沙淤积等，往往还要受到实际安装的限制，本书通过数值计算分析推荐后壁距取（0.4～0.8)D。

5.4.4　悬空高度

　　悬空高度指吸水管进口至进水池底部的距离，它的取值也是影响进水池流态和水力性能的重要方面。图 5-49 为计算得到的不同悬空高度下的进水池流态图，图 5-50 为不同悬空高度下的断面流速等值线比较，图 5-51、图 5-52 分别给出了悬空高度与水力损失、流速均匀度关系曲线图。

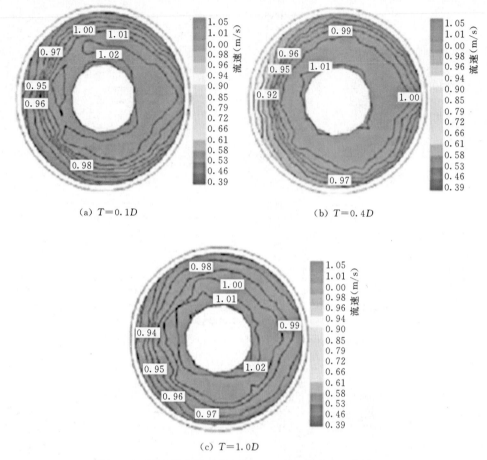

（a）$T=0.1D$ （b）$T=0.4D$

（c）$T=1.0D$

图 5-46 不同后壁距下进水管 3—3 断面轴向流速等值线图

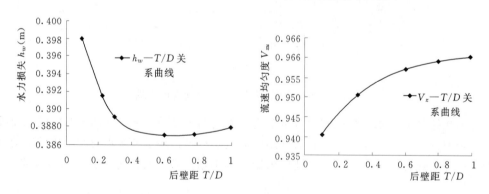

图 5-47 后壁距与水力损失关系曲线图   图 5-48 后壁距与流速均匀度关系曲线图

由计算结果比较可知，悬空高度对进入喇叭口的水流流态的影响至关重要。①当悬空高过小，进水池流入喇叭口的水流除部分底层水流形成单面进水外，其余水流流线过于弯曲，使得进水池各部流速分布不匀［图 5-49（a）、（b）］，在部分缓流区出现泥沙淤积现象使进水池流态恶化，导致进水喇叭口断面轴向流速均匀度较差，水力损失急剧增加。②若悬空高度过大，虽然对进水池水力性能影响不明显，但会形成附壁漩涡和吸气漩涡等恶性水

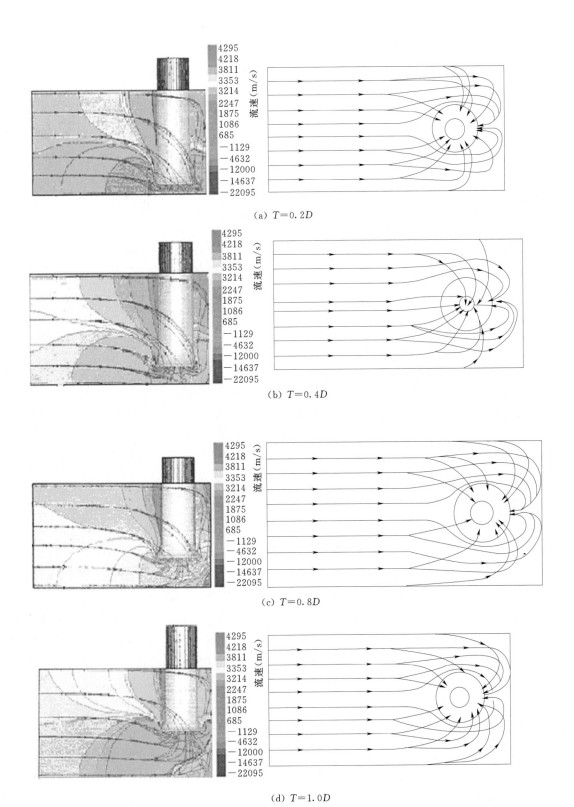

（a）T=0.2D

（b）T=0.4D

（c）T=0.8D

（d）T=1.0D

图 5-49　不同悬空高度下的进水池流态图

流［如图5-49 (d)］，导致水泵进口的轴向流速分布不匀见图5-50，降低水泵的出力性能和汽蚀性能，引起机组剧烈振动，同时增加了挖深、增加投资。

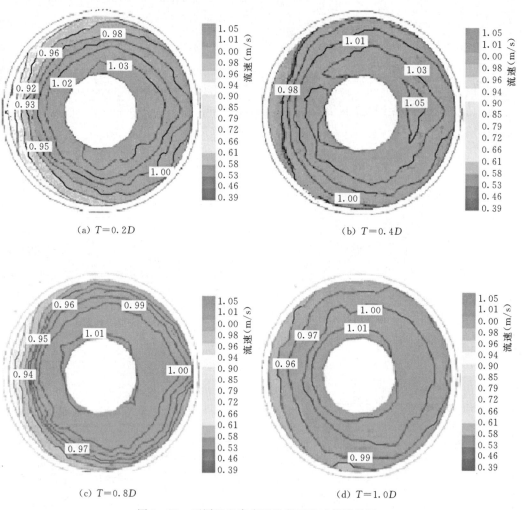

图5-50　不同悬空高度下的断面流速等值线图

数值计算结果表明，悬空高度 P 在 $(0.6～0.9)D$ 取值范围时，水力损失较小（图5-51）；悬空高度 P 在 $(0.4～0.8)D$，流速均匀性较好（图5-52）；当大于 $1.0D$ 时，将会造成进口压力和流速分布不均匀的单面进水，使水泵效率下降，因此，悬空高度也不宜过大，悬空高度对水泵性能的影响曲线见图5-53。

根据《泵站设计规范》（GB 50265—2010），结合数值模拟结果本文推荐：

进水管口垂直布置时 $P=(0.6～0.8)D$；

进水管口倾斜布置时 $P=(0.8～1.0)D$；

进水管口水平布置时 $P=(1.0～1.25)D$。

5.4.5　淹没深度

（1）淹没深度与漩涡关系。淹没深度为进水管口到进水池最低水位的距离。淹没深度

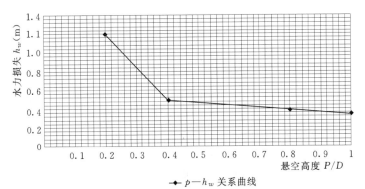

图 5-51　悬空高度与水力损失关系曲线图

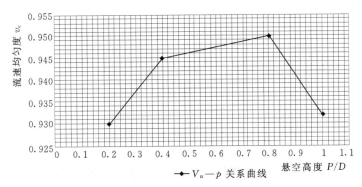

图 5-52　悬空高度与流速均匀度关系曲线图

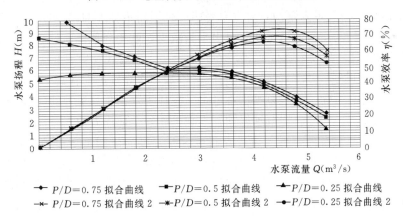

图 5-53　悬空高度与水泵性能关系曲线图

对表面漩涡的形成和发展有决定性作用。如果进水池淹没深度设计不当，将造成池内流速分布不均，容易生成表面漩涡和附壁漩涡。

1）水面漩涡。水面漩涡有四种形态见图 5-54。

Ⅰ型：当进水管口淹没深度较小时，池中表层水流流速增大，水流紊乱，流线曲率半径减小，水流旋转角速度增大，首先在池中后部出现水面凹陷的局部漩涡，这种漩涡时生时灭，对水泵性能无甚影响。

Ⅱ型：当管口淹没深度减小时、表层流速进一步增大，漩涡的旋转速度也随之加大，

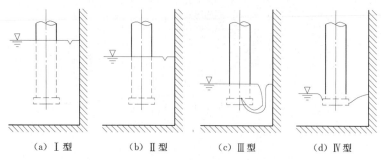

（a）Ⅰ型　　　　（b）Ⅱ型　　　　（c）Ⅲ型　　　　（d）Ⅳ型

图 5-54　进水池不同水位下的水面漩涡示意图

水面凹陷逐渐向下延伸，变成漏斗状，四周水流对其作用的压力也随之增大，由于漏斗尾部受进水管吸力的影响而开始向进水管方向弯曲，并从漏斗底部断续地向进水管进气，对水泵工作开始产生影响。

Ⅲ型：如果淹没深度继续减小，将出现连续向进水管进气的管状漩涡，这时大量气体掺杂进水流一起涌入进水管，造成水泵严重汽蚀，运行设备振动加剧，从而导致水泵无法安全高效工作。

Ⅳ型：若淹没深度进一步减小，管状漩涡将进一步扩展为环绕进水管旋转的柱状漩涡，使大量空气进入水泵，水泵流量继续减小，甚至断流。

2）附壁漩涡（水中漩涡）。研究表明，除水面漩涡外，在进水池底板、侧壁、后壁还将形成向吸水管延伸的空穴漩涡。当漩涡中心压力下降至汽化压力时，漩涡中的水立即被汽化，并呈白色带状。这种漩涡常常是一端位于池壁（或池底），另一端连于管口的涡带。

3）如果漩涡将空气带入泵内，对水泵可能产生下列不良影响。

①由于吸入空气，堵塞流道，使水泵出水量减少，效率降低。有试验表明，当进气量为水泵流量的 3%时，泵效率降低 9%，流量减少 10%；当进气量增至流量的 10%，泵效率降低 28%，流量减少 44%；如果进气量继续增加，将导致进水管真空破坏，水泵停机。

②由于漩涡时有时无，使水泵工作不稳定且破坏了水泵进口流速均匀分布的状态，形成叶轮的不均衡荷载，使叶轮和泵轴振动，影响机件安全使用寿命。

③漩涡将气体带入泵内，当气体进入高压区时，气泡破裂将对过流部件产生机械剥蚀、电化学腐蚀等作用，并使泵体产生剧烈振动和噪音。

④漩涡会使叶轮进口速度四边形改变从而导致水泵性能改变。当漩涡的旋转方向与泵轴转向相同时将使水泵的流量和扬程减小，机组效率降低；当漩涡的旋转方向与泵轴转向相反时，水泵的流量和扬程增大，动力机有超载的危险。

（2）临界淹没深度。如前所述，随着淹没深度的减少，表面漩涡由Ⅰ型向Ⅳ型发展，当进水池开始断断续续地向水泵进气即发生Ⅱ型表面漩涡时的淹没深度称为临界淹没深度，用 h_{cr} 表示。为了保证水泵不吸入空气，进水池中的最小淹没深度应大于临界淹没深度。

临界淹没深度的影响因素很多，如进水池的行近流速大小、后壁距的长短、喇叭口直径的大小、悬空高度的大小等对它都有影响。进水池宽和后壁距一定时不同进水喇叭口直径对临界淹没深度的影响曲线见图 5-55、图 5-56。喇叭口直径和悬空高度一定时，改变池宽和后壁距所得的临界淹没深度值见图 5-57。由图可知，当吸水管直径越小、悬空

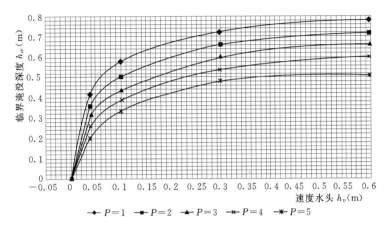

图 5-55　$D=2\mathrm{m}$ 时进水喇叭口直径与临界淹没深度曲线图

注：$D=2\mathrm{m}$；$B=2.0D$；$T=0.8D$。

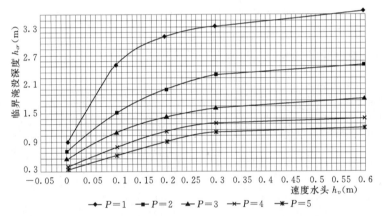

图 5-56　$D=1.5\mathrm{m}$ 时进水喇叭口直径与临界淹没深度曲线图

注：$D=1.5\mathrm{m}$；$B=2.0D$；$T=0.8D$。

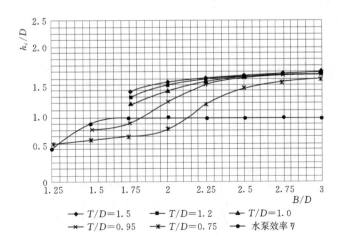

图 5-57　进水池宽度与后壁距对临界淹没深度的影响曲线图

高度越小、进口流速越大、后壁距越大，则临界淹没深度越大。进水池的宽度 B 减小后可减少临界淹没深度，但 $B<1.6D$ 后水泵效率会有明显的下降。

确定临界淹没深度的方法很多，可按式（5-15）计算：

$$h_{cr}=0.64\left(Fr+0.65\frac{T}{D}+0.75\right)D$$
$$=0.065v^2+0.416T+0.48D \qquad (5-15)$$

结合数值计算结果，本书推荐临界淹没深度宜为 $h_{cr}=(1.0\sim1.25)D$。

根据《泵站设计规范》（GB/T 50255—97），结合试验结果推荐临界淹没深度为：

进水管垂直布置时 $h_{cr}=(1.0\sim1.25)D$；

进水管倾斜布置时 $h_{cr}=(1.5\sim1.8)D$；

进水管水平布置时 $h_{cr}=(1.8\sim2.0)D$。

5.4.6 进水池水泵叶轮位置—安装高度

水泵安装高程主要由进水池最低运行水位和水泵的汽蚀性能决定，但叶轮位置还不能唯一确定。叶轮高度的确定需考虑进水池流态，其对水泵性能的影响集中在水泵叶轮前进口断面流速分布对叶轮的影响，从进水条件优劣来说，主要看水泵进口断面流场均匀性。

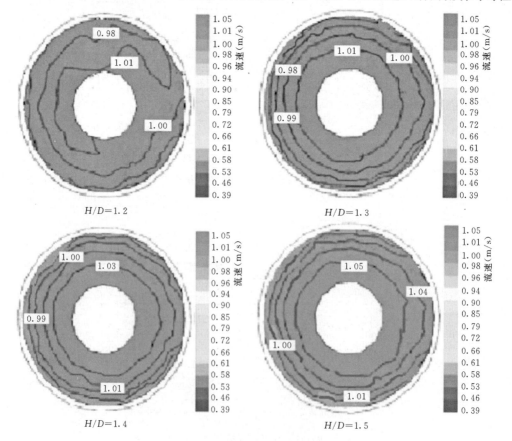

图 5-58（一） 吸水管各断面轴向流速等值线图

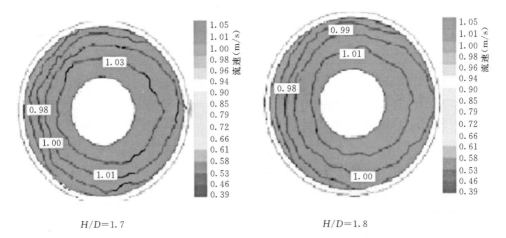

H/D=1.7　　　　　　　　　　　　　　　　　H/D=1.8

图 5-58（二）　吸水管各断面轴向流速等值线图

传统的学术观点是增加泵进口断面至进水喇叭口距离 H 来满足进水要求，则通过对最优方案的定量计算研究吸水管中的叶轮位置。吸水管各断面轴向流速等值线见图 5-58。由图中各断面比较可见：当 H/D 在 1.2 位置时，轴向流速大的在进水侧，在吸水管内部呈现半月牙形的流速分布，月牙位于进水侧，月牙口面向外后壁侧；当 H/D 在（1.3～1.7）位置时，管内的流速分布较为均匀，无半月牙形流速分布出现；当 H/D 在 1.8 位置时，在吸水管内部呈后壁侧的半月牙形流速分布，月牙口面向进水侧，吸水管内部各断面流速均匀度关系曲线见图 5-59。由图可知，流速均匀度曲线位于（1.4～1.6）断面位置处存在极值。上述研究表明，增加断面至进水管喇叭口的距离，断面流速分布发生了改变，较高的流速由进水侧转移至后壁侧，可见这种做法对改善流速分布并无明显效果。事实上无论从改善流速分布还是从节省土建投资来看，只考虑增加泵进口断面至进水喇叭口的距离都是不可取的。水泵叶轮位置即高度取值宜在 $H=(1.4～1.6)D$。

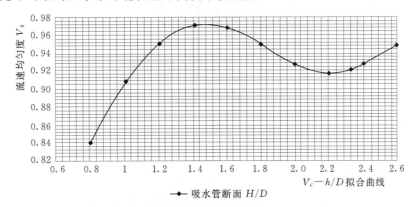

图 5-59　吸水管内部各断面流速均匀度关系曲线图

5.4.7　最优进水池参数

通过上述研究，综合考虑水流流态、水力性能、漩涡消除和吸水管内部流速分布等影响，推荐采用的最优进水池形状和尺寸参数见表 5-5。

表 5 - 5

最优进水池形状和尺寸参数表

进水池形式	后壁距 T	悬空高度 P	淹没深度 h_{cr}	叶轮安装高度 H
对称蜗形	$(0.4\sim0.8)D$	$(0.6\sim0.8)D$	$(1.0\sim1.25)D$	$(1.4\sim1.6)D$

由图 5 - 60 可以看到，由于采用了最优水利参数，底部的流线奇点消除，侧壁的低速回流区也不存在了；水面处管后的回流区被压缩在较小的区域内。通过设置导水锥后，断面的轴向流速分布更加均匀。从而改善了水泵进口流态，提高了水泵效率。

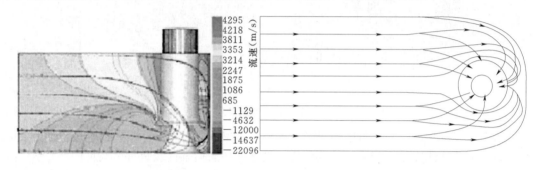

<table>
<tr><td>(a) 立面流线图</td><td>(b) 平面流线图</td></tr>
</table>

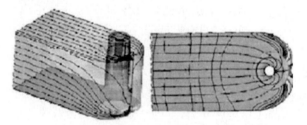

<table>
<tr><td>(c) 水面附近及边壁流线图</td><td>(d) 底部流线图</td></tr>
</table>

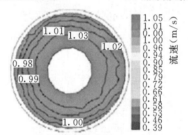

(e) 断面轴向流速等值线图

图 5 - 60　最优方案进水池流动图

5.5　改善前池流态的技术措施

通过前面的数理分析，水工模型试验分析及含沙水流对水泵运行效率的影响分析，为了能够使泵站有效提高运行效率，降低运行能耗和管理成本，对泵站前池内局部结构建议做下列改进。

5.5.1 前池扩散角

数值模拟结果表明，扩散角是影响正向前池流态的最重要的因素。水流在渐变段扩散过程中有其天然的扩散角，如果前池扩散角大于水流的天然扩散角，将导致水流脱壁并很快在主流两侧形成回流。如果池长偏短、底坡过陡、来水不能及时扩散，则水流直冲进水池后墙中部，然后折回两侧，引起边侧回流，又由于主流流速较边侧回流区流速大，故其压力及水位较回流区低，在这种压力和水位差作用下，边侧回流区的水流进一步向主流区挤压，主流区断面进一步缩小、流速进一步增大，导致池中水流进一步恶化。对于侧向进水前池，主流偏向一侧，边壁出现脱流；另一侧形成大范围的回流区，进水紊乱，容易引起围绕水泵或进水管周围旋转的环流使水泵效率下降。

扩散角 α 值的确定应以不发生边壁脱流和工程经济合理为原则。当引渠底宽 b 和前池底宽 B 一定时，α 值越大，则池长越短，工程量越小，但也易引起边壁脱流使池中水流恶化；反之，α 值越小，则池长越大，工程量越大，水流条件越好。现从流体力学理论及模拟实验的角度对水流扩散角加以研究。

如图 5-61 所示，引渠断面为矩形，前池边壁直立，渠末断面水流平均流速为 V，则引渠末端前池进口处把水流流速 V 分解成横向流速 V_y 和纵向流速 V_x 得：

$$\tan\theta = \frac{V_y}{V_x} \qquad (5-16)$$

式中 θ——水流扩散角。

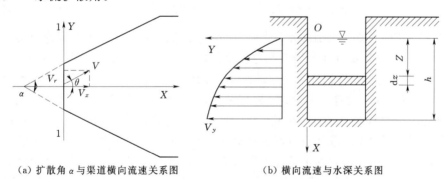

（a）扩散角 α 与渠道横向流速关系图　　　（b）横向流速与水深关系图

图 5-61　矩形断面渠道横向流速示意图

根据流体力学原理，横向流速 V_y 决定于水深。在图 5-61 中若取 yoz 坐标系，则在任意水深处的横向流速为 $\varphi\sqrt{2gZ}$，则横向平均流速可按式（5-17）计算：

$$V_y = \frac{1}{h}\int_0^h \varphi\sqrt{2gZ}\,\mathrm{d}z = 0.94\sqrt{2gH} \qquad (5-17)$$

式中 φ——流速系数；

h——1—1 断面处的水深，m。

由于水流受引渠纵向流动惯性的影响，实际的横向流速 V_y 比理论计算值要小，所以应乘以惯性影响修正系数 ψ，则可按式（5-18）计算：

$$V_y = 0.94\psi\sqrt{gh} = K\sqrt{gh} \qquad (5-18)$$

同时水流纵向分速度 V_x 可近似的认为等于渠末流速 V，即 $V_x = V$，则将 V_y、V_x 代入得：

$$\tan\theta = \frac{K\sqrt{gh}}{V} = K\frac{1}{Fr} \qquad (5-19)$$

$$Fr = \frac{V}{\sqrt{gh}}$$

式中　Fr——引渠末端断面水流的弗汝德数。

由式（5-19）可知：

（1）当渠末流速 V 与水深 h 取值一定时，即弗汝德数（Fr）一定时，水流天然扩散角 θ 就为定值。当前池扩散角 $\alpha < 2\theta$ 时，就不会发生水流脱壁的现象。

（2）引渠末端流速 V 越大，则水流天然扩散角 θ 就越小，两者成反比关系。

（3）引渠末端水深 h 越大，则水流天然扩散角 θ 就越大，并与水深的平方根成正比。与流速相比水深对扩散角的影响较小。

（4）随着前池水流的不断扩散，流速 v 不断减小，水深 h 不断增大，故水流天然扩散角 θ 沿池长也逐渐增大，这样前池扩散角 α 也可沿池长相应增大而不致形成脱流，从而可以相应减小前池长度。

上述的结论定性地说明了水流天然扩散角和前池各水力要素之间的关系。式（5-18）中的系数 K 则需要用实验方法加以确定，参照有关资料，水流天然扩散角可按式（5-20）计算：

$$\tan\theta = 0.065\frac{1}{Fr} + 0.107 = 0.204\frac{\sqrt{h}}{V} + 0.107 \qquad (5-20)$$

与式（5-19）比较，两者除差一常数项外，形式完全相同，这说明理论与实际是相符的。如果将 $Fr = 1$（即水流处于缓流和急流之间的临界状态）代入可得：$\tan\theta = 0.172$，即 $\theta = 9.75°$。这时边壁不发生脱流的前池扩散角 $\alpha = 2\theta \approx 20°$，这就与水力学中关于水流流态要求 $\alpha < 20°$ 的试验结果相吻合。由于引渠和前池中水流一般均为缓流所以前池扩散角 α 可以大于 $20°$，根据流体力学理论和模拟试验计算可得，推荐前池扩散角取值宜为 $\alpha = 20° \sim 40°$。

景电一期工程西干二泵站前池流态模拟见图 5-26。一期西干二泵站，由于枢纽布置或地质条件的限制等原因，为了节省工程投资，而缩短前池的长度，以致使前池的扩散角 α 大于临界扩散角 θ。因此，造成见图 5-62 的水流现象，即在池中两侧产生范围较大的回流区，堆积大量泥沙，并压缩主流，使前池中实际的过水断面减小，水头损失增加，并且由于进入进水池两侧的水流流向发生了变化。因此，容易引起围绕水泵或进水管周围旋转的环流使水泵效率下降。

5.5.2　正向前池池长

当引渠末端底宽 b 和进水池宽度 B 已知时，前池长度仅和扩散角 α 有关，如图 5-63（a）所示，可按式（5-21）计算：

$$L = \frac{B-b}{2\tan\frac{\alpha}{2}} \qquad (5-21)$$

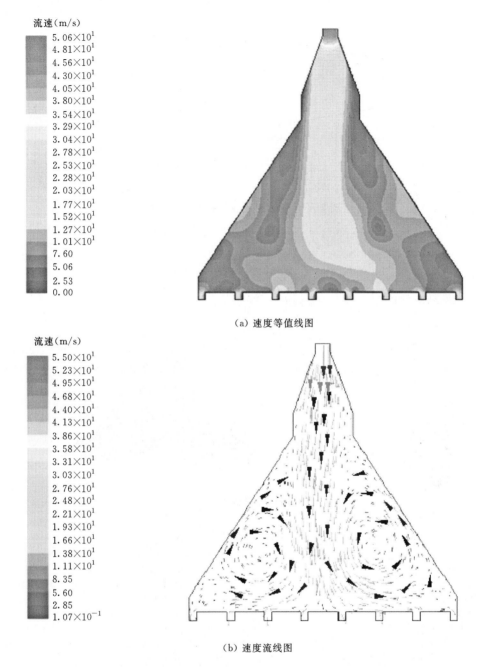

流速（m/s）

5.06×10¹
4.81×10¹
4.56×10¹
4.30×10¹
4.05×10¹
3.80×10¹
3.54×10¹
3.29×10¹
3.04×10¹
2.78×10¹
2.53×10¹
2.28×10¹
2.03×10¹
1.77×10¹
1.52×10¹
1.27×10¹
1.01×10¹
7.60
5.06
2.53
0.00

（a）速度等值线图

流速（m/s）

5.50×10¹
5.23×10¹
4.95×10¹
4.68×10¹
4.40×10¹
4.13×10¹
3.86×10¹
3.58×10¹
3.31×10¹
3.03×10¹
2.76×10¹
2.48×10¹
2.21×10¹
1.93×10¹
1.66×10¹
1.38×10¹
1.11×10¹
8.35
5.60
2.85
1.07×10⁻¹

（b）速度流线图

图 5-62　西干二泵站前池流态模拟图

但从前述可知，水流天然扩散角 θ 可沿池长相应增加，所以为了缩短池长，节省工程量，可采用复式扩散角（边壁为折线型）的前池见图 5-63（b），即在前池 L_1 段内扩散角为 α_1，在 L_2 段内扩散角为 α_2，这样既保证水流平顺又缩短了池长。西干二泵站改造后复式前池流态见图 5-64。从图 5-64 中可以看到经改造后的前池，池中两侧回流区消失，水流平稳扩散流速均匀，池中水流达到水泵进口吸水条件，大大降低了水泵运行能耗。

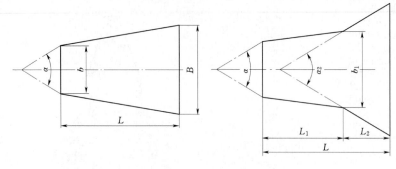

（a）直线扩散　　　　　　　　　　（b）折线扩散

图 5-63　前池边壁复式扩散型示意图

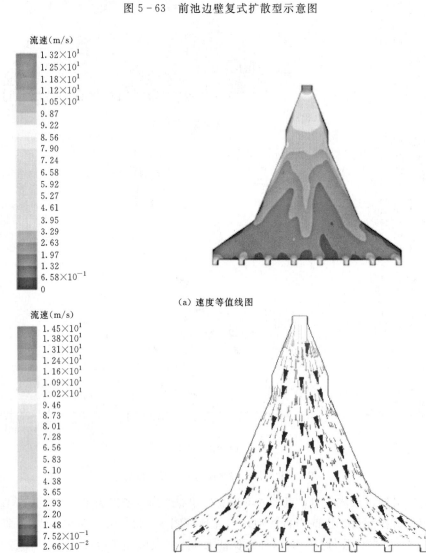

（a）速度等值线图

（b）速度流线图

图 5-64　西干二泵站改造后复式前池流态图

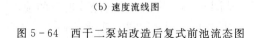

如果所取的前池计算段数继续增加，池长还可再度减小，当计算段数无限增多时，前池边壁折线就变成一条曲线见图 5-65，这就是池长最短的曲线扩散型前池。根据理论分析和试验，该曲线为自然常数 e 的指数函数曲线。数值模拟表明，前池边壁线形采用式（5-22）数学模型将在同样条件下较直线形、三次抛物线形、四次抛物线形水流流速分布均匀，池中无回流发生。

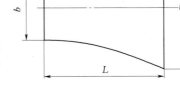

图 5-65　前池边壁曲线扩散示意图

$$y = e^{0.00802\,x^{2.8}} - 1 \qquad (5-22)$$

式中　x、y——沿池长和池宽方向。

5.5.3　前池纵向坡度

为了满足进水池淹没深度及悬空高度的需要，进水池底高程一般比引渠末端高程要低，因此当前池与进水池连接时，前池除进行平面扩散外，池底往往有一个向进水池方向倾斜的纵坡，当此坡度贯穿在整个前池时，可按式（5-23）计算：

$$i = \frac{\Delta H}{L} \qquad (5-23)$$

式中　ΔH——引渠末端渠底高程和进水池底高程差，m；
　　　L——前池长度，m。

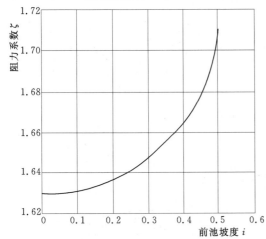

图 5-66　前池底坡与水流阻力系数关系曲线

若前池较长，亦可将此纵坡只设置在靠近进水池一段长度内。这时，进水池中水流将随底坡坡度的增大而变快，即随着 i 的增大，吸水管口的水流阻力系数 ζ 也随之增加见图 5-66。当 $i=0$ 时（平底），$\zeta=1.63$；当 $i=0.5$ 时，$\zeta=1.71$。即入口阻力系数增加了 3.5%。若当前池与进水池采用陡坎（即 $i=\infty$）时，会使进水池中的流态急剧恶化影响水泵性能。这种情况应该尽量避免。

从泵站能耗角度来看，既能保持进水池具有较好的流态，减小水力损失，又不致使工程量增加太大，所以 i 值宜选较小值。综合水力性能和工程条件，池底坡度宜采用 $i=1/5\sim1/3$。

5.5.4　前池翼墙形式

翼墙多建成直立并和前池中心线成 45° 夹角，此型翼墙便于施工，水流条件也较好，亦可采用扭坡，斜坡和圆弧形翼墙。以侧向进水前池为例。

侧向进水前池（见图 5-67）又可分为矩形、锥形和曲线形三种。矩形与锥形侧向进水前池结构简单、施工容易，但工程量较大，同时流速沿池长渐减，将在前池后部形成泥沙淤积，水力损失较大。而曲线形进水前池符合水流流线，流态好，水力损失小。

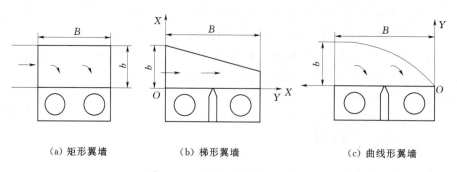

（a）矩形翼墙　　　　　　（b）梯形翼墙　　　　　　（c）曲线形翼墙

图 5-67　侧向进水前池示意图

景电工程总干二期三泵站进水前池流态见图 5-68。从模拟图可以看出，图中曲线形进水前池消除了侧向进水池远端回流区，水流流态均匀平顺，各水泵能够稳定高效吸水，提高了水泵能源利用率。

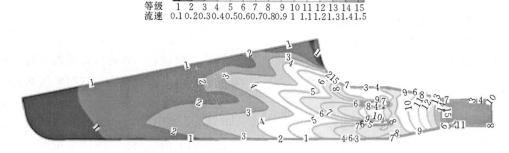

（a）速度等值线图

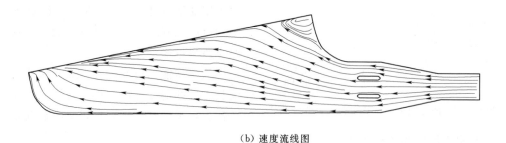

（b）速度流线图

图 5-68　景电工程总干二期三泵站进水前池流态图

5.5.5　前池隔墩

加设隔墩，实际上减小了前池扩散角 α，这样不仅可以避免脱流、回流及偏流，而且可以缩短池长，再者加设隔墩后，不仅增大了前池的有效过水断面面积，而且能够有效调整池内流态。隔墩可分为半隔墩（仅设在前池部分）和全隔墩（一直延伸至后墙）两种形式，目的都是将机组分开单独进水，同时墩端设有闸门，尤其在泵站配水量发生变化时，当部分机组运行时，对不运行的机组阻断水源，能够有效利用水源达到节能降耗的目的见图 5-69。

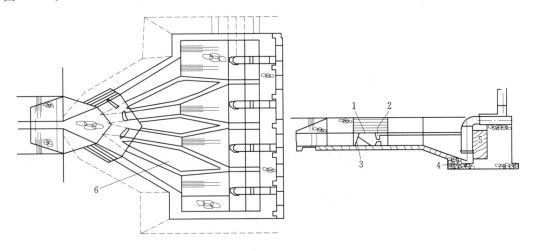

图 5-69　前池全隔墩
1—工作桥盖板；2—闸门；3—拦污栅；4—冲沙廊道；5—隔板（防漩涡）；6—隔墩

5.5.6　前池底坎与立柱

从水力学的理论观点看，前池中设置横向底坎，可以改善水流在平面上的扩散条件，使回流区基本消失，流速分布更加均匀，泵站加设底坎前后池中水流流态的对比见图 5-70。立柱的作用是使水流收缩并均匀地流向两侧再扩散到边壁，以防止脱流。

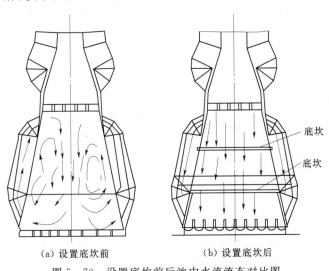

（a）设置底坎前　　　　（b）设置底坎后
图 5-70　设置底坎前后池中水流流态对比图

正向进水前池加设立柱和底坎前后，池中水流流态对比见图 5-71。

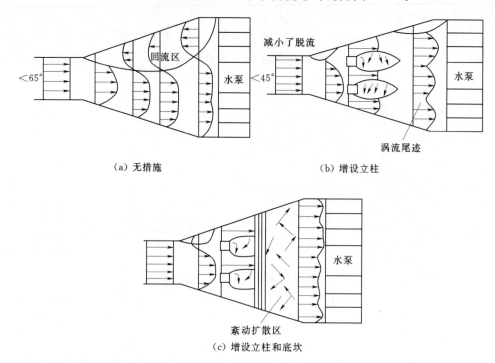

（a）无措施　　　　　　　　　　　　（b）增设立柱

（c）增设立柱和底坎

图 5-71　正向进水前池水流流态

对于侧向进水前池来说，此时底坎的作用是使水流过坎后形成立面漩涡，进一步破坏边壁回流以及立柱后的卡门漩涡，形成紊流扩散区，这样全部作用的结果，能使流速重新均匀分布，有效地改善了前池进水流态，进而也提高了水泵效率。侧向进水前池加设底坎和立柱联合作用下的池中水流流态见图 5-72。

首先确定底坎在前池中的位置和高度，底坎的位置和高度的确定是在试验中同时进行的。其相关数据可按式（5-24）～式（5-27）计算：

$$h_坎 = (0.35～0.65)h \qquad (5-24)$$

$$L_坎 = (0.25～0.40)L_1 \qquad (5-25)$$

$$L_2 > 4h_坎 \qquad (5-26)$$

$$L_1 = L_坎 + L_2 \qquad (5-27)$$

式中　$h_坎$——底坎的高度，m；

　　h——前池设计水位下的前池水深，m；

　　L_1——前池设计长度，m；

　　$L_坎$——引水渠（管）出口到底坎的距离，m；

　　L_2——底坎到进水室的距离，m。

底坎高度的选择，就是控制横轴漩流的强度；底坎位置的选择就是控制平面漩流的范围。其原则就是坎后的横轴漩流既能破坏前池的回流，又不影响进水室口门前的流态。

试验说明底坎作用分两个方面：一方面，坎后产生的横轴漩流区，是与原先的回流相

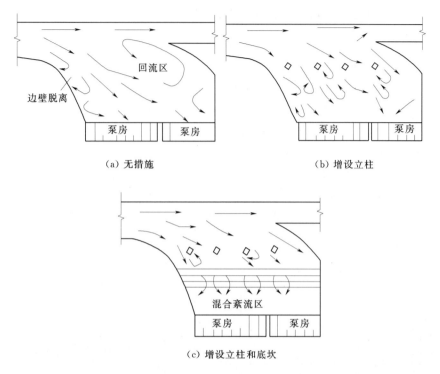

（a）无措施 （b）增设立柱

（c）增设立柱和底坎

图 5-72　侧向进水前池水流流态

垂直的旋流，二者相互抵消了各自旋转动量，造成速度降低和局部压力梯度增大，促使回流迅速闭合消失。另一方面，引水管底部水流直冲底坎，受底坎的阻挡向两侧扩散，在前池两侧和底坎之间形成两个紊动区，在池壁的作用下越过底坎缓慢扩散。所以坎后仍有较小漩涡（次生流）存在，即使后来采取立柱和底坎结合的整流措施，底坎后部产生的底层回流（次生流）并未解决。有研究资料表明，调整底坎的高度和位置，变更立柱的形式，可以完全消除这种次生流，但是，经过多次反复试验，次生流的强度和范围虽有所改变，但未能完全消除。因此考虑底坎本身，发现若采用透空底坎能有效的消除坎后的小漩涡及底层回流（次生流），究其原因为底部出流受底坎阻挠而产生的坎后回流经透空底坎孔后出流的作用而相互抵消，前池流态获得明显改善，但底坎并不能解决前池流速分布不均的问题，特别是进水室口门前的流速在平面上分布不均匀的问题。

立柱，显而易见是前池消能的有力措施，而立柱消能又兼导流的作用。就立柱截面的形状而言，采用圆形、半圆形、三角形、方形、棱形等不同形状。结合形状的选择，又采用单体、双体和多体（齿形）立柱的优选，都有一定的效果。结合结构和施工上的可行性和安全可靠性，推荐"山"字形分水导流立柱（图 5-73）。

"山"字形立柱下半部较上半部宽，主要是配合底部出流的导流。"山"字形立柱与底坎相配合调整前池流态获得较好的效果。"山"字形立柱称为分水导流立柱，立柱主体两侧的导流板使水流急剧扩散，流速减小，结合底坎在横向上的调整，使潜没出流转变为表层流，前池流态平稳，对称竖轴环流消失，平面上水流分布均匀（图 5-74），胸墙前水面平静没有漩涡和回流，横向流不复存在；各进水口门处于正面进水，进水流速比较均衡；各进水室中垂线处流速均匀，说明各进水室进水流量接近。该措施的应用达到了改善前池流态的目的。

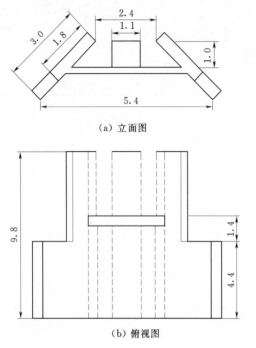

（a）立面图

（b）俯视图

图 5－73 "山"字形分水导流立柱（单位：m）

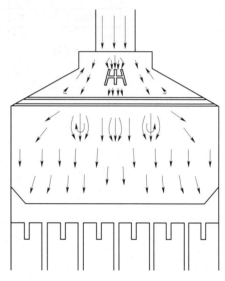

图 5－74 "山"字形立柱措施的水流流态

5.5.7 导流墩

在前池中设置"八"字形的导流墩，有利于调整水流的流向和流量分配，使水流平稳、水量分配均匀，可以有效地避免前池水流产生回流和漩涡等不良水力现象。

"八"字形导流墩通过导流作用改善流态的效果与导流墩在前池中的设置角度 β、高度 H_1、H_2，长度 L_1 和设置位置 L_2、L_3、L_4、L_5 有着显著的关系见图 5－75 和图 5－76。

对"八"字形导流墩的角度、高度、长度和设置位置等参数进行优化。根据前人在压水板参数布置和隔墩的研究成果以及泵站的隔墩设计规范的要求，在压水板位置和隔墩参数定下来时，根据其泵站前池的特性，"八"字形导流墩采用对称布置，考虑"八"字形导流墩主要参数对水流流态的影响时，只需考虑角度 β、位置 L_2 以及 L_4 的情况，而不考虑位置 L_1、L_3、L_5 的尺寸，因此，设计参数在设计水位和设计流量不同组合情况下

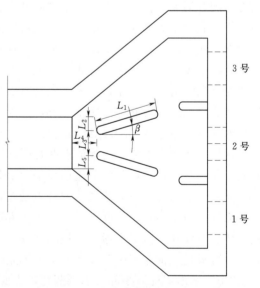

图 5－75 导流墩设置位置平面示意图

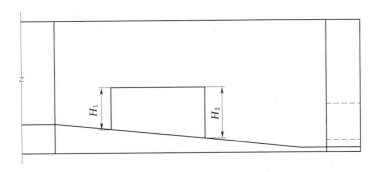

图 5-76　导流墩设置位置剖面示意图

数值的模拟研究工况见表 5-6。

表 5-6　　　　　　　　　　　　　　"八"字形导流墩设计参数

L_2　　　　L_4 β	200	300	400
10°	230	250	270
13°	230	250	270
16°	230	250	270

按照表 5-6 数据进行数值模拟，根据模拟结果，比较如下：

（1）当八字形导流墩角度 β 与位置 L_4 固定时，位置 L_2 过大或过小时，从引水渠进入的水流不能被"八"字形导流墩均匀地向两侧分流，流速分布不能均匀满足各泵配水的均匀性。当 L_2 过大，在三台水泵运行时，"八"字形导流墩两侧的分流多，中间的分流较少。在"八"字形导流墩末端，两侧的水流向中间部分流动，特别在压水板以上的部分水流较为明显；反之，当 L_2 过小，"八"字形导流墩两侧的分流较少，中间的分流多，在"八"字形导流墩末端，中间水流横向向两侧流动，尤其在压水板以上的部分水流较为明显。

（2）当"八"字形导流墩位置 L_2 与位置 L_4 固定时，角度 β 过大，"八"字形导流墩中间的水流流速扩散梯度过大，在导流墩靠近末尾附近易产生漩涡。两侧的水流逐渐受到收缩而加大流速，在 1 号、3 号水泵的进口流道处与 2 号水泵进水流道流速差异较大，不能均匀满足各泵配水的均匀性；角度 β 过小，"八"字形导流墩中间的流速大，两侧的流速小，在"八"字形导流墩末端，中间的水流横向向两侧流动，造成 1 号、3 号泵进口流道处的流速分布不均匀，靠近 2 号泵的这侧流速比两边的流速较大。

（3）当"八"字形导流墩位置 L_2 与角度 β 固定，位置 L_4 过大，从引水渠来的水流被"八"字形导流墩向两侧分流的多，而中间分流的少，造成在"八"字形导流墩末端两侧水流横向向中间流动，水泵的进口流道处流速分布不均匀。反之，位置 L_4 过小，"八"字形导流墩中间的分流较多，两侧较少，在"八"字形导流墩末端，中间的水流向两侧流动，从而在水泵的进口流道处流速分布不均匀。

综上所示，最后选择"八"字形导流墩优化参数位置 L_2 为 250mm，位置 L_4 为 300mm，

角度 β 为13°，"八"字形导流墩使水流较均匀地分配到水泵进水流道口，最大限度满足各泵配水的均匀性要求。"八"字形导流墩平面布置见图5-77、剖面布置见图5-78。

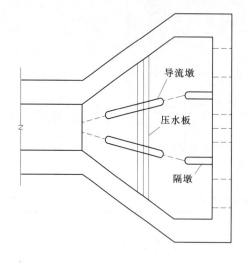

图5-77 "八"字形导流墩平面布置图   图5-78 "八"字形导流墩剖面布置图

5.5.8 压水板

压水板主要是通过导流、下压调流来实现改善前池流态的，其布置见图5-79。由图5-79可看出，前池设置压水板后，主流沿出流方向直接冲向压水板，在压水板导流作用下，水流向底层流动，由于压水板的下压作用，水流向前池的两侧扩散，水流通过压水板后，底层水流继续向两侧扩散，较为均匀地流向水泵进水口，另一部分水流向上翻滚，形成紊流扩散状态，这样底层水流流速加大且较为均匀地流向水泵进水口，使水泵的性能提高，同时底层流速较大，难以发生泥沙淤积和沉降。

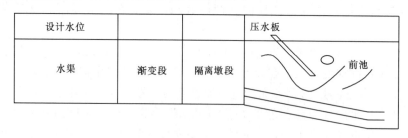

图5-79 压水板机理示意图

5.6 进水池附属结构与泵站能耗

5.6.1 进水流道对能耗的影响

进水流道是水流从进水池进入水泵进口的通道。按水流方向可将进水流道分为单向进水流道和双向进水流道；单向进水流道按形状又有肘形进水流道和钟形进水流道之分（见图 5-80）。

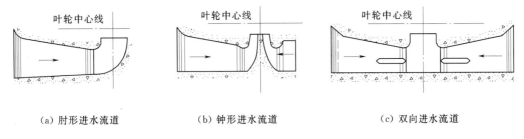

（a）肘形进水流道　　　　（b）钟形进水流道　　　　（c）双向进水流道

图 5-80　进水流道的几种形式示意图

（1）肘形进水流道。肘形进水流道因其形状像人的胳膊肘而得名，它是国内大型立式泵最常见的一种进水流道。一般由三部分组成：进口直线渐缩段，中部弯曲渐缩段和出口直锥段（见图 5-81）。进口直线渐缩段为矩形断面的渐缩管，中部弯曲渐缩段断面由矩形过渡为圆形，上部出口直锥段为渐缩圆锥管，即进水流道的断面由方变圆后与泵进口的座环相接。

进水流道的高度 H 和宽度 B 是流道设计的两个主要尺寸，其值的确定主要取决于水力条件和工程造价。从水力条件来看，H 越大弯曲段曲率半径 R 也越大，对调整改善流速和压力分布及减少水头损失越有利。为降低进口流速，B 值可适当增大；从工程造价来看，则 H 和 B 越小越好。另外，有时为了减少开挖量，可将流道进口底部适当翘起。当进口宽度较大时，可在进口段增设隔墩以改善结构受力条件，并减小检修闸门的宽度。

根据模型试验和工程实践，肘形进水流道尺寸取值范围如下：

$H/D = 1.5 \sim 2.2$，$B/D = 2.0 \sim 2.5$，$L/D = 3.5 \sim 4.0$，$h_K/D = 0.8 \sim 1.0$，$r/D = 0.2 \sim 0.5$，$R/D = 0.8 \sim 1.0$，$r_s/D = 0.5 \sim 0.7$，$\alpha \leqslant 20° \sim 25°$，$\beta \leqslant 10° \sim 12°$（一般为平底）

流道进口流速为 $0.8 \sim 1.0 \mathrm{m/s}$，流道进口上缘的淹没深度 $h_s > 0.5 \mathrm{m}$。

（2）钟形进水流道。钟形进水流道因其水泵吸水室形似悬钟而得名，它也是国内常用进水流道型式之一。流道由进口段、吸水蜗室及喇叭管等几部分组成（见图 5-82）。进口段为矩形；吸水蜗室在平面上为蜗壳形；立面上为钟形，内设导水锥。导水锥可消除喇叭管底部的滞水区从而防止涡带的产生，同时可改善水泵的吸水条件，使水泵进口断面的流速和压力分布均匀；喇叭管的作用是使水流均匀平顺地进入泵体。

钟形进水流道比肘形进水流道稍宽，但其显著优点是流道高度小，因此可抬高泵房底板高程，加之结构简单施工立模较为方便，故对大口径立式泵采用钟形进水流道往往是经济合理的。

钟形进水流道尺寸取值范围如下：

$H/D = 1.1 \sim 1.4$，$B/D = 2.5 \sim 2.8$，$L/D = 3.5 \sim 4.0$，$h_2/D = 0.4 \sim 0.6$，$h_1/D = 0.3 \sim 0.4$，$D_1/D = 1.3 \sim 1.4$，$\alpha \leqslant 20° \sim 30°$，$\beta \leqslant 10° \sim 12°$

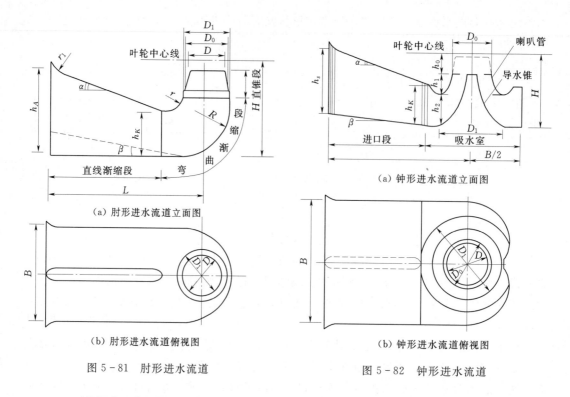

（a）肘形进水流道立面图

（a）钟形进水流道立面图

（b）肘形进水流道俯视图

（b）钟形进水流道俯视图

图 5-81　肘形进水流道

图 5-82　钟形进水流道

5.6.2　拦污栅对泵站能耗的影响

5.6.2.1　拦污栅的能量损失

排灌泵站的进水池内，特别是大型低扬程排水泵站的进水池内，一般都设有拦污栅，以防止水草杂物进入水泵，确保水泵的安全运行。

拦污栅的形式和尺寸不仅影响工程投资，而且对泵站的能量消耗有很大影响。例如，我国大型轴流泵站的拦污栅，大部分是垂直设立在进水流道的进口处。由于利用了进水流道的隔墩作支撑，因此可以节省工程投资。但是，这种结构形式却增加了清污的困难。由于排灌泵站在运行季节时，水草杂物特别多，甚至还有死臭的牲畜，这些都需要工人划着小船在拦污栅附近打捞，因此，清除水草杂物的工作量特别繁重，而且工作条件很差。夏季，腥臭味令人难以忍受，夜晚，照明条件差工作非常危险。所以，要及时把水草杂物清除干净往往是很困难的。这种水草杂物一旦堆积在拦污栅前如不能及时清除，就会堵塞拦污栅而影响水流正常进入水泵。这样，一方面会增加拦污栅本身的水头损失，降低进水池的效率；另一方面，又会使进水流道内的流速分布不均匀，从而影响水泵性能，降低水泵效率。所以，拦污栅的形式对泵站的效率和泵站的能耗都有影响。据有关资料介绍，对于 2.8m 直径的大型轴流泵，如果因为拦污栅前堆积水草而造成 0.25m 的水头损失，则增加的功率约为 80kW。若每年运行 1000h，则一年的耗电量将增加 8 万度，每度电以 0.06 元/（kW·h）计，一年增加的电费为 4800 元。对 10 台机组的泵站将增加电费 4.8 万元。然而，因为水草堵塞造成拦污栅前后的水位差为 0.25m 的情况是比较常见的，甚至有些大型轴流泵站拦污栅前后的水位差达 1m 以上，所造成的能量损失就更为惊人，这种状况也是不能忽视的。

泵站常用的拦污栅为平面拦污栅，对于水力冲洗清污的拦污栅，常做成旋转格网。平面拦污栅通常用厚 4～16mm、宽 50～80mm 的扁钢条制成，为了保证钢条的刚度，每隔 1～1.5m 应加设一根横梁。拦污栅的间距不宜过大，过大则起不到拦截污物的作用。但其间距也不可过小，过小则增大栅前后水位差，导致栅条因强度不足而破坏，栅条的间距一般与水泵类型及污物的种类、数量有关。对于主要拦截一般水草或较小的漂浮物，若为离心泵，$B=0.03D_2$（D_2 为水泵叶轮直径），但最小不应小于 20mm；若为轴流泵，$B=0.05D_2$，但不应小于 35mm，一般取 50～100mm。对于主要拦截船只、浮冰、死畜等较大的漂浮物，要求刚度大、栅条厚，栅条间距可大一些，一般可取 100～200mm。当水源中漂浮物较多时，可以考虑设置两道拦污栅，第一道做成粗格栅，第二道做成细格栅。

一般拦污栅与水平面的倾角为 70°～80°，最大倾角不超过 85°（见图 5-83），以达到较好的拦污效果。大型块基型泵房前的拦污栅，一般都垂直装设于进水流道闸门前的进口处，以便于利用流道的隔墩做拦污栅支墩，同时便于起吊清污。

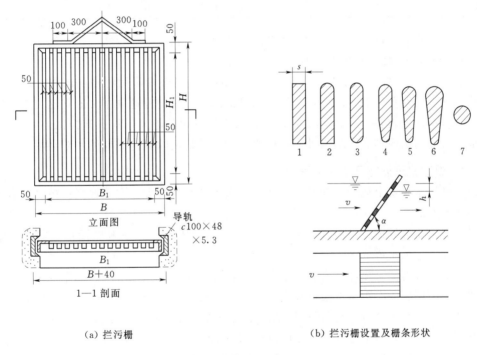

（a）拦污栅　　　　　　　　　　（b）拦污栅设置及栅条形状

图 5-83　拦污栅结构构造图（单位：mm）

1～7—栅条的不同形状

5.6.2.2　影响拦污栅能量消耗的主要因素

拦污栅的水头损失可按式（5-28）计算：

$$h = \beta \sin\alpha \left(\frac{t}{b}\right)^{4/3} \frac{v^2}{2g} \tag{5-28}$$

式中　h——水头损失，m；

β——栅条形状系数（表 5-7），栅条形状如图 5-83（b）所示；

α——拦污栅的倾斜角度；

t——栅条厚度，mm；

b——栅条间距，mm；

v——过栅流速，m/s，无污物时。

$$h_损 = h_沿 + h_局 = f\frac{L}{D}\frac{v^2}{2g} + \Sigma\xi\frac{v^2}{2g} = \left(f\frac{L}{D} + \Sigma\xi\right)\frac{Q^2}{2gA^2} = (S_沿 + S_局)Q^2 = SQ^2$$

有污物时

$$V = \frac{v_a H}{H'} \text{（通常估计 } H - H' = 10\sim30\text{cm）}$$

式中　v_a——行近流速，m/s；

　H、H'——拦污栅前、后水位，m。

表 5-7　　　　　　　　　　　　　　　栅 条 形 状 系 数

栅条形状	1	2	3	4	5	6	7
β	4.42	1.83	1.67	1.035	0.92	0.76	1.79

有时为了降低拦污栅高度或为防止冬季浮冰堵塞拦污栅，可以将拦污栅装设在最低水位以下 0.3～0.5m 处，上部加设挡水胸墙。

由式（5-28）可知，影响拦污栅水头损失的因素很多，除拦污栅的形式、倾角、栅条形状、厚度、间距等因素以外，通过拦污栅的水头损失与流速的平方成正比。堆积在拦污栅前的水草杂物越多，H' 就越小，通过拦污栅的流速就越大，水头损失也越大。因此，除要求拦污栅的结构形式合理以外，还应当及时干净地清除拦污栅前的水草杂物。

5.6.2.3　设置拦污栅的几个注意事项

为了确保水泵安全运行，同时又不致造成太大的水头损失，在设置拦污栅时，应该注意下列几个方面：

（1）拦污栅最好设在平均流速为 0.5～0.8m/s 的断面上，一般以设在引渠的末端为宜，它比设在进水流道或进水池前安全，而且，因为引渠末端断面较窄，工程投资较省，同时也便于布置清污机械，被捞起的水草杂物也便于运送出去，给清污工作带来方便。

（2）拦污栅栅条净距与水泵口径大小有关。一般为 30～75mm。对于大型水泵，可取水泵口径的 1/30～1/20 作为拦污栅栅条净距的设计尺寸。对于大型排水泵站最好能设粗细两道拦污栅，粗栅净距可取 60～200mm，细栅净距可取 25～60mm。

（3）拦污栅栅条通常用 6～12mm 的扁钢制作，横梁用型钢制作。要求拦污栅前后水位差在 0.4～0.6m 时，其挠度不超过 L/600（L 为栅条长度）。每扇拦污栅的宽度一般不超过 5m。

（4）清除水草杂物的方法有人工清污和机械自动清除两种。人工清污只适合于水草不多的小型泵站，当进水池水位变化幅度在 5m 以上者应设中间作业层。机械清污需要有专门的清污机，投资较多，但能够确保污物的及时清除。对于大中型泵站，国外已普遍采用自动清污装置，我国的大型泵站也在开始使用。

5.6.2.4　清污方式及清污装置

泵站拦污栅清污方式有人工清污和机械清污两种，人工清污即人员站在便桥上进行清污，这种清污方式工作效率低。用起吊设备将挂有污物的拦污栅吊至工作桥或河、渠岸边进行清理，再将备用拦污栅或清理好的拦污栅放下拦污，也属人工清污。

机械清污是采用清污机进行清污，如耙斗式清污机、抓斗式清污机、栅链回转式清污机等。耙斗式清污机由机架、驱动机组和耙斗等组成，其清污齿耙见图 5-84。回转耙斗式清污机见图 5-85。

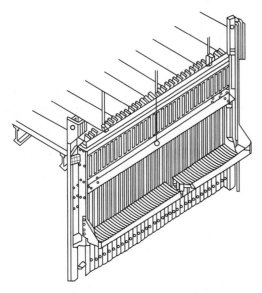 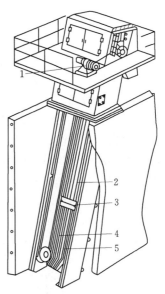

图 5-84　耙斗式清污机的清污齿耙示意图

图 5-85　回转耙式清污机示意图
1—电动机；2—拦污栅；3—齿
耙；4—链条；5—从动链轮

5.6.2.5　输送装置

由各种清污机捞起的水草杂物需要用输送装置运出泵站进行处理，对于水草特多的大型泵站，则需要预先考虑如何运送、处理或利用。

（1）可动式皮带运输机。这种输送装置可以接受来自自动耙式清污机的污物，从水平方向运出，它以倾斜传送带向车辆输送，或存放在料斗内。原则上为直线布置。对倾斜角度大的场合，可用带拖板的传送带，一般与水平面的夹角应小于 30°。

（2）翻板式或链式运输机。在循环链上安装钢板制的平板，平板随着循环链的运动将污物运送到渠道两侧。按照链的定向导轨，可在曲线上运动。这种型式的输送装置适合于大型泵站使用。

（3）吊斗提升机。由皮带运输机或牵引车运送来的污物被放在大型的吊斗内，吊斗沿着支架大致垂直地提起，将污物投入料斗，由拖拉机运走。与倾斜运输机相比，它占地面积较小，但不适于处理长而大的污物。

（4）料斗。因为污物是暂存于料斗内，然后由拖拉机或卡车逐次运走。因此，其容积一般为 $3\sim15\text{m}^3$。另外还需要设置台架，其高度在 2.65m 以上，以满足拖拉机或其他车辆装载的要求。其下部阀门的开关可以用压缩空气、油压或电动控制。

6 出水池布置与泵站能耗

6.1 出水池的布置形式

出水池是衔接出水管与输水干渠或排水容泄区的扩散性建筑物，其主要作用为：①消能稳流，把出水管射出的水流均匀而平顺地引入池后输水渠，以免冲刷渠道；②当机组停机后，防止输水渠的水通过出水管倒流；③当有多条输水渠时，能平顺地向多条输水干渠分流。一般根据出水管出流方向分为正向出水池、侧向出水池、多向出水池几种（见图6-1）。正向出水池由于管口出流方向与池中水流一致，水流比较顺畅，因此在实际工程中采用较多；而侧向和多向出水池由于管口方向与水池方向正交或斜交，导致水流交叉，流态紊乱，出流不畅，所以一般只在地形条件受到限制的情况下采用。

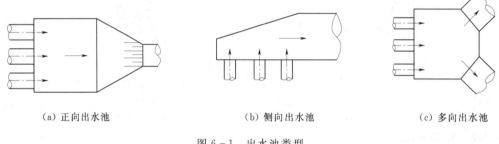

(a) 正向出水池　　　　　　(b) 侧向出水池　　　　　　(c) 多向出水池

图 6-1　出水池类型

另外还有一些高扬程梯级泵站，当泵站出水管方向地形平缓，遇到采用上述出水池型式可能会导致较大填方的地形条件时，还常采用出水塔来连接出水渠道。在这类塔式出水建筑物中，出水管道出流速度一般较大，而出水结构布置一般比较紧凑，出水管的出水水流无法充分快速扩散，出水水流成束出现，直冲池壁或下级干渠进口，又由于成束水流流速较大，相互挤压排斥，致使池中部分成束水流区域剧烈翻腾，阻塞下级干渠顺利泄水，而在出水管道之间和池中两侧边角区域，水位壅高、流速缓慢、压力增高，又进一步挤压管道出水，如此反复，出水水流紊乱，水力损失急剧增加。实际运行调查表明，出水池、压力水箱和出水塔的阻力损失对泵站能耗具有明显的影响。

6.2　出水池布置与流态

泵站的出水池布置一般都比较紧凑，结构尺寸较小，出水管出水时池中流速较大，当多台泵同时出流时，池中水流流态比较紊乱，水头损失一般比进水池要大。如果出水管与出水池、出水池与渠道之间的连接不良，水池形状和相对尺寸布置不够合理，则势必造成出水池的水头损失更大，能量损失更多。

正向出水池往往出水管道出水流速较大，出水池结构尺寸较小，当水流冲进出水池时，水流不能及时扩散，各管道水流之间相互挤压排斥，阻塞出水，导致出水管道无法正常出流。同时交互作用下的相互出流，引起出水池中流速不均、压力不等，从而使水流在惯性力作用下，令部分区域形成负压，产生回流、偏流、脱流等现象见图 6-1（a）。这不仅恶化了水流条件而且增大了泵站的能量消耗。侧向出水池中的水流需要经 90°转弯后进入渠道，若出水池长度过短，出水管出流会冲击池壁，引起水流发射，挤压出流，从而壅高出水池水位，降低出水池效率见图 6-1（b）。多向出水池由于管口出流方向与池中水池方向正交或斜交，导致水流交叉流态紊乱出流不畅从而引起水头损失见图 6-1（c）。

从现场观测到的平管淹没出流情况来看，水流进入出水池后是呈逐渐扩散状态。在主流上部形成表面水流立轴旋滚区 A［见图 6-2（a）］，两侧有回流区 B［见图 6-2（b）］，出口下沿还有一个不大的水滚 D。可见，这种出流形成是属于有限空间三元扩散的淹没射流。它不仅有平面扩散，同时也有立面扩散，扩散的程度与初始条件、边界条件都有很大关系。

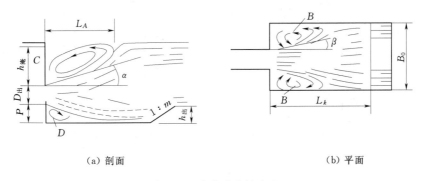

（a）剖面　　　　　　　　　　　　　　　　　　（b）平面

图 6-2　出水池中的流态

旋滚区和回流区的存在标志着池中水流的紊乱，而紊乱的水流又可能造成出水池的冲刷或淤积，还可能导致扬程损失的增加。另外，出水池尺寸的确定也与水流的扩散情况有关。因此，有必要研究影响水流扩散的各种因素。

有试验表明，图 6-2 中的各旋滚区 A、D 及回流区 B 的形状大小（即扩散角 α、β、旋滚长 L 等）和出水管口的流态有关。当出口的直径 $D_{出}$ 和流速 v_0 越大，即弗汝德数 Fr 越大，则 α、β 越小，回流和旋滚的长度 L 越长，从而使旋滚和回流区扩大。反之则缩小。池中是否产生水跃可以根据出口的形状和弗汝德数 Fr 来判别。对圆形出口，$Fr=0.7$ 为临界流，$Fr>0.7$ 时池中产生水跃，$Fr<0.7$ 时池中水流平稳；对方形出口，$Fr=1$ 为临界流，$Fr>1$ 时池中产生水跃，$Fr<1$ 时池中水流平稳。

管口淹没深度 $h_{淹}$ 对扩散角口也有影响。$h_{淹}$ 越大，则 α、β 也越大，即 A、B、D 各区范围相应减小，反之各区范围则增大。

池坎的高度 $h_{出}$、坡度系数 m、池坎和出水管口的距离 L_k 对水流扩散都有影响。试验表明，$h_{出}$ 越大，L_k 和 m 越小，则旋滚长度 L 越小。

出水池的宽度 B_0 对 β 角影响较大。试验结果说明，当 $B_0=(3-4)D_{出}$ 时，扩散角 β

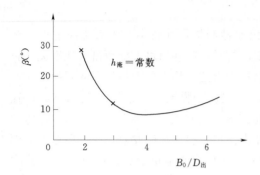

图 6-3 池宽与扩散角关系图

具有最小值，即回流区最大，当 $B_0 < 3D_出$ 或 $B_0 > 4D_出$ 时，β 值都会增大，即回流区缩小。由图 6-3 可知，当 $B_0/D_出 = 2$ 时，β 值增至 30°。

另有试验表明，隔墩对改善池中水流条件的作用是显著的，当边台管路单独放水时，图 6-4（a）中所出现的水流折冲及回流现象在设有隔墩的池中基本消失见图 6-4（b），水流比无隔墩时平稳而顺畅。

倾斜式出流形式随出水管向上翘起的角度

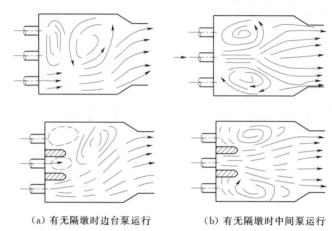

（a）有无隔墩时边台泵运行　　　　（b）有无隔墩时中间泵运行

图 6-4　隔墩对出水池水流的作用示意图

θ 增加，则图 6-5 表面旋滚 A 逐渐减少，直至消失，而底部旋滚区 D 逐渐扩大，当 $\theta = 15° \sim 20°$ 时，底部旋滚的长度达到最大值。此后，底部旋滚区的长度随 θ 角的增大而减小。此外，底部旋滚区的长度还与管路出口的流态、出水池的尺寸、池坎高度和距管口的距离等因素有关。

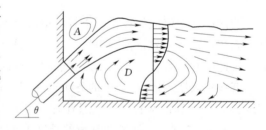

图 6-5　倾斜式出水流态示意图

景电工程的泵站为高含沙水流泵站，此类泵站出水池的布置必须考虑淤积问题。所以当流量大、管道多，含沙量较高的情况下，宜采用侧向出流的布置形式，可减少出水池与渠道连接段的长度，有利于防淤，也便于与下游渠道连接。当流量较小，出水管道数量少，出水池的宽度与下游连接渠道的水平宽度相差不大时，宜采用正向出流的出水池，这类出水池的水位易受下游渠道水位影响。当下游输水渠道流量变化小于设计流量时，渠道挟沙能力变小，渠道发生淤积，水位抬高。因此，出水池墙的高度除按规定预留超高外，还应预留淤积高度。

实际运行表明，泵站的出水池保持较大的出流速度有利于防止泥沙淤积，出水池的各部分水流速度的设计应满足下列要求：出池流速应大于下游渠道的不淤流速；池内平均流速应大于出池流速；出水池在管道出口处的流速应大于池内流速1.1～1.5倍，以减少泥沙在池内淤积，防止管道出口堵塞、降低水泵出水能力、增加能耗损失。

6.3 出水池结构与泵站能耗

有模型试验表明，过小收缩角不仅会使出水池的水位壅高，还会导致管口出流相互冲击，这种冲击就相当于增加了相邻管口的阻力，甚至在相邻管口处、两侧拐角以及出水断面突然变化的地方出现负压现象，从而阻碍管口出流，使水泵装置效率下降。侧向出水池的断面是逐渐扩大的，其收缩角产生的相互冲击和影响会更大。

实地调查发现，景电工程的泵站出水池收缩角多为20°以下，池中水流相互冲击翻腾，增加了出水池阻力损失。对于这类已经建成的布置不够合理的出水池，从节能降耗的角度应进行技术改造。改造的方案主要有三个方面：①改变出水池的形状和尺寸；②改变管口的出流方向；③在池中加设导流墩。

图6-6（a）是收缩角太大的正向出水池，当地基开挖或处理的工程量不太大时，可采用延长出水池长度，使收缩角减小到要求的范围内。图6-6（b）则是基础开挖或处理的工程量较大的出水池的改造方案，即改变管口出流方向并在池中设导流墩，将两侧的出水管口向中间转一合适的角度，尽可能避开冲击池壁的影响。这样可以使水流条件大为改善。图6-6（c）所示的复合出水池对右侧机组而言是正向出水，对左侧机组则为侧向出水，还有图6-6（d）所示的侧向出水池，同样可以采取以上所述的三种办法改造。

为了优化工程更新改造的方案，改善出水池的出水流态，通过采用数值模拟的方法，对景电工程二期总干三泵站与总干五泵站的出水池的流态进行了模拟。图6-7为景电工

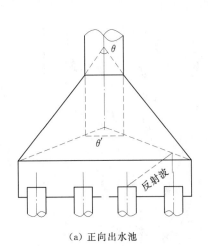

(a) 正向出水池   (b) 出水管口向中间转一角度并设置导流墩的出水池

图6-6（一） 出水池改造方案

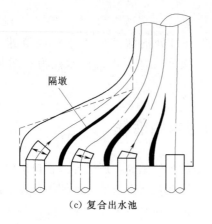

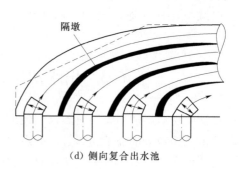

（c）复合出水池　　　　　　　　　（d）侧向复合出水池

图 6-6（二）　出水池改造方案

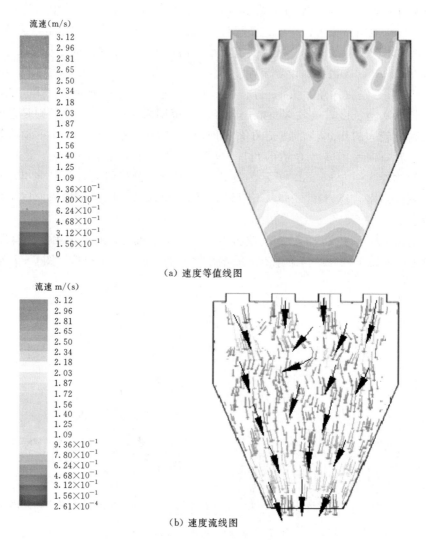

（a）速度等值线图

（b）速度流线图

图 6-7　景电灌区工程二期总干三泵站原正向出水池流态图

程二期灌区总干三泵站原正向出水池流态图，景电工程二期灌区总干五泵站原侧向出水池流态见图6-8，景电工程二期灌区总干三泵站正向出水池改造方案的出流流态见图6-9，景电工程二期灌区总干五泵站侧向出水池改造方案的出流流态见图6-10。

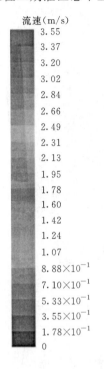

（a）速度等值线图

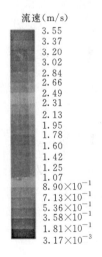
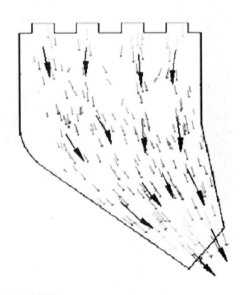

（b）速度流线图

图6-8　景电灌区工程二期总干五泵站原侧向出水池流态图

流速(m/s)

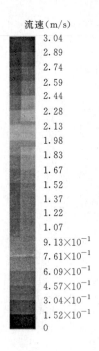

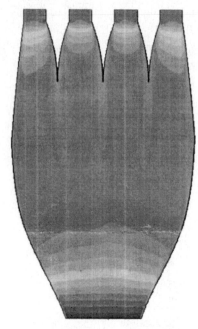

（a）速度等值线图

流速(m/s)

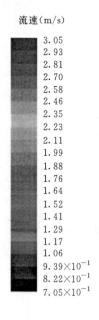

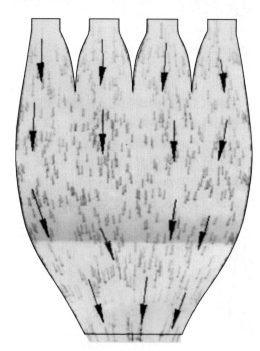

（b）速度流线图

图6-9 景电灌区工程二期总干三泵站正向出水池改造方案出流流态图

通过比较发现，采用改造方案的出水池，基本消除了原池中诸多不良流态，出流流态能够平稳扩散，断面流速较均匀的转向流入下一级渠道。不会像原出水池中出现水位壅高、负压、边壁脱流等现象。

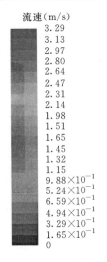

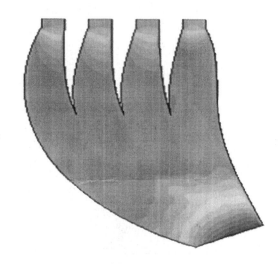

（a）速度等值线图

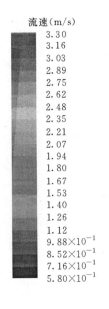

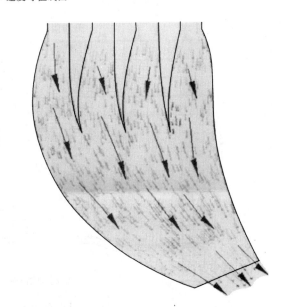

（b）速度流线图

图 6-10　景电灌区工程二期总干五泵站侧向出水池改造方案出流流态图

6.4　出水管的出流形式与泵站能耗

6.4.1　出流条件对能耗的影响

　　出流的形式是降低能耗的重要措施，不同出流条件的泵站配以不同出流形式能够有效降低能耗。根据出水管出流方式划分，可分为淹没式出流、自由式出流、虹吸式出流和溢流堰式出流四种。

图 6 - 11 (a)、(b) 是淹没式出流，它们是靠逆止阀或拍门来防止停泵后池中的水倒流而引起机组反转，但逆止阀和拍门的阻力损失都比较大。因此，应设法取消逆止阀，而对拍门断流式的出流形式，可在拍门上装设平衡重锤，并在管口前设通气孔，减小拍门的阻力损失是淹没出流的主要节能措施。

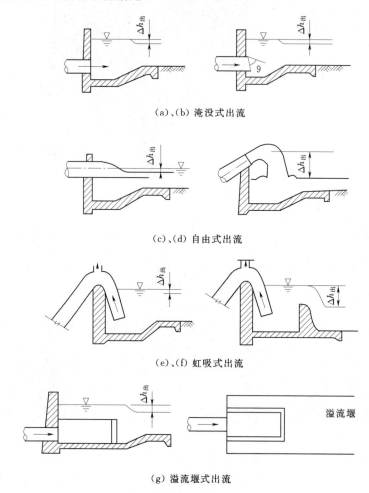

(a)、(b) 淹没式出流

(c)、(d) 自由式出流

(e)、(f) 虹吸式出流

(g) 溢流堰式出流

图 6 - 11　出水池的出流形式示意图

图 6 - 11 (c)、(d) 是自由式出流。其中图 6 - 11 (c) 为出水管口的下缘与出水池的最高水位齐平，不需设置拍门或逆止阀，水泵停机后，出水池中的水不会发生倒流现象，在运行中所损失的水头为 $0.5D$（其中 D 为管口直径）。对于口径较小的水泵，以及出水池水位稳定的泵站，可以采用这种出水形式。但是，若出水池水位变化幅度较大的泵站采用这种出流形式，在水位降低后就会出现见图 6 - 11 (d) 的"高射炮"式的出流形式。这种形式的损失扬程随管口与水面之间的高差增加而增加，因此应该尽量避免这种形式。

虹吸式出流形式见图 6 - 11 (e)、(f)。这种形式是用真空破坏阀在停机后使空气进入虹吸管的驼峰部分，破坏真空，截断水流，防止出水池中的水倒流。因此，这种形式的管路阻力较小，如果把自由出流和淹没出流形式改为虹吸出流形式，则可以在土建工程基本不变的情况下达到节能目的。但在采用这种形式时必须使虹吸管出口位置于干渠最低水位以下，否则仍然不能充分利用虹吸作用来节约能量。应该指出，有的泵站虹吸管出口仍高于干渠最低水位，为了保证能形成虹吸，就在池中设坑或将出水池出口断面缩窄，以抬高出水池的水位。这种做法势必增加出水池的水头损失，很不经济。为了减少能量损失，可以加长虹吸管的下降段，使之淹没在最低水位以下。像景电灌区这种中、高扬程的泵站，出水池至泵房的距离较远，出水管路较长，一般无专人看管。若装有真空破坏阀的虹吸式出流设施，不仅能够降低水力损失，而且能够实现自动控制，达到节能降耗的目的。

一种溢流堰式出流形式见图6-11（g）。这种形式适合于水位稳定的出水池。从管口流出的水是从溢流堰的三个方向送入池中，在流速不大的情况下，水头损失也不会很大。但对于水位变化很大的出水池，则仍然会在低水位时产生较大的水头损失。

6.4.2 压力水箱对能耗的影响

在许多梯级泵站的出水建筑物中，压力水箱也是一种很普通的出水形式，这种出水形式基本上相当于并联管路的一种扩大段接头，即多台水泵的水都汇集于压力水箱，然后通过管路排入外汇。压力水箱为钢筋混凝土整体结构，其容积不宜过大，一般采用3～4台水泵合用一个水箱。水箱断面取决于箱内的设计流速，一般取1.5～2.5m/s，设计不合理的压力水箱会产生较大的阻力损失，尤其对于低扬程的泵站，会使管路效率明显下降，从而使能耗大幅度上升。因此，在设计和使用时应予以注意。

压力水箱按出流方向也可分为正向出水和侧向出水见图6-12，按几何形状可分为梯

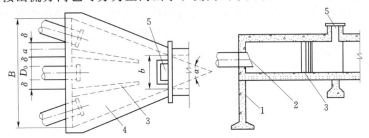

（a）正向出水压力水箱示意图

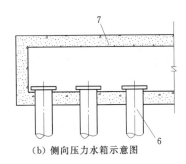

（b）侧向压力水箱示意图

图6-12 压力水箱示意图

1—支架；2—出水口；3—隔墩；4—压力水箱体；5—进人孔；6—出水管；7—压力水箱体

形和矩形，按水箱结构分为有隔墩和无隔墩两种。正向梯形、有隔墩的压力水箱具有较好的出流条件，但收缩角不宜大于 30°～45°，而矩形无隔墩的侧向出水的压力水箱出流条件很差。因各管口出流冲击所产生的影响，会使小拍门的开度增加管路和压力水箱的阻力损失从而增加了能量消耗，改造的方法也可以在水箱中设置隔墩并改变管口的出流方向。

6.4.3　出水塔对能耗的影响

出水塔出水流态的好坏，表现在出口水流的能量转化上，如果能使出口水流的旋转动能尽量转化为有效的压力能，则泵的出口损失将减小，管路效率将提高。若把出水塔竖直管道自由出流改装成弯管有压出水管，试验证明，可提高泵站装置效率5%。其原因主要有下列两点：

（1）无压流会产生蘑菇形水流，水头损失较大。由于自由出流的流态较差，在出水塔管道出口的上部有高达 0.5～1m 的蘑菇形水柱，增加了功率损耗，水柱随出水塔水池水面增高而逐渐消失，但出水池的水面波动仍很严重，挟气泡沫较多，故水头损失大。改成有压流时，水面极其平静，泡沫亦很少，出水畅通，故水头损失小。

（2）无压流的局部损失大。由于无压流的水泵出口断面突然扩大而引起较大的局部损失，如采用弯管出流，出口旋转动能将通过弯管转化为有用的压力能，减少了水头损失。

6.5　出水流道对能耗的影响

对立式安装的大型水泵，出水流道是指从水泵导叶出口至出水池之间的过流通道。

出水流道包括前段（泵体段）和后段（管道段）两部分。流道的泵体段实际为水泵的压力室，它是水泵结构的组成部分，常见的有弯管出水室（适用于轴流泵和高比转数混流泵）和蜗壳出水室（适用于离心泵和低比转数混流泵）（见图 6-13）。出水流道的后段一般是管道段，常见的有虹吸式、直管式、猫背式等，其中虹吸式和直管式最为常用。因为水流在出水流道内的速度比在进水流道内大，所以水流在出水流道内的损失要大于进水流

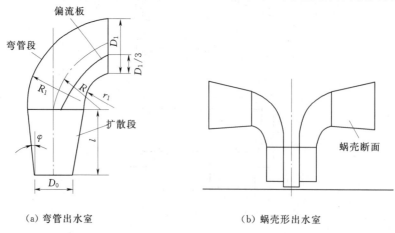

（a）弯管出水室　　　　　　　（b）蜗壳形出水室

图 6-13　弯管出水室和蜗壳形出水室

道,一般为进水流道的 2～3 倍。为了减小水力损失,出口流速应控制在 1.5m/s 以下。当出口装有拍门时,可控制在 2.0m/s。如果水泵出口速度过大,宜在其后面直至出水流道出口设置扩散段,以降低流速。扩散段的当量扩散角不宜过大,一般取 8°～12°。

(1)虹吸式出水流道。

1)虹吸式出水流道组成。流道由上升段、驼峰段、下降段和出口段四部分组成见图 6-14。上升段断面由圆变方,平面上逐渐扩大,立面上略微收缩,轴线向上倾斜;驼峰段处于弯曲段,多采用高度较小的矩形断面;下降段沿水流方向是等宽的,也有呈扩散型,高度逐渐增加,断面最终变为方形;出口段断面面积逐渐均匀增大。

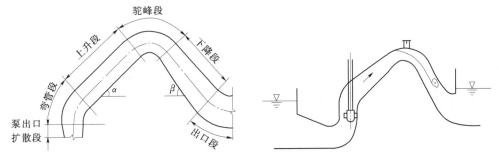

图 6-14　虹吸式出水流道组成图　　　　图 6-15　启动时虹吸管内溢流状态

2)虹吸形成过程。泵启动时,首先使流道内形成虹吸,启动时虹吸管内溢流状态见图 6-15。泵起动前,高出流道进口和出口水面以上的虹吸管段是充满空气的。泵起动后,流道上升段内的水位迅速上升,流道内空气受到压缩,顶开驼峰顶部的真空破坏阀排气。当水位超过驼峰顶部时,水流顺流道壁面下泄,致使流道下降段内的水位也迅速上升,将空气赶向真空破坏阀。当水流充满全管,空气排出管外后,形成具有虹吸特性的满管流。

3)虹吸式出水流道工作原理见图 6-16,泵启动时,需将水流从 0—0 断面提升到驼峰顶部的 2—2 断面,以便形成虹吸;泵运行时,只要将水提高到 1—1 断面,由于虹吸作用,水便可以越过驼峰顶部流向 3—3 断面的出水池。1—1 断面与 3—3 断面的高差 ΔH 即为流道水头损失。水泵正常运行时,驼峰顶部为负压。停泵时,驼峰顶部的真空破坏阀自动打开,空气进入,虹吸作用即被破坏,水流被截断。当出水池水位升高时,需将 1—1 断面适当抬高,即水泵扬程适当增大;当出口水位下降时,1—1 断面适当降低,水泵扬程减少。

(2)直管式出水流道。直管式出水流道的中心线为直线,流道任一断面的压力都为正值,其出口淹没在最低水位以下,采用拍门或快速闸门断流。因其结构简单、施工方便、启动扬程低、运行稳定,因此应用较多。直管式出水流道管线的布置有上升式、平管式和下降式三种形式见图 6-17。

(3)其他型式出水流道。其他型式出水流道有明渠式、箱涵式、双向平面蜗壳式、屈膝式、猫背式和贯流式等。其中屈膝式常用于大型立式低扬程水泵,猫背式和贯流式常用于大型卧式低扬程水泵。

由于受到水泵后导叶出口剩余环量、泵轴旋转诱导和出水弯管二次流的共同作用,立

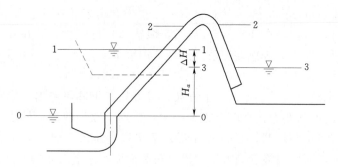

图 6-16　虹吸式出水流道工作原理示意图

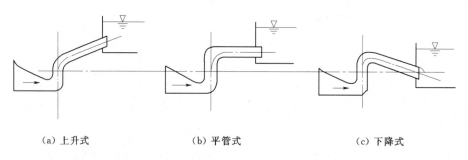

（a）上升式　　　　　　　（b）平管式　　　　　　　（c）下降式

图 6-17　直管式出水流道的几种布置形式示意图

式轴流泵出水流道内具有较强的环量旋流，为不均匀、非对称螺旋流，实际为非均匀流或非渐变流，异常流态造成了异常的水力特性。

泵后导叶出口剩余环量旋流加强了水体质点之间的碰撞、掺混，螺旋流使水体流程加长，造成了水流的"附加水力损失"。通常，附加水力损失使出水流道总水力损失增加40%～200%，并且不符合与流量平方成正比的关系。若按常规水力损失公式计算，流道实际阻力系数为变量，其值大于常规几何阻力系数，泵扬程越大，流道实际阻力系数越大。

出水流道采用渐扩管可以减小摩阻水力损失和出口水力损失，与采用等径管相比，对低扬程泵站，可以提高泵装置效率10%～30%左右。因此，泵站应尽可能采用渐扩出水流道。

出水流道设置各种长、短隔板不能减小水力损失。对于宽度较大的大型水泵出水流道，为加强结构，需要设置中隔墙。设置中隔墙后，由于隔墙的排挤、头部撞击作用，特别是断面湿周的增大，水力损失是无隔墙的2倍左右。改善泵出流流态，消除或减小右孔环量，可使泵装置效率提高1.6%～2.4%。

对单孔等圆出水流道，数值计算证明了通常泵出流环量过大，导致出水流道水力损失增大。对一般的出水流道，泵出流偏角$-6°<\alpha<6°$时，水力损失较小，且在此范围内存在最优出流偏角，使水力损失最小。与常规相比，采用无出流环量或小出流环量后导叶，泵装置效率可提高4%～7%左右。

7 泵站的工况调节

7.1 实际工况与设计工况的比对

在实际工程中，由于建设条件的限制，往往出现水泵的额定扬程大于或小于实际扬程的情况，从而造成水泵的实际工况点偏离高效区运行的情况。在实际工程运行中，如果水泵的运行工况点不在高效区，可采用改变水泵性能、管路特性或改变其中一项的方法来调节水泵工况点，使之处于高效区并与实际的提水需求相符合，这种方法称为水泵工况点的调节。

如第 2 章所述，水泵的额定扬程与实际扬程没有很好地匹配是影响水泵装置效率的最主要因素之一。本节以景电工程为例，通过泵站工程实际工况和设计工况的比对，分析水泵工况调节的可行性及工况调节的方法。

7.1.1 水泵的性能曲线拟合

景电工程的总干泵站的主力泵大多使用的是 1200s-56 型离心泵和 20sh-9 型水泵，在工频（即额定转速）下运行时，它的流量与扬程的关系接近于抛物线，一般可写为如下形式：

$$H = H_X - S_X Q^2 \qquad (7-1)$$

式中 H——水泵的实际扬程，m；

Q——水泵流量，m^3/s；

H_X——水泵在 $Q=0$ 时的虚总扬程，m；

S_X——水泵摩阻。

参数 H_X 和 S_X 由曲线拟合计算，即从水泵样本中查得若干组（分散于效率较高的区域），不同的 (Q, H) 值代入式（7-1）中，得到线性方程组，根据最小二乘法原理，可得出两个参数的计算式：

$$H_X = \frac{\sum H_i \sum Q_i^{2n} - \sum H_i Q_i^n \sum Q_i^n}{N \sum Q_i^{2n} - (\sum Q_i^n)^2} \qquad (7-2)$$

$$S_X = \frac{N H_X - \sum H_i}{\sum Q_i^n} \qquad (7-3)$$

景电工程二期总干一泵站装置的 1200s-56 离心泵为主力机型，这种泵对应的性能曲线见图 7-1。

选取性能曲线上的三个点参数（$2.4m^3/s$，60m）、（$3.0m^3/s$，56m）、（$3.6m^3/s$，49m），按照式（7-1）～式（7-3）拟合出此型号水泵的 Q—H 曲线为：

$$H = H_X - S_X Q^2 = 68.488 - 1.46 Q^2 \qquad (7-4)$$

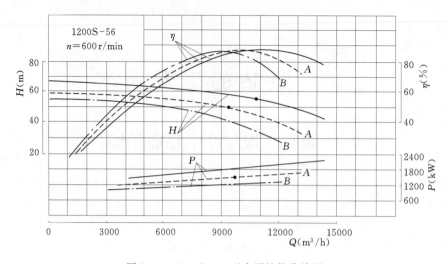

图 7 - 1　1200S - 56 型水泵性能曲线图

20SH - 9 型泵是景电工程二期总干一泵站配置的小型水泵，这种泵对应的性能曲线如图 7 - 2 所示。

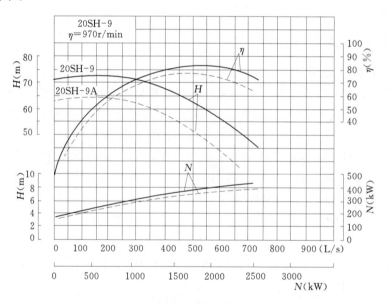

图 7 - 2　20SH - 9 型水泵性能曲线图

选取性能曲线上的三个点参数（$0.55\text{m}^3/\text{s}$，59m）、（$0.3\text{m}^3/\text{s}$，71m）、（$0.65\text{m}^3/\text{s}$，52m），按照式（7 - 1）～式（7 - 3）拟合出此型号水泵的 $Q—H$ 曲线为：

$$H = H_X - S_X Q^2 = 76.2 - 57.182 Q^2 \tag{7 - 5}$$

当水泵在调速情况下工作时，其水力特性方程为：

$$H = \left(\frac{n}{n_0}\right)^2 H_X - S_X Q^2 \tag{7 - 6}$$

式中　n_0——水泵额定转速，r/min；

n——水泵工作转速，r/min。

所以，水泵在变速工作时，改变转速会影响水泵的虚总扬程，而不会改变水泵的摩阻。而且，水泵的虚总扬程与转速比的平方成正比。

7.1.2 并联水泵水力特性曲线拟合

景电工程的总干泵站采用多机一管的方式并联工作，当采用两台以上同型号的水泵并联工作时，每台泵的工作流量相同，水泵特性方程为：

$$H = H_X - S_X \left(\frac{Q}{N} \right)^2 \qquad (7-7)$$

所以，对于景电工程总干泵站的两台 1200s-56 大泵并联后的性能曲线可表述为：

$$H = H_X - S_X \left(\frac{Q}{2} \right)^2 = 68.488 - 0.365Q^2 \qquad (7-8)$$

而当采取两台以上不同型号的水泵并联工作时，因不同型号的水泵工作流量不等，所以水力特性曲线不能直接叠加，但可以采用最小二乘法求得。

以景电工程二期总干一泵站采用的"三机一管"的并联形式为例，该泵站采用 2 台 1200s-56 型的大泵和 1 台 20sh-9 的小泵并联共用一道压水管路运行。

在高效区内选取等扬程下对应的流量相加，取三个点参数（2.67m³/s，66m）、（5.32m³/s，60m）、（7.31m³/s，52m）拟合，这样"两大一小"不同型号水泵并联的性能曲线按照上述方法进行拟合，这种运行型式拟合后 Q—H 方程可表述为：

$$H = H_X - S_X Q^2 = 68.2 - 0.3Q^2 \qquad (7-9)$$

7.1.3 泵站的理想设计工况

景电工程的大部分总干泵站在设计选择水泵时，是以最高日平均用水量加上输水管漏损量为泵站的设计流量，以压力管所接出水池水位与水源最枯水位的标高差（净扬程）加上输水管的水头损失作为确定水泵扬程的依据。当水源水位和供水量两者之一不发生变化或者两者虽发生变化但最枯水位与最大流量同时出现时，此方法是比较合理的。

然而，在高扬程扬水灌溉工程实际中，供水量和水源水位随着灌溉季节的不同都会在一定范围内变化。在我国从黄河河道直接取水的高扬程梯级提水工程中，比较普遍的情况是：每年的 3 月为河流的枯水期，对于扬水泵站而言，实际的净扬程在该时段最大，但此期间属于灌区的春季灌溉，输水系统在该时间段的总供水量在一年内最小。而每年的 7~9 月为河流的丰水期，对于扬水泵站而言净扬程最小，但此期间属于灌区的夏、秋灌溉季节，灌区的灌溉用水量处于最高峰，系统的总供水量却最大。由此可见，水源的最枯水位与提水系统的最大提水量存在明显的季节差异，同时出现的可能性比较小。所以对于这样的情况，在泵站设计和水泵选择时，对于其实际的运行工况需要加以科学的判断和论证。

7.1.4 实际运行工况

为了客观地判断水泵的实际运行工况，现以景电工程二期总干一泵站为例进行分析。该泵站位于甘肃省景泰五佛乡的黄河左岸，直接从黄河取水，黄河设计洪水位为

1310.08m，$P=1\%$，$Q_P=6770\mathrm{m}^3/\mathrm{s}$；设计枯水位为1303.29m，$Q_P=293\mathrm{m}^3/\mathrm{s}$；设计水位为1303.80m，$Q_P=525\mathrm{m}^3/\mathrm{s}$；校核洪水位为1310.40m，$Q_P=8480\mathrm{m}^3/\mathrm{s}$。泵站出水池设计水位1355.4m；泵站设计流量$Q_设=18.00\mathrm{m}^3/\mathrm{s}$，加大流量$Q_加=21.00\mathrm{m}^3/\mathrm{s}$。

在泵站设计时均选用双吸卧式离心泵；分别安装有8台1200S-56型水泵、2台24SH-9A型水泵和2台20SH-9型水泵。出水管路均采用"三机一管"的并联运行型式，即三台水泵（两大一小）并联接入一根ϕ1700mm的出水管，该泵站的12台水泵共设置了4根ϕ1700mm的出水管道与出水池连接见图7-3。

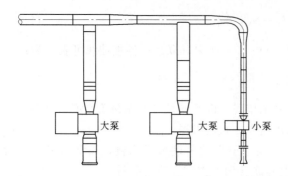

图7-3　景电工程二期总干一泵站出水管布置图

如果按设计工况运行时，把该泵站的4套出水管路系统按上水量相等来考虑，则每个管路系统的年内流量应该在Q_{min}和Q_{max}之间变化；水泵的净扬程则在H_{ST1}（设计枯水位时）与H_{ST2}（设计洪水位时）之间变化。据此绘制出的景电工程二期总干一泵站的水泵工况见图7-4。

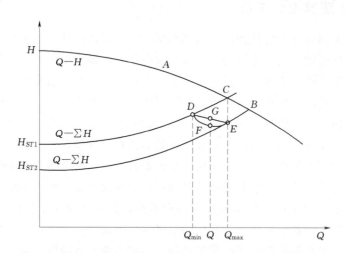

图7-4　景电工程二期总干一泵站水泵工况示意图

景电工程二期总干一泵站水泵工况见图7-4，在工程设计时是把C点作为水泵的设计工况点，而系统在实际运行时，夏季的流量与所需扬程位于E点，春季的流量与所需扬程位于D点。可见泵站实际的运行工况与设计工况均存在差异。

现以2009年度的不同灌溉期的该泵站提水运行为例进行具体分析，2009年景电工程二期总干一泵站的提水量统计见表 7-1。

表 7-1　　　　　　　2009 年景电工程二期总干一泵站提水量统计表

景电管理局调度室提供	提水日期 （月·日）	总提水量 （万 m³）	平均提水量 （m³/s）
春灌	3.10~4.18	3139.64	9.32
夏灌	4.19~7.15	15532.10	20.43
秋灌	7.16~8.30	4653.96	15.84
冬灌	10.1~11.29	8785.65	13.93

该泵站的管路系统特性方程为：

$$H = H_{ST} + \sum h_f + \sum h_j = H_{ST} + SQ^2 \tag{7-10}$$

式中　H_{ST}——系统所需净扬程，m；

　　　SQ^2——管路的局部和沿程总损失，m；

　　　S——管道总的阻力参数，s^2/m^5。

该泵站的压力管道长度按 400m 计，管道材料均按钢管考虑，压力管道管径 $d=$ 1700mm，泵站流量按设计流量 18.0m³/s 计算，每根压力管道的输水流量为 4.5m³/s，则流速：

$$v = \frac{4Q}{\pi D^2} = \frac{4 \times 4.5}{3.14 \times 1.7^2} = 1.98 \text{m/s} > 1.2 \text{m/s}$$

$$A = \frac{0.001736}{d^{5.33}} = \frac{0.001736}{1.7^{5.33}} = 0.000404 \text{s}^2/\text{m}^5$$

$$S = 1.3AL = 1.3 \times 0.000404 \times 378.65 = 0.2 \text{s}^2/\text{m}^5$$

则每个管路系统的特性曲线在忽略相互差异的情况下，均可表述为：$H = H_{ST} + 0.2Q^2$。

（1）春灌时黄河水位最低，对应的 $H_{ST} = 1355.4 - 1303.29 = 52.11$m。

此时装置系统性能曲线方程为：

$$H = 52.11 + 0.2Q^2 \tag{7-11}$$

（2）夏灌时黄河水位最高，对应的 $H_{ST} = 1355.4 - 1310.08 = 45.32$m。

此时装置系统性能曲线方程为：

$$H = 45.32 + 0.2Q^2 \tag{7-12}$$

按照表 7-1 的提水量和式（7-11）、式（7-12）可绘出该泵站的实际工况点和设计工况点的位置见图 7-5。图中 D 点为春灌时的工作点，坐标为（2.33m³/s，53.20m）。E 点为夏灌期间的工作点，其坐标为（5.11m³/s，50.54m），则 DE 的中点 G 点的坐标为（3.72m³/s，51.87m）。按下式可求得 F 点对应纵坐标：

$$H_F = H_G - a(1-a)S(Q_{max} - Q_{min})^2 = 51.87 - 0.5^2 \times 0.2(5.11 - 2.33)^2 = 51.48 \text{m}$$

图 7-5 中 $DFECW$ 所围图形面积表示富余的能耗即该泵站水泵可提供的多余的能耗 $E_{富余}$，图中 $DFEQ_{max}Q_{min}$ 所围图形面积表示有效的能耗，即为该泵站水泵所提供的有用的

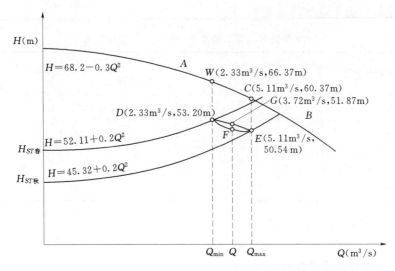

图 7-5　景电工程二期总干一泵站实际工况点与设计工况点位置示意图

能耗 $E_{有用}$，$WCQ_{max}Q_{min}$ 所围图形面积表示三台并联运行的水泵给此套管路装置输入的总能耗 $E_{输入}$。需要说明的是上述工况不是连续时段工况，而是几个瞬时的工况，下面根据图 7-5 所示的信息定性分析其能耗比例。

对图 7-5 表示的函数定积分可得：

$$E_{输入} = S_{WCQ_{max}Q_{min}} = \int_{2.33}^{5.11} (68.2 - 0.3Q^2) dQ = 177.52 \ (\text{J})$$

$$E_{有用} = S_{DFEQ_{max}Q_{min}} = S_{DFQQ_{min}} + S_{FEQ_{max}Q}$$

$$\approx \int_{2.33}^{3.72} (-1.24Q + 56.08) dQ + \int_{3.72}^{5.11} (-0.68Q + 54) dQ = 143.63 \ (\text{J})$$

$$E_{富余} = E_{输入} - E_{有用} = 177.52 - 143.63 = 33.89 (\text{J})$$

$$\frac{E_{有用}}{E_{输入}} = \frac{143.63}{177.52} = 80.91\%$$

$$\frac{E_{富余}}{E_{输入}} = \frac{33.89}{177.52} = 19.09\%$$

$$\frac{E_{富余}}{E_{有用}} = \frac{33.89}{143.63} = 23.60\%$$

由此可见，设计的理想工况比实际工况要高出 23.60% 的提水能力。

2009 年 6 月 10 日至 6 月 20 日间景电工程一期和二期灌区部分泵站区间的运行情况见表 7-2。

以景电工程一期西干一泵站 24SH-19 为例，根据 2009 年的运行数据进行分析：该泵站 2009 年 6 月 10 日至 6 月 20 日运行比较稳定，总流量为 6.65m³/s，因为八台水泵型号是一样的，可以认为每台水泵的流量为 0.83125m³/s，作出 24SH-19 实际运行曲线见图7-6。

表 7 - 2 　　　　　　　**2009 年 6 月 10 日至 6 月 20 日部分泵站区间运行情况**

泵站	水泵型号	额定功率 （kW）	设计流量 （m³/s）	设计扬程 （m）	实际扬程 （m）	实际总流量 （m³/s）	运行机组 台数
景电工程 一期总干 一泵站	32SH－9	2000	1.96	80	80.71	12	6 台大型 水泵
	24SH－9＋	1250	1.00	80			
景电工程 一期总干 六泵站	SLOW600－630（1）	630	1.56	32	33.67	10.15	3 台大型 水泵，11 台 中型水泵
	32SH－19	710	1.60	32.5			
	24SH－19	380	0.82	32			
景电工程 西干一 泵站	24SH－19	380	0.95	32	29.33	6.65	8 台中型 水泵
	SLOW500－650（1）	380	0.95	32			
景电工程 二期总干 一泵站	1200S56	2240	2.93	56	55.75	20	6 台大型 水泵，2 台 中型水泵
	24SH－9A	780		61			
	20SH－9	550	0.61	59			
景电工程 二期总干 九泵站	1200S32	1400	2.99	32	29.30	16	5 台大型 水泵，1 台 中型水泵
	24SH－19	410	0.87	32			
景电工程 南干一 泵站	24SH－19	410	0.95	32	29.33	6.8	8 台中型 水泵，2 台 小型水泵
	24SH－19	380	0.95	32			
	14SH－19	135	0.31	26			

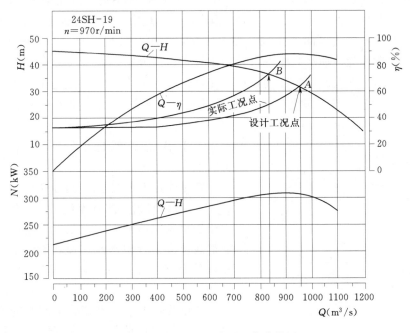

图 7 - 6 　24SH - 19 实际运行曲线图

装置扬程曲线和泵性能曲线交于 B 点，B 点就是泵的实际运行工作点。

从图 7-6 可以看出，2009 年 6 月的实际运行工作点并没有工作在高效区，泵站所供给的能量大于管路内液体流动所需的能耗，造成一部分的能耗损失，运行不经济。实际扬程无论是大于或小于设计扬程，水泵都将偏离最高效率点运行，致使效率下降。在满足基本需求的情况下，可以通过采取适当的泵改措施，改变水泵的性能曲线，或采取适当的调节措施，改变管路系统的性能曲线，使水泵工作在 A 点或 A 点附近，即使水泵的工作点所对应的效率 η 曲线是效率最高点或是在高效区，那么泵运行最为经济，最为节能。

7.2 运行工况点的确定

每台水泵都有其固有的性能曲线，此曲线反映了在确定的转速下泵的潜在工作能力。这种潜在的工作能力，在抽水系统运行中，就表现为某一特定条件下的流量、扬程、轴功率、效率等值。我们把这些值在性能曲线上的具体点位，称为该抽水系统中水泵的稳定工况点。通常，将稳定工况点称为运行工况点。

7.2.1 单泵工况点的确定

如果假定进、出水池的水位均不变，可通过下列两种方法快速地确定抽水系统中水泵的工况点。

7.2.1.1 图解法

由前所述，水泵的性能曲线 $H-Q$ 为一下降曲线，正常运行时，其形状不变；由第 4 章介绍管路特性曲线 H_r-Q 为一上升曲线，说明当 $H_净$ 不变时，管路中通过的流量越大，扬水需要的能量也越大，它和水泵无关。但在抽水系统中，扬水所需要的扬程要靠水泵提供。如果把这两条曲线以同一比例画在同一坐标系中，可得一交点，见图 7-7 中的 A 点，这一交点就称为该抽水系统中水泵的工况点。这说明，当出水量为 Q 时，水泵所提供的扬程（能量）和扬水所需要的扬程（能量）恰好相等，故 A 点为供需平衡点，抽水装置处于稳定的运行工作状态。可见水泵的工况点实质上就是抽水系统供需能量的平衡点。

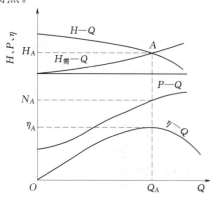

图 7-7　图解法确定水泵工况点示意图

对于 A 点为何是供需平衡点，下面简要分析。

若工作点不在 A 点，而在左侧某一位置，从图 7-7 可以看出，此时流量小，水泵供给的能量大于管路系统所需要的能量，供需失去平衡，多余的能量会使管中水流加速，流量增大，直到工作点移至 A 点，达到能量供需平衡为止。反之亦然。

如果改变水泵出水管路上闸阀的开度，等于改变管路的特性曲线。新的 $H_需-Q$ 曲线会与水泵 $H-Q$ 曲线有一个新的交点，从而可以达到改变工作点（流量）的目的。

这种图解方法，可直观定量地得出该抽水系统中水泵流量大小。工作点确定后，还可从水泵的 $P—Q$ 曲线、$\eta—Q$ 曲线查出此流量对应的轴功率和水泵效率，如图 7-7 中虚线所示。

7.2.1.2 数解法

为了避免作图绘制曲线的麻烦，水泵的工况点也可由水泵的特性方程式和管路特性方程式联立求解而得。

水泵的特性方程，即 $H—Q$ 曲线，可用 $H=f(Q)$ 来描述。在实际应用中，我们最关心的是 $H—Q$ 曲线的高效区段，因此，这一段可用二次抛物线近似拟合（见图 7-8），即：

$$H=H_0-S_0Q^2 \tag{7-13}$$

式中　H_0——虚拟抛物线 $Q=0$ 时的纵坐标，m；

　　　　S_0——相应虚拟抛物线下，水泵内虚阻耗系数。

而这里的 H_0 和 S_0 可用如下办法确定。在 $H—Q$ 曲线的高效段内选取两个点，假设为 A (Q_1,H_1) 和 $B(Q_2,H_2)$，分别将这两点的坐标代入式（7-13），联立求解所得到的两个方程，则可得：

$$S_0=\frac{H_1-H_2}{Q_2^2-Q_1^2} \tag{7-14}$$

$$H_0=H_1+S_0Q_1^2=H_2+S_0Q_2^2 \tag{7-15}$$

在得到了 H_0 和 S_0 值后，水泵的 $H—Q$ 曲线方程式即为已知。在水泵的工况点处，有 $H=H_需$，所以，联立 $H_需=H_净+SQ^2$ 及式（7-13），即令两式右端相等，可得：

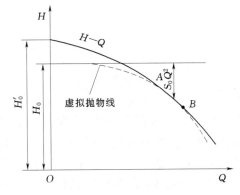

图 7-8　水泵性能曲线拟合图

$$H_0-S_0Q^2=H_需+SQ^2 \tag{7-16}$$

所以

$$Q=\sqrt{\frac{H_0-H_需}{S_0+S}} \tag{7-17}$$

将得到的流量 Q 代入式（7-13），即可求出水泵相应工况点的扬程。

需要说明的是，对大多数离心泵来说，按式（7-13）画出的计算扬程曲线（图 7-8 中虚线），在推荐使用范围内和实际扬程曲线（见图 7-8 中实线）相当接近，但在 $Q=0$ 时，这两条曲线往往偏离较大，所以，H_0 通常不等于性能曲线 $Q=0$ 时的扬程 H_0'。此外，除了采用抛物线外，还可采用最小二乘法等其他数学公式来拟合 $H—Q$ 曲线。

7.2.2　单泵向多水池供水时工况点的确定

在灌溉泵站或给水泵站中，有时会遇到同时向两个出水池供水或向两个塔同时供水的情况。单泵向两池供水工况点的确定见图 7-9，假定水泵向两个高水池供水，首先运用纵减法从水泵的 $H—Q$ 曲线的纵坐标减去管路 BC 段的水头损失，得到折引扬程曲线

$(H-Q)'$，这好像管路的 B 点和 C 点分别作为水泵的进口和出口时的水泵性能曲线。然后以此曲线作为水泵性能曲线来确定水泵的工况点。接着分别以 D 池和 E 池作水平线，绘出管路 CD 段和 CE 段管路特性曲线。

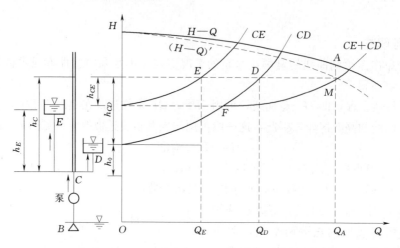

图 7 - 9　单泵向两池供水工况点的确定示意图

设水泵在 C 点产生的水头为 h_C，当 $h_C > h_D$ 时，水泵开始向 D 池供水，流量随 h_C 的上升而沿曲线 CD 增大。当 $h_C = h_E$ 时，水泵开始向 E 池供水，此时向 D 池供水量为 CD 曲线和以 E 池水面为基准的水平线的交点 F 所对应的流量。当 $h_C > h_E$ 时，则水泵同时向两池供水，这里只要把 CE 曲线从 F 点开始对应叠加在 CD 曲线上，合成的曲线 $CE+CD$ 和水泵 $(H-Q)'$ 的交点 M 就是水泵的工况点。这时，水泵对应的出水量为 Q。从 M 点作水平线和曲线 CD 和 CE 分别交于 D 和 E 点，其对应的流量 Q_D 和 Q_E 即为向 D 池和 E 池供水的流量。

单泵向多池供水的求解方法可依此类推。

7.3　泵站工况调节的主要方式

7.3.1　调节方式概述

泵的运行调节是泵在系统运转时，有时有两台以上的泵协调工作和管路系统等方面因素的影响，致使运转工况点和泵最优工况不符合，或者为了使水泵运行在高效区，在这种情况下都要对泵进行工况调节，调节的途径是改变泵本身的特性曲线或管路特性曲线；有时，为了满足一定的要求，也需要对管路阻力曲线进行调节。目前，水泵工况调节方式主要有闸阀调节、变速调节、车削调节、变角调节、分压调节、分流调节以及泵的并、串联方式等。

7.3.2　改变管路特性曲线

由式 $H_{需} = H_{净} + SQ^2$ 可以得到通过管路的流量与所需扬程之间的关系，所需扬程 H

取决于实际扬程 $H_需$、管路阻力损失系数 S 和流量。由于扬程是确定的，当流量一定时，所需扬程取决于 S，但 S 与管长、管径、管内壁状况及管路附件的种类和数量有关。可以看出改变离心泵流量最简单的方法就是利用泵出口阀门的开度来控制，其实质是改变管路特性曲线的位置来改变泵的工作点。调节泵出口阀门的开度时，增加局部阻力，使管路的阻力损失 S 增大，但水泵的本身效率增加了，轴功率减小了，由于管路阻力增加，使水泵因克服管路阻力而增加了无益功率，闸阀调节和分流调节都是通过改变管路特性曲线来实现对泵站工况调节的。

7.3.2.1 闸阀调节

利用改变出水管路上的闸阀开启度的方法，使管路系统特性曲线改变，达到调节工况的目的，这种调节方法称为节流调节或闸阀调节。

水泵经关阀调节后，在小流量、高扬程（与原工况相比而言）的工况下运行，泵管压差增大水头损失大部分浪费在闸阀上，造成单耗增高。闸阀调节时系统工况见图 7-10，水泵在工况点 B 运行时，出口阀门全开，出水流量为 Q_B，扬程为 H_B，如因灌区调度的需要使流量下降为 Q_A，在没有任何调整装置的情况下，只能采用关阀调节使出水量保持在 Q_A，损失为 $Q_A(H_A-H_B)$，不仅浪费电能，且使得出口阀门在高速水流冲击作用下工作，其故障肯定会增多，寿命必然会缩短，这种传统的闸阀调节方式浪费能量且损耗设备。

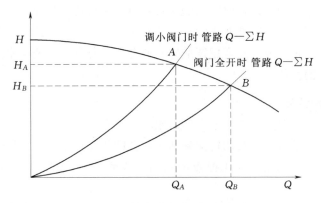

图 7-10 闸阀调节时系统工况示意图

7.3.2.2 分流调节

所谓分流调节是指在水泵出水管上接装一条支管或旁通管，分去部分流量，从而达到改变水泵工作点的目的。分流调节原理见图 7-11，水泵原来经过 ABD 管路向 D 池供水，后来发觉工作点（图中 A_0 点）偏左，允许真空吸上高度和动力机功率有余，水泵效率也偏低，于是安装一条 BC 管向另一需要供水的 C 池供水。此时，工作点右移 A_0。这样不仅发挥了机组的潜力，而且提高了水泵效率。

当接装旁通管时，装有旁通管的分流调节原理见图 7-12。在出水管 B 点装一旁通管 BC，可将部分水流引回到进水池。接通旁通管后，水泵的流量由 Q_{A0} 增大到 Q_{A1}，但向 D 池供水量由 Q_{A0} 减少到 Q_D，由 BC 管引回的流量为 Q_C。

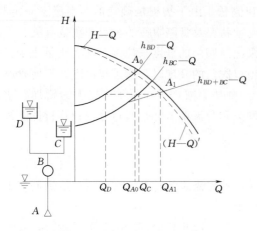 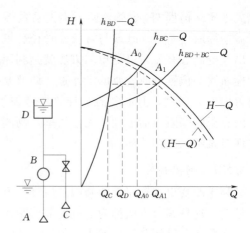

图 7-11 分流调节原理示意图   图 7-12 装有旁通管的分流调节原理示意图

分流调节虽然用去了部分流量，但原管路系统运行稳定，且调节方法简单，在梯级泵站级间水量调配中有所应用；轴流泵机组在启动时，应用分流调节，可以避免动力机过载。

7.3.3 改变水泵的特性曲线

根据比例定律和切割定律，改变泵的转速和改变泵结构（如改变叶轮数目，切削叶轮长度等）都能改变离心泵的特性曲线，从而达到调节工况（同时改变扬程）的目的。叶轮车削、变速调节、变角调节以及变压调节这些调节方法都是通过改变水泵的性能，从而达到改变水泵工况点的目的。

7.3.3.1 叶轮车削调节

车削叶轮可作为调节水泵供水能力的措施。

（1）车削调节。不改变水泵的转速和结构，把叶轮外径车削后，尺寸减小，即可改变水泵的性能，从而达到改变水泵工况点的目的。这种调节方法称为车削调节，或称变径调节。

车削叶轮是简单而又省钱的水泵改造措施，特别适用于泵站扬程变化小，但偏离水泵额定扬程较远的离心泵。对本次研究的景电工程来说，扬程变化很小且偏离水泵额定扬程很远的泵站（如景电二期工程总干七泵站）建议用车削叶轮的方法进行调节，以便于泵站的节能降耗。

采用车削叶轮外径时，一般车削量在 7%~20%，否则效率下降太多，同时还要保持 3%~5% 的扬程余量，力求工作点落在高效率点的右侧，这样水泵和管路运行一段时间后糙率增加，工作点向左移动，此时仍可获得较高的效率。在确定实际的车削量 ΔD 时，如果车削量超过了一定的范围，则叶片端部变粗，叶轮与泵壳之间的间隙过大，增加了回流损失，使车削前后的水泵效率相等的假设遭到破坏。

水泵工作性能曲线见图 7-13，图 7-13（a）为单台水泵工作的情况，首先根据最小流量 Q_{min} 和最大净扬程 H_{ST1} 确定 D 点，根据最大流量 Q_{max} 和最小净扬程 H_{ST2} 确定 E 点；

然后分别过 D、E 两点作切削抛物线，并找出切削抛物线与水泵特性曲线的交点 D'、E'；最后利用切削定律分别求出 D、E 两点所需要的叶轮直径，取其中较大者作为切削叶轮的依据。当 D、E 两点与 $Q—H$ 曲线的距离有明显差异时，只需要计算出距离较近的那一点的叶轮直径。应该引起注意的是，如果 E' 超出了高效范围而位于 B 点右侧，说明 E 点的纵坐标低于切削抛物线 OB 与 Q_{max} 的交点 F，这种情况下就应该对 D、F 两点所需要的叶轮直径进行比较。

图 7-13（b）为两台水泵并联工作的情况，在确定了 D、E 两点之后，过 D、E 作水平线分别与 $Q_{min}/2$ 和 $Q_{max}/2$ 相交于 D_1、E_1 点，然后就可以按照与单台水泵相同的方法确定每台水泵经过切削后的叶轮直径。对于多台水泵并联工作的情况，只需将台数由 2 改为 n。

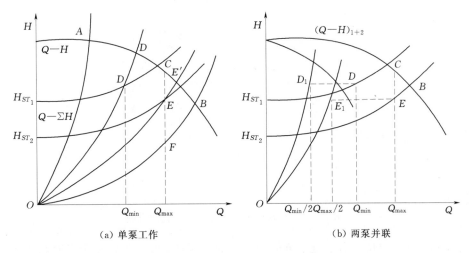

（a）单泵工作　　　　　　　　　（b）两泵并联

图 7-13　水泵工作性能曲线图

水泵铭牌扬程超过设计总扬程太多时水泵的效率会偏低，如景电二期工程总六泵的 2 台 24SH-13 中泵铭牌扬程（47.40m）超过设计总扬程（44.28m）3.12m 可以对其进行叶轮切削。

（2）叶轮切削方式。对于不同比转数的叶轮，切削时应采用不同的切削方式见图 7-14。

低比转数的离心泵叶轮的切削量在两个圆盘和叶片上都是相等的。如果叶轮出口有减漏环，只切削叶片，不切削圆盘。

对于中、高比转数的离心泵，应把叶轮两边切削成两个不同的直径，内缘直径 D'_{2a} 大于外缘直径 D''_{2a}，而 $D_{2a}=\dfrac{D'_{2a}+D''_{2a}}{2}$。

对于混流泵叶片，在它的外缘把直径切削到 D_{2a}，而在轮毂处的叶片则完全不要切削。所以，叶轮直径是不能任意切削的，一定要按要求进行。应当注意：低比转数离心泵叶轮切削之后，如再按图 7-15 中的方式把叶轮末端锉尖，可以使水泵的流量和效率略为增大。

叶轮被切削后不能恢复原有的尺寸和性能，这是切削调节不如降速调节的地方。但

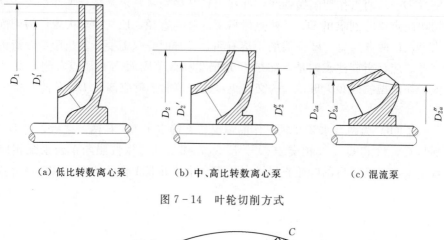

（a）低比转数离心泵　　　　（b）中、高比转数离心泵　　　　（c）混流泵

图 7-14　叶轮切削方式

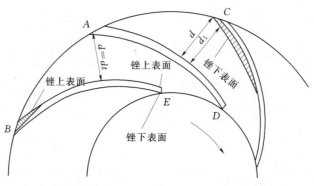

图 7-15　叶轮切削后叶片锉尖方式示意图

是，离心泵的叶轮被切削后，进水侧的构造不变，这是变径调节优越于降速调节之处。由于具有这个优点，车削调节在某些场合特别适用于防止或减轻汽蚀，例如对于中、高比转数离心泵，采用切削调节有时可以有效地防止汽蚀。在很大程度上节约功率的消耗。

7.3.3.2　变速调节

（1）泵站的调速特性。等值特性法是指对水泵与管道系统特性曲线进行等值折算，从而求得工况点的一种方法。在水泵扬程特性曲线 $Q—H$ 上减去相应流量下的水头损失（曲线的叠加），从而得到等值泵的扬程特性曲线，即把并联机组诸泵的特性用等值泵的扬程特性曲线代替，用等值的简单管道系统特性曲线取代实际的管道系统特性曲线，称为等值折算。以上等值的结果为：把原来的并联机组等值成一台新泵，称为"虚拟水泵"；把原管道系统等值成一条没有水头损失的管道系统，称为"理想管道系统"。由此看来，根据等值特性法和比例律，运用调速技术，可以对"虚拟水泵"的工况点进行人为干预使工况点移到高效区，此时水泵的转差功率损耗被降低，从而提高了水泵运行效率和扬程利用率。又由比例律可知，在一定的调速范围内，理论上可认为相似点的效率不变。

离心泵扬程特性曲线的通用表达式为：

$$H=H_X-S_XQ^2 \tag{7-18}$$

式中　　H_X——水泵在 $Q=0$ 时所产生的虚扬程，m；

S_X——水泵内虚拟耗系数；

H——水泵的实际扬程，m。

经推导，转速为 n_2 下的扬程特性曲线回归方程式为：

$$H_2 = \left(\frac{n_2}{n_1}\right)^2 H_X - S_X Q^2 \qquad (7-19)$$

可见，在应用比例律时，理论上可认为"虚拟水泵"的工况相似点的效率相等，而试验表明，当"虚拟水泵"的调速范围超出高效区内对应的转速时，实测到的效率特性曲线与理论认定的等效曲线是不相等的，只有在高效区内调速前后工况相似点的效率才相等。

（2）变频泵站调速范围的确定。在新设计变频泵站时，选泵站中功率最大且效率高的水泵为调速泵，然后确定"虚拟水泵"的流量范围，根据流量范围进一步确定"虚拟水泵"的调速范围和调速泵的台数。

针对泵站内不同型号的水泵应分别进行计算，根据变频泵站的调速特性理论，一般认为调速范围或调速比为 K_n。满足式（7-20）时，泵站才为高效运行，这种计算方法适用于新泵站的设计和选择泵站内使用调速泵的台数。

$$\sqrt{\frac{H}{H_\text{左}}} < K_n < \sqrt{\frac{H}{H_\text{右}}} \qquad (7-20)$$

式中　$H_\text{右}$——水泵额定转速下，在 $Q—H$ 特性曲线高效区的右侧全扬程，m；

$H_\text{左}$——水泵额定转速下，在 $Q—H$ 特性曲线高效区的左侧全扬程，m；

K_n——水泵的最佳调速范围或调速比。

（3）转速确定。改变水泵的转速，可使水泵性能曲线改变，达到调节水泵工况点的目的。最常遇到的情况是已有转速为 n 的 $Q—H$ 线，但所需的工况点 $A_1(Q_{A1}, H_{A1})$ 并不位于该曲线上（见图 7-16）。

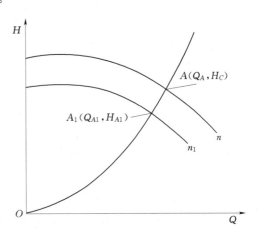

为了使水泵能在新的工况点工作，必须求出所需的转速 n_1。把 Q_A 与 H_A 代入相似工况抛物线式 $H = KQ^2$，求出 K 值。

$$K = \frac{H_A}{Q_A^2} \qquad (7-21)$$

然后按式（7-21）画出相似工况抛物线，它与原有的 $Q—H$ 曲线相交于 A 点，并据此查出点 $A(Q_A, H_A)$ 的坐标 Q_A 与 H_A，点 A 与 A_1 点的工况相似，应用比例律公式，即可按式（7-22）或式（7-23）求出 n_1 值。

图 7-16　变速前后的 $Q—H$ 曲线和相似工况抛物线图

$$n_1 = \frac{Q_1}{Q} n \qquad (7-22)$$

或

$$n_1 = n \sqrt{\frac{H_1}{H}} \qquad (7-23)$$

必须指出，提高转速不仅可能引起过载和汽蚀，而且会增加水泵零件中的应力，因此，不能任意提高转速。为了变速调节，需要采用可以变速的动力机或可以变速的传动设备。

（4）变频调节原理及节能分析。

1）变频调节节能分析。由流体力学的知识得知，使用感应电机驱动的水泵，轴功率 P 与流量 Q，水头 H 的关系为：$P \propto QH$。当电动机的转速由 n_1 变化到 n_2 时，Q、H、P 与转速的关系及比例定律如下：

$$Q_2 = Q_1 \frac{n_2}{n_1} \tag{7-24}$$

$$H_2 = H_1 \left(\frac{n_2}{n_1}\right)^2 \tag{7-25}$$

$$P_2 = P_1 \left(\frac{n_2}{n_1}\right)^3 \tag{7-26}$$

可见流量 Q 和电机的转速 n 是成正比关系的，而所需的轴功率 P 与转速的立方成正比关系。所以当需要 80％的额定流量时，通过调节电机的转速至额定转速的 80％，即调节频率到 40Hz 即可，这时所需功率将仅为原来的 51.2％。从水泵的运行曲线图来分析采用变频调速后的节能效果见图 7-17。

当所需流量从 Q_1 减小到 Q_2 时，如果采用调节阀门的办法，管网阻力将会增加，管网特性曲线上移，系统的运行工况点从 A 点变到新的运行工况点 B 点运行，所需轴功率 P_2 与面积 H_2Q_2 成正比；如果采用调速控制方式，电机转速由 n_1 下降到 n_2，其管网特性并不发生改变，但水泵的特性曲线将下移，因此其运行工况点由 A 点移至 C 点。此时所需轴功率 P_3 与面积 HBQ_2 成正比。从理论上分析，所节约的轴功率

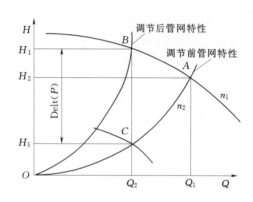

图 7-17 水泵运行曲线图

Delt（P）与（$H_2 - HB$）（$C - B$）的面积成正比。

考虑减速后效率下降和调速装置的附加损耗，通过实践的统计，水泵通过调速控制可节能 20％～50％。

2）变频改造节能分析。改造前工频运行功率计算式：

$$P_1 = UI \times 1.723 \cos\phi \tag{7-27}$$

式中　U——电机电压，kV；

　　　I——电机电流，A；

　　P_1——单一负荷下工频运行功率，kW；

　　$\cos\phi$——单一负荷下运行功率因数，小于额定功率因数。

$$C_1 = T\sum(P_1\delta) \tag{7-28}$$

式中 T——全年平均运行时间，h；

P_1——单一负荷下的运行功率，kW；

δ——这种负荷下的全年运行时间比例；

C_1——改造前总耗电量，kW·h。

改造后变频运行预计功率计算式：

$$\frac{Q_1}{Q_额}=\frac{P_1}{P_额}\frac{H_额}{H_1}\frac{\eta_1}{\eta_额} \tag{7-29}$$

式中 P_1——工频运行功率，kW；

$P_额$——额定轴功率，kW；

$\dfrac{H_额}{H_1}\dfrac{\eta_1}{\eta_额}$——运行工况与额定工况下的效率、压力比，小功率电机取1，大功率电机

取 0.9。

根据改造流量不变的原则，有 $Q_1=Q_2$，其中 Q_2 为改造后的流量。所以 $\dfrac{Q_1}{Q_额}=\dfrac{Q_2}{Q_额}$。再

根据 $\dfrac{P_2}{P_额}=\left(\dfrac{Q_2}{Q_额}\right)^3\bigg/\eta$ 即 $P_2=P_额\left(\dfrac{Q_2}{Q_额}\right)^3\bigg/\eta$ 计算出 P_2。其中 P_2 是变频改造后预计运行功

率，η 为变频装置的效率。

$$C_2=T\sum(P_2\delta) \tag{7-30}$$

式中 C_2——改造后总耗电量，kW·h。

表7-3为节能对照表即水泵变频调速时的能耗比较。

表 7-3   节 能 对 照 表

转速 n（%）	流量 Q（%）	水压 H（%）	轴功率 P（%）	节电率（%）
100	100	100	100	0
90	90	81	72.9	27.1
80	80	64	51.2	48.8
70	70	49	34.3	65.7
60	60	36	21.6	78.4
50	50	25	12.5	87.5

上述均为百分比，100%流量为水泵的额定流量，100%功率为工频额定工况运行时消耗功率（即电机输入功率＝水泵额定轴功率/电机效率，电机效率一般为93%～96%，额定功率较大者效率较高）。变频调速时的节能量即为两种调节方式的能耗差值（百分比乘额定消耗功率）。

本书采用变频调速的电机调节方式，实践证明，根据所需的流量调节转速，就可获得很好的节电效果，一般可节电20%～40%。变频调速是通过改变异步电动机定子的供电电源频率来改变旋转磁场的同步转速，从而改变转子的转速。它不产生任何附加损耗，是

一种比较理想的变速方法。

可见，变频调节有应用于高压大功率变频调速系统的经济效益良好、其可靠性也可以得到保证等优点。变频调速的范围广，节能效率高，调节性能好，适用于各种形式、各种容量、各种转速的交流电动机，特别适用于景电工程空流段以上的泵站。而且设备改造工作简便，只需配以适当的变频器即可。

（5）泵自身性能对调速调节效果的影响。对于型号确定的任一台泵，它都具有各自确定的高效区，这个高效区对应一定的转速范围，所以要使泵在高效区工作，则其须在这一转速范围内调速。以下来分析泵的高效区见图 7-18，A_1B_1 段为泵在额定转速下的高效段，曲线 OA_1、OB_1 分别为过 A_1、B_1 两点的相似工况抛物线，在忽略各种损失的变化时，可以认为曲线 OA_1、OB_1 上各点的效率相等，所以泵理论上的高效区为图中的 OA_1B_1 部分，但实际上，由于泵的各种损失是随着工况点的变化而变化的，所以泵的效率并不沿相似工况抛物线不变，它在相似工况抛物线上随着转速变化而变化，当转速下降到一定程度时，效率将明显降低。一般认为，转速变化在额定转速的 20% 以内时，相似工况抛物线上各点的效率近似相等，实际中泵的高效区为图 7-18 所示 $A_1A_2B_2B_1$。在进行调速运行时，不宜使调速后的性能曲线超出高效区，若调速后泵运行在高效区外，则可能由于运行效率过低而失去调速节能的意义。

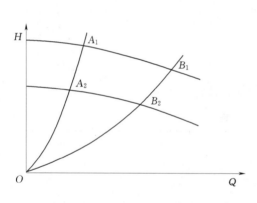

图 7-18　泵工作的高效区

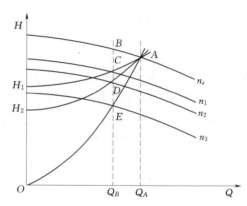

图 7-19　不同管路特性曲线图

（6）管路特性对泵调速调节的影响。在进行调速调节时，若泵处于不同管路特性的管路中，则其节能效果可能有明显的差异见图 7-19，3 个供水系统的额定工况点均为 A 点，泵型号相同，但管路特性不同，各管路的管路特性曲线分别为① $H=H_1+S_1Q^2$；② $H=H_2+S_2Q^2$；③ $H=S_3Q^2$，其中 $H_1>H_2$。当系统需要将流量从 Q_A 调节至 Q_B 时，若采用调速调节，则 3 个系统调节后的工况点分别为 C、D、E 点，其对应的运行转速分别为 n_1、n_2、n_3，相应的轴功率分别为 P_C、P_D、P_E。由于 $P \propto QH$，所以有 $P_B>P_C>P_D>P_E$。由此可见，在管路特性曲线为 $H=S_3Q^2$ 的系统中采用调速节能时，在调节量相同的情况下，其工作点的扬程最小，节能效果最好。而对于有静压的管路系统 $H=H_0+SQ^2$，静压 H_0 越小，节能效果越好。反之，若 H_0 过大，则由于电机调速会使自身效率降低，而且调速装置本身也会消耗一定的能量，所以此时采用调速调节可能不节能甚至可能增加能源浪费。

7.3.3.3 变角调节

通过改变叶片安装角度的大小以改变水泵的性能，从而达到改变水泵工作点的目的，这种调节方法称为变角调节。变角调节适用于叶片可调节的轴流泵与混流泵。

轴流泵扬程低、高效区窄，其工作扬程稍有变化就会引起工作效率的大幅度下降。如前所述，闸阀调节和切削调节均不适用于轴流泵。但是轴流泵具有巨大的轮毂，便于安装可以调节的叶片，可以改变叶片安放角，调节其工作点。

叶片安放角变化后，其性能随即改变（图 7-20），当叶片安放角由 β 增大到 β' 后，只有当 v_2 变为 v_2'，即要在流量较大的情况下，出水速度的方向才与设计方向一致；相应地 v_{u2} 变为 v_{u2}'，即扬程相应增大。随着流量和扬程增大，功率必然增大。从而，随着安放角度 β 增大，$H—Q$ 曲线，$P—Q$ 曲线向右上方移动，$\eta—Q$ 曲线几乎以不变的数值向右水平移动见图 7-21。反之，当叶片安装角度减小时，各曲线则向相反的方向移动。

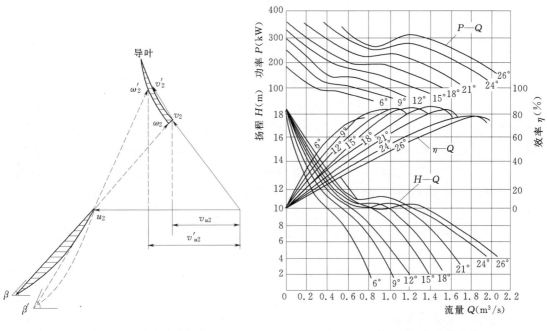

图 7-20　轴流泵叶片安放角加大　　　图 7-21　轴流泵工作参数随着
　　　对出口流速三角形的影响图　　　　　叶片安放角的变化图

为了使用上的方便，一般不绘制图 7-21 所示曲线，而是将 $\eta—Q$ 曲线和 $P—Q$ 曲线用数值相等的几条等效率曲线和等功率曲线，绘在 $H—Q$ 曲线上，这样就绘出了轴流泵的通用性能曲线见图 7-22。

轴流泵叶片角度调节方式有全调节式和半调节式。所谓全调节式是指叶片角度可以在不停机的运行状态下通过一套自动调节机构进行调节，调节机构可分为油压式和机械式两大类。大型轴流泵采用全调节式。所谓半调节式是指叶片借螺栓紧固在轮毂上，只能在停机后松开叶片的固定螺母进行调节。中小型轴流泵采用半调节式，也有的小型轴流泵采用固定式叶片，即叶片安放角不可调节。

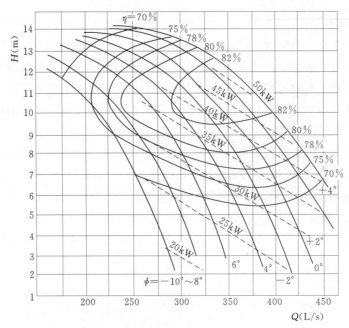

图 7-22　轴流泵的通用性能曲线图

由于叶片安装角的改变可以直接改变水泵的性能，即流量、扬程、功率、效率和汽蚀性能等都随之变化。因此，合理确定叶片安装角的调节范围和具体角度，便成了能否实现泵站经济运行的重要环节之一。实践证明，叶片安装角的调节，要满足下列几个原则：①使水泵在设计年份的扬程下，水泵流量要满足灌溉排水的要求；②在多年平均的扬程下，水泵能在高效区运行，并与抽水装置的配合较好，能够使泵站效率最高；③在已定的水泵安装高度下，水泵不发生汽蚀；④动力机不因为叶片安装角的调整而超载运行。

一般情况下，轴流泵的调节主要不是为了调节流量，而是用来调节扬程的。当水位变化时，需要水泵的扬程变化，以使水泵能在高效率区运行，因此要对轴流泵进行工况调节。

轴流泵在设计扬程时，将叶片安装角定为 0°，当上下游水位差变小时，将安装角调大，在保持较高效率的情况下增大出水量，更多地抽水，并使电动机满载运行。当上下游水位差变大时，将安装角调小，适当地减少出水量，使电动机不致过载运行。所以，采用变角调节不仅使水泵在最有利的工作状态下运行，达到效率高，较多地抽水，并且能使电动机长期保持或接近满载运行，以提高电动机的效率和功率因数。

此外，对全调节叶片，在启动时将叶片安装角调至最小，可以降低泵的启动负荷（大约只有额定功率的 1/4）；在停车之前，将叶片安装角度调小，可以降低停车时的倒流速度，平稳地完成机组停车。

7.3.3.4　变压调节

通过改变水泵叶轮级数的多少以改变水泵的性能，从而达到改变水泵工作点的目的，这种调节方法称为变压调节。变压调节主要用于立式或卧式多级离心泵。

变压调节的方法是从进水口向泵内通入适量的空气，目的是使水的密度变轻，从而降低泵的扬程，使工作点发生变化。

7.3.4　管路并联调节法

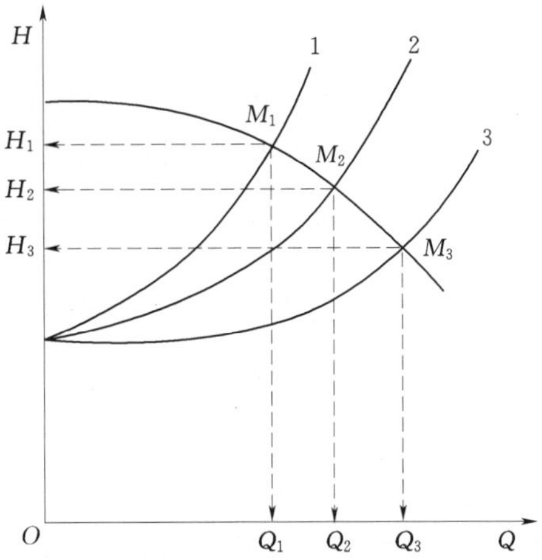

若某一水管的特性（见图 7-23）为曲线 1，另一水管的特性曲线为曲线 2，把两管路特性曲线的横坐标相加，便得到管路并联之后的特性曲线 3，水泵的工况点由 M_1 或 M_2 变为 M_3 点，水泵的流量由 Q_1 或 Q_2 增大为 Q_3，与此同时，因合成特性曲线 3 的阻力损失减少，在水泵实际扬程 $H_需$ 不变的情况下，管路效率增大，从而使克服管路阻力的无益功耗减少，但采用管路并联法调节时，容易造成电动机负荷过大和水泵产生汽蚀现象。

图 7-23　管路并联调节方法示意图
1~3—水管的特性曲线

7.3.5　泵串、并联调节方式

当单台离心泵不能满足输送任务时，可以采用离心泵的并联或串联操作。把两台相同型号的离心泵串联，流经两台水泵的流量相同，而排水管中的扬程为两水泵的扬程之和，既两台水泵串联运行增加了水泵的总扬程，两台相同型号的离心泵并联，虽然扬程变化不大，但加大了总的输送流量，并联泵的总效率与单台泵的效率相同。

7.4　不同调节方式下泵的能耗分析

7.4.1　阀门调节工况时的功耗

离心泵运行时，电动机输入泵轴的功率 N 为：

$$N = \gamma QH/1000\eta \qquad (7-31)$$

式中　N——轴功率，W；

　　　H——泵的有效扬程，m；

　　　Q——泵的实际流量，m^3/s；

　　　γ——流体比重，N/m^3；

　　　η——泵的效率。

如图 7-24 所示，适当关闭出口闸阀的开启高度，可增加局部阻力，使管路的阻力损失系数 R 增大，管路特性曲线即由 OM' 变为 OM，工况点由 M' 变为 M，流量由 Q' 减少为 Q，从而达到调节流量的目的，当流量由 Q' 减少为 Q，水泵本身的效率有了增加，轴功率减少了 ΔN。但由于管路阻力增加，使水泵因克服管路阻力而增加的无益功耗为：

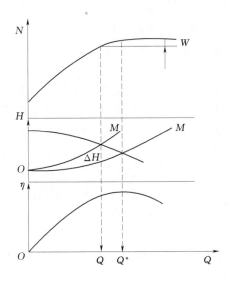

图 7-24　阀门节流调节法示意图

$$\Delta N_2 = \frac{\gamma Q_2 \Delta H}{1000 \eta_2} \qquad\qquad (7-32)$$

式中　ΔH——调节时在闸阀上消耗的扬程，m；

　　　　η_2——流量由 Q_1 到 Q_2 时水泵的效率。

7.4.2　变频调节方式下泵的能耗分析

在进行变速分析时，由于相似条件，离心泵的本身效率的变化不大，根据比例定律改变转速，离心泵在额定转速下的 Q—H 曲线、Q—N 曲线等的变化规律见图 7-25。

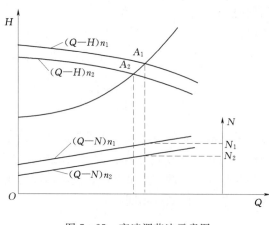

图 7-25　变速调节法示意图

为适应工况点的变化，工况需求从 A_1 变为 A_2；应用变速调节，水泵转速从额定转速 n_1 调节为 n_2，从而生成 $(Q—H)n_2$ 曲线和 $(Q—N)n_2$ 曲线，所需轴功率从适应 A_1 状态的 N_1 变成 N_2。用电动机变速调节流量到流量 Q_2 时，泵消耗的轴功率为：

$$N_2 = \frac{Q_2 H_2}{1000 \eta} \qquad (7-33)$$

同样可得无益功耗为：

$$\Delta N_2 = \frac{\gamma Q_2 \Delta H}{\eta} \qquad (7-34)$$

由比例定律可知，同一台水泵由于转速改变时，在相应工况下，其流量之比等于转速之比，扬程之比等于转速之比的二次方，功率之比等于转速之比的三次方。改变水泵转速调节流量时额外消耗的功率较小。

7.4.3　各种调节工况方法能耗对比

各种调节工况下的能耗对比见图 7-26，曲线 1 为离心泵在额定转速下的特性曲线，A 点为泵的额定工况点，曲线 H_0EA 为正常工作时泵所处管路的管路特性曲线，现欲将泵的流量从 Q_A 调至 Q_B，则①若采用管路节流调节，管路特性曲线由 H_0EA 变为 H_0B，调节后泵工作在 B 点，此时泵消耗的功率为 $P_1 = \rho g Q_B H_B / \eta_1$。②若采用旁路调节，即通过调节旁路阀开度，使旁路和主管路并联后总的管路特性曲线为 H_0D，此时主管路的管路特性曲线仍为 H_0EA，而旁路的管路特性曲线为 H_0C，其中，$Q_D - Q_E = Q_F$，泵实际工作在 D 点，泵消耗的功率为 $P_2 = \rho g Q_D H_D / \eta_2$。③在采用切割叶轮外径调节时，泵的特性曲线由曲线 1 调节至曲线 2，泵工作在 E 点，这时泵消耗的功率为 $P_3 = \rho g Q_E H_E / \eta_3$。④若采用调速调节，同样，调节后泵的特性曲线变为曲线 2，泵消耗的功率为 $P_4 = \rho g Q_E H_E / \eta_4$。如图 7-26 所示，显然，$H_D = H_E$，而 $H_B > H_E$，$Q_D > Q_E$。至于效率 η，由于切割叶轮破坏了流动相似条件，将使叶轮进口冲击损失增加，同时压水室工况偏离最佳工况，产生相应的能量损失，而调速调节则没有这些损失，故可认为 $\eta_3 < \eta_4$。而对于 η_1、η_2、η_4，显然它们都小于最高效率 η_A，其大小关系将随泵型号和调节量的不同而不同。在认为 η_1、η_2、η_4 相差不大的情况下，当调节量相同时，显然有 $P_4 < P_1$、$P_4 < P_2$、$P_4 <$

P_3，即采用调速调节时消耗的能量最小。

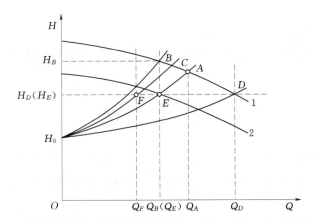

图 7 - 26　各种调节工况下的能耗对比示意图
1—离心泵在额定转速下的特性曲线；2—调速调节后泵的特性曲线

8 梯级泵站运行的优化调度

8.1 概　述

目前，我国的机电排灌工程已得到长足的发展，在数量上已跃居世界首位。对于这些大型机电排灌工程，如何通过科学的运行调度使工程总运行成本最小或最经济是工程管理的重要课题。

在进行泵站规划设计时，常常根据历史资料对泵站预计使用期的运行情况作周密预测，优化选择泵站的各项设备，期望泵站建成后在高效益的状态下工作。但是，规划设计时并不能预测运行中泵站工作条件的实际时序状态，这就要求对已经建成的泵站进行实时调度或运行调度。

泵站的运行调度有两个方面的要求：一是泵站要能安全可靠的运行；二是泵站要能经济节能的运行。国内泵站实施的是粗放式管理，泵站的调度基本上是依靠经验调度，简单的选择机组开停，满足流量、压力的要求，不能优化组合机组的参数，结果使得很多水泵机组运行在低效工况点，导致大量能源浪费。随着我国水利体制改革力度的加强、水资源配置市场作用的增强、电机产品制造及监控技术水平的提高和运行管理人员知识更新速度的加快，我国大多数泵站将会让成本、效益作为运行管理优先考虑的目标，而优化调度是实现降低成本、提高效益的一条重要途径。

对于大型的高扬程泵站，如何在满足水量、扬程要求和系统安全可靠运行的前提条件下，通过优化调度保证站内各个水泵工作在高效区，使得整个泵站的能源消耗最少和能源消费费用最小，这就是本章所要研究的内容。

8.2　梯级泵站的优化调度系统

8.2.1　梯级泵站系统概述

梯级泵站优化调度系统是指利用计算机技术，以梯级泵站的安全运行和经济运行为目的，通过对泵站电气设备、辅助设备、机械设备的自动控制，从而实现梯级泵站自动化调度的决策系统。应用其最主要的目的是实现梯级泵站在最优工况下的安全运行。

梯级泵站系统的运行管理既涉及到各级泵站间流量和水位的优化组合，又涉及到各站的运行台数及工程调节的配合，因此带来一系列的运行理论和技术问题。同时，梯级泵站系统往往是包含了供水、灌溉、防洪、养殖甚至是发电、改善生态环境等多种用途、多种目标的集合体。如何处理各个目标之间的冲突与矛盾，使系统具有最大的社会经济效益和生态效益，是梯级泵站系统决策中的一个重要课题。同时，梯级泵站系统和一般的水资源系统一样，其优化调度决策取决于系统内的降水、来水、用水、地区社会经济发展速度与水平、地质等自然环境条件、决策思维和决策方式等诸多方面，与一般的系统相比较而言，它的不确定性程度更大，范围更广，影响更深。因此，梯级泵站系统是一项涉及面广、影响因素多、工程结构复杂、规模庞大的复杂系统工程，需从整体上对系统的各方面进行统一调度，才能取得经济、社会和生态效益的多赢。

8.2.2 梯级泵站系统结构

任何一个系统都存在于一定的物质环境之中，它必然与外界环境产生物质、能量和信息的交换。只有能够经常与外界环境保持最优适应状态的系统，才是经常保持不断发展势头的理想系统。梯级泵站系统不仅涉及到多个地区，而且地区之间、分水口之间以及各供水区之间在地理位置上还十分分散，因此如何对这一分散型的复杂系统进行调度，对远距离调水量、级间的水位进行有效的管理，是实现各地区、各目标间得益相对均衡，确保各供水区的利益，实现梯级泵站工程良性循环的关键。这种梯级泵站系统也属于一种复杂的大系统，并且分析梯级泵站的组成和工作原理，可以发现其组成结构与各组成部分之间的关联关系也属于一种分层的梯级结构，梯级泵站系统的分层结构见图 8-1。

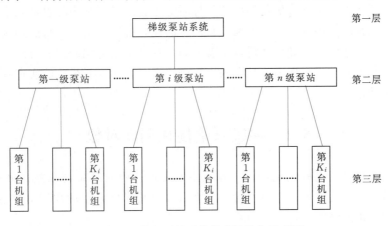

图 8-1 梯级泵站系统的分层结构示意图

8.2.3 梯级泵站优化调度系统流程

梯级泵站系统与分系统之间有着复杂的关系。如纵向的上下关系，横向的平等关系，以及纵横交叉的相互关系等等。但是不管这些关系如何复杂，有一条基本原则是不变的，那就是下层系统以达成上层系统的目标为任务，横向各分系统必须服从系统总目标来行动，各附属分系统要为实现系统整体目的而存在。因此，任何分系统的不适应或不健全，都将对系统整体的功能和目标产生不利的影响。在梯级泵站这样一个复杂的提水系统中，各级泵站的运行存在着密切的联系。各泵站内部又由多台机组共同工作，必须对整个调水系统进行统一的调度和控制，因此可以考虑把整个梯级泵站作为一个优化单元，在控制方面以各级泵站为单元的分级控制。在站内按其最优运行方式进行流量分配和组合选择，确定工况调节和开停机组。梯级泵站优化调度系统的流程可为下列几个过程：根据天气、水文信息、上级部门引水要求、沿途用水信息、梯级泵站当前的运行情况等进行数据分析，对有效数据引入梯级泵站优化调度数学模型进行优化计算，对优化计算结果进行实际操作并把改变后的运行情况返回上级，具体的流程见图8-2。

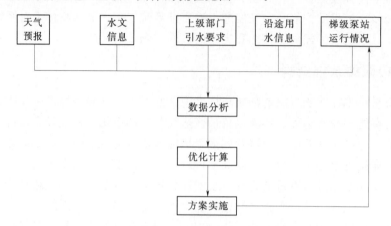

图8-2　梯级泵站优化调度系统流程图

在具体实现梯级泵站系统优化调度的目标时考虑到梯级泵站中除首站和末站，中间各站不但要抽水，且沿途用水量也是不断变化的，因此，各级泵站的运行必须按照整个系统的需求统一调度，才能达到最佳的运行状态，满足梯级泵站优化调度的目的。同时，梯级泵站站点多，位置分散，距离远，只有采用先进的自动化调度系统才能实现各级泵站及整个系统的协调动作。

8.3　梯级泵站优化调度对象

为实现梯级泵站系统的优化运行，各级泵站在运行中对泵站与泵站之间的水位、流量、水量关系有严格的要求。针对不同的调度目标，其优化调度的决策对象也有所不同。目前梯级泵站系统的调度对象有下列几项。

8.3.1　梯级泵站流量优化调度

对于长距离的调水系统，由于上、下级间流量配合不当，梯级泵站经常会发生弃水或断流等情况，导致运行失调，能源浪费。梯级泵站运行流量优化的主要思想是：在确定的条件下，利用站与站之间水力要素的紧密联系，对各站的流量进行调度，使总体经济性达到最佳，从而达到经济运行的目的。在机组不可调节时，为保证其正常运行，需要通过控制和调节机组的运行工况，从而使得各级站之间达到流量的动态平衡。

8.3.1.1　造成级间水量不平衡的原因

在泵站设计机组选型时，虽然已考虑了级间水量的配合，但一般多在设计工况下进行的。由于泵站流量受多种因素的影响，在运行进程中，泵站流量都在一定范围内变化，从而导致泵站间水量配合失调的现象。其主要原因有下列几个方面：

（1）用水区的需水量受降雨条件、经济条件以及作物组成、用水制度、灌溉习惯、当地的经济发展水平等诸多因素影响，往往变幅较大，很难完全按照设计的情况行水。另外。不同的水文年和不同的作物种植比例都会影响区间的需水量。在有的用水区，渠道最小流量有时不到设计流量的十分之一，且流量经常出现锐增、锐减的情况，因此要求泵站配水灵活、方便。

（2）水位变化。泵站进、出水池水位改变将引起泵站扬程的变化。从泵的工作特性可知，扬程高则流量小，反之则流量增大，特别是一级泵站多从江河直接取水，其进水池水位受江河水位变化的影响，所以泵站流量变幅也较大。

（3）水泵运行期的影响。泵站投入运行后，随着运行期的加长、设备的老化，以及水中泥沙磨损、泵的汽蚀、锈蚀等原因，泵及管路过流部件表面磨蚀而变得粗糙，水泵密封环间隙增大，导致泵效率及整个泵站装置效率下降，泵的出水量也随之减小。

（4）泵并联效应的影响。梯级泵站大都采用多台泵并联安装。当泵并联运行时，单机出水流量是随着并联机组台数的增加而递减，即所谓并联运行流量递减效应。泵站设计流量是指所有工作泵都运行时的流量，当不是所有并联泵都同时运行时，此时单泵出水流量将增大，并联运行水泵台数不同，单机的流量也不同。

（5）其他因素影响。如同型号规格的泵，因加工制造精度、安装质量、安装位置的不同，其性能也有一定差异。又如进水池水流的稳定性，有无漩涡、是否吸入空气以及水的泥沙含量这些随机因素对流量都有一定的影响。

综上所述可见，泵站投入运行后往往不在预定的设计工况运行，各泵站的流量与设计值有一定差异，而且其差异大小随各泵站的具体情况而不同。如果前级泵站的出水量大于后级泵站的需水量，级间将产生壅水，反之，形成降水，甚至会使后一级泵站无法连续运行。

8.3.1.2　梯级泵站级间水量调节措施

大型泵站在运行时前池水位最好控制在设计水位，以使水泵运行在高效区内，但在实际工程中，由于梯级泵站间的水量配置等种种原因却很难做到，所以只有采取调节措施，使前池水位保持在最高水位（溢流水位）和最低水位之间。这些调节措施一般有下列几种方法：

（1）采用开停调节水泵往上一级泵站供水或停止供水，以控制本站前池水位在最高和最低之间。但如果调节泵选配不当，开停频繁，不仅给运行管理带来不便，而且调节泵的控制闸阀也因频繁启闭而易损坏。

（2）采用调节配水渠进口闸门开度以改变配水量来稳定前池水位，这一方法主要用于级间有供水情况的调节。它可保证泵站和渠道安全。但将导致配水量经常处于不稳定状态，调入水量大于所需水量时，仍会造成水的浪费，如小于所需流量又影响灌溉效益。

（3）闸阀调节。如果级间水量相关不大，可用管路上的闸阀开闭进行流量调节，此法一般来说是不经济的，因调节量有限，如果频繁启闭易于损坏。但此法简单方便，在小型泵站和流量不大的情况下亦可采用。

但以上运行方式存在下列问题：一是当站间调蓄空间较小时，调节机组开停机非常频繁；二是在泵站级数较多时，各站之间的动态平衡很难保持一致；三是开停机的运行方式会在池中形成水力振荡，因此在站间调蓄容不大且泵站级数较多时，从节能的目的出发，最好是采用工况可调节机组。

8.3.2 梯级泵站水位优化调度

对于叶片可调节或机组转速可调的机组来说，通过调节叶片的角度来实现级间流量的调节，使得流量达到平衡状态，进而对梯级泵站的级间水位进行优化调度。应用泵站流量调节来节省能耗仅是一方面，进一步考虑对梯级泵站的级间水位进行优化，可达到更好的节能效果。

梯级泵站的优化运行可以通过调节水泵转速或水泵的叶片角度来满足各级站间的水位、流量约束。各级站间优化运行问题实际上可以转化为在满足用水流量要求及净扬程约束条件下，对各级站间的扬程分配问题。

对一个梯级提水系统来说，在工程设计时就已经考虑了各级扬程的分配问题。在泵站运行时，就已经确定了各级站的进出水位设计值和泵机组装置，梯级泵站运行扬程优化是在流量确定的条件下，保证流量平衡、泵站机组的水位要求，利用站与站之间水力要素的紧密联系，在设计的最大和最小水位约束下，对相关的水位进行调度，找出能耗较小的水位组合，使得总体经济性更佳，从而达到优化运行的目的。

在梯级泵站的调水过程中，水流的变化是一个复杂的过程。在泵站刚开始运行时，有一个流量、水位等水力要素协调的动态过程，这个动态过程一直到各站扬程、流量稳定为止。当第1级站开机运行后，其出水池的水位由低到高变化，相应的机组流量也在变化，使得第1、第2级站间的渠道内水面曲线变化非常复杂。当第二级站的前池水位达到最低运行进水位时，第2级站机组开机运行。如果两级站的距离较远的话，第2级抽水的影响不可能反馈到第一级泵站出水，可认为第1级泵站水位稳定，即扬程稳定，第1级泵站进入稳定运行阶段。第2级泵站开机后一段时间，因第2级出水池水位升高，扬程增大，直至第2级的出水渠被充满而进入稳定运行，如果第1、第2级站间有区间分流要求，则首先使第2级泵站达到稳定出水位后，再对一二级站区间分流引水。由于各站进出水位的变化，在不同扬程下效率及所消耗的能量是不同的，因此，在满足实际运行中其他方面对水位的要求（如航运、灌溉等）之外，可以考虑通过优化水位，获得一个各级站的较优水位组合，来满足节能的要求。

以上两种针对不同对象的优化调度方式可以看出，对流量的优化调度主要是偏重以灌溉为主的梯级泵站，由于其主要要考虑沿途各灌区的农业灌溉，而各灌区的需水量是与当地的经济发展水平，地形地貌、气候条件等不确定因素紧密相关的，因此，沿途的分水量是不确定的。为了保证各灌区的农业灌溉用水量的变化，泵站的抽水量也应随之不断变化。而同时为了保证级间的水位应达到下一级泵站提水的要求，不能随意改变其水位或应在一个较小的范围内变动。因此对这一类的梯级泵站，主要是考虑对其流量进行优化调度。

对于以调水为主要目的梯级泵站来说，其主要目的是通过调水来满足上游地区的城市、农业等用水，在一定时间内调水量是上级部门根据上游地区所需水量来决定的，因此在一定时间内是确定的、已知的。如南水北调工程的东线工程中，调往天津、山东等地的水量分配是根据当地的缺水量经过严格论证来确定的，在短期计算时段内流量变化很小。

因此对调水工程的梯级泵站进行流量的优化调度没有太大的意义，但各级泵站之间的水位是不断变化的，因此可考虑对其水位进行优化调度。

8.4 梯级泵站优化运行

梯级泵站的优化运行是根据泵站实际工作条件的变化随时调整泵站的运行方式，使泵站在高效率工况下工作。在大型梯级泵站中，优化调度不是追求单个泵站的运行状态最好，而是以整体配合的运行状态最优作为目标。一个大型泵站需要根据目前工作环境条件确定当前泵站的工作方式，包括确定不同型号水泵的开启台数、水泵叶片的开启角度等。根据梯级泵站的组成特点，其优化调度运行研究一般要考虑下列几个方面。

8.4.1 单个泵站优化运行

单个泵站优化运行问题主要是研究其科学管理的方法，包括先进的优化技术与最优调度策略。用系统工程的观点和系统分析的方法，对泵站内的机组运行系统进行综合性的分析比较，使泵站在最经济、高效的装置效率工况下运行。即在一定时期内，按照一定的最优准则，在满足各种约束条件的前提下，使泵站运行的目标函数值达到最大或最小。在实际泵站工程中，我国大型泵站中大多安装的是同型号水泵机组，泵站内各水泵机组具有相同的特性。泵站机组优化运行问题可归结为：在满足目标调度流量以及约束条件的要求下，确定泵站机组开机台数、水泵叶片的开启角度和泵站运行最优工况。

首先是如何根据当天的提水量和用户的需要分配各时段的流量。然后，在分配的流量下，如何选择运行机组的台数和叶片角度，从而达到泵站经济运行的问题。对于装有多台机组的泵站，泵站提水总流量由各台运行机组提水流量之和确定。这里运行机组就是根据流量需要投入运行的机组，在最优运行方式下，往往可能只需要部分机组投入运行就能满足总流量的需要。

8.4.2 梯级泵站优化运行

梯级泵站的优化运行，除了泵站站内优化运行外，另外一个重要的方面就是梯级泵站间的优化运行。泵站的优化运行是根据泵站实际工作条件的变化随时调整泵站的运行方式，使泵站在高效率状态下工作。而梯级泵站的优化运行不是追求某一级泵站的运行状态最好，而是以整体配合的运行状态最优作为目标。因此，一个大型泵站需要根据目前的工作环境条件确定当前泵站的工作方式，包括确定不同型号水泵的开启台数、水泵叶片的开启角度等。

梯级泵站的各级泵站之间有着密切的水力联系，各站的流量、水位互相影响制约着整个提水系统的运行，既要考虑各级泵站内的机组优化运行，还要协调好站与站之间的运行配合。研究梯级泵站优化调度方法，目的是协调好各子系统的优化结果，使整个系统能耗最低、获得最大的社会效益，并向整个梯级泵站优化运行大系统模型提供信息，将有限的水资源在各分系统之间进行合理调配，使整个系统获得最佳的综合效益。

在梯级泵站系统的优化运行中，级间的合理调配是与各泵站站内的机组优化相互联系、相互影响的。除此之外，梯级泵站的优化运行问题从时间上来讲，是需要将每一时刻的提水流量分配到各个泵站，从而落实到泵站各个机组，达到各时段各机组间流量的合理分配。

8.4.3 梯级泵站的优化运行方式

在泵站运行当中，由于对泵站经济运行方式的确定必须从系统分析的角度出发。系统分析一般有两种：一是在资源相同的条件下，充分合理地利用资源（人力、物力、财力），使泵站发挥最大的经济效益；二是在目标和任务已定的条件下，如何以最少的资源消耗来完成系统相同的任务。根据梯级泵站系统实际情况的不同，其经济运行的方式有多种方案，但一般主要有弃水量最小、总能耗最小、用水区缺水量最小等运行方式。以下主要讨论不同运行方式的适用情况，给出各种运行方式的优化调度模型，并进行比较。

为了便于讨论及建立数学模型，对梯级泵站系统所在流域的实际水系、现有的主要水利工程及可能的规划方案加以概化，建立系统概化图。对于以调水、灌溉等为主要目的的梯级泵站系统，同时考虑各级泵站间的区间来水及用水，其整个系统的布置可概化为如图 8-3 所示。

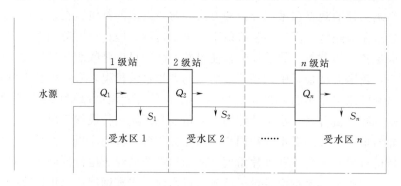

图 8-3 梯级泵站系统布置概化示意图

8.4.3.1 弃水量最小为目标的运行方式

对于梯级泵站，如果各级泵站之间没有调蓄水库，则需在前一级泵站的提水流量大于或等于后一级泵站的提水流量时，才能允许后一级泵站连续运行，否则只能停机等水。

一般情况下，河道都有一定的调蓄能力，各级泵站的前池水位可以在一定范围内变化，形成调蓄容积，通过利用调蓄容积可实现在动态过程中解决各级站之间的流量供需矛盾，也就是说，当上级泵站的提水流量大于下级泵站提水流量时，就需要通过区间分水或者利用调蓄库容来解决区间水量的平衡问题。对于以灌溉为目的的梯级提水泵站系统，由于提水的成本较高，一般不允许出现弃水的情况，整个灌溉提水系统也会以灌溉需求为依据决定首级泵站的提水流量。当分水区间的调蓄容量用完时，上级泵站必须关掉其中一台或几台机组使其提水流量小于下级泵站提水流量，才能连续运行。但当上级泵站的提水流量小于下级泵站提水流量时，则下级的提水量一部分用于灌溉，一部分经上级泵站提水，一部分则剩余在河道内直至溢出，此时若下级泵站不停机，则将造成水量废弃，从而产生不必要的能量损失。因此梯级泵站优化调度目标可以使梯级泵站的总弃水量最小。根据上述原因建立的以一定时期内各站的总弃水量最小为目标的数学模型为：

目标函数：
$$V = \min \sum_{i=1}^{n} v_i \qquad (8-1)$$

其中：
$$
\begin{cases}
当\ v_i = (Q_i - Q_{i+1} - S_i)T - V_i > 0\ 时 & v_i = (Q_i - Q_{i+1} - S_i)T - V \\
当\ v_i = (Q_i - Q_{i+1} - S_i)T - V_i \leqslant 0\ 时 & v_i = 0
\end{cases}
$$

约束条件：各站抽水能力约束
$$Q_{imin} \leqslant Q_i \leqslant Q_{imax}$$
$$(Q_i - Q_{i+1} - S_i)T = \Delta V_i$$

机组扬程约束
$$H_{imin} \leqslant H_i \leqslant H_{imax}$$

河道水位约束
$$h_{imin} \leqslant h_i \leqslant h_{imax}$$

式中　　　　V_i——第 i 级站的弃水量，m^3；

Q_i——第 i 级站的抽水流量，m^3/s；

H_i、H_{imin}、H_{imax}——第 i 级站的抽水扬程和泵站机组的扬程最小、最大值，m；

n——梯级泵站的总级数；

S_i——第 i 级分灌区的引水流量，m^3/s；

Q_{imax}——第 i 级站的最大抽水流量，m^3/s；

ΔV_i——第 i 级河道的调蓄水量和弃水前总水量的变化，m^3；

h_i、h_{imin}、h_{imax}——第 i 级河道的水位和允许的最小、最大水位，m。

8.4.3.2 能耗最小为目标的运行方式

梯级泵站提水量大，其消耗的能量也多。泵站的能耗不仅与流量、扬程等因素有关，而且与泵站的效率也有关。而梯级泵站的总能耗则与各级泵站的提水量和各级泵站的水位组合有关。在抽水流量给定时，选择在当时扬程下，水泵效率较高的叶片角度运行，才能使其能耗较少。因此，梯级泵站优化调度中最重要的运行方式之一就是总能耗最小为目标的运行方式。根据这种运行方式，建立的一定时期 T 内各站的总能耗最小为目标的数学模型：

目标函数：
$$E = \min \sum_{i=1}^{n} N(Q_i, H_i)T \qquad (8-2)$$

约束条件：

各站抽水功率约束
$$N(Q_i, H_i) \leqslant N_{imax}$$

各站抽水能力约束
$$Q_i \leqslant Q_{imax}$$

河道水量平衡约束
$$(Q_i - Q_{i+1} - S_i)T = \Delta V_i(h_i)$$

机组扬程约束
$$H_{imin} \leqslant H_i \leqslant H_{imax}$$

河道水位约束
$$h_{imin} \leqslant h_i \leqslant h_{imax}$$

式中　　　　Q_i——第 i 级站的抽水流量，m^3/s；

H_i——第 i 级站的抽水扬程，m；

n——梯级泵站的总级数；

$N(Q_i, H_i)$——第 i 级站的最优总抽水功率，kW；

S_i——第 i 级子区域的引水流量，m^3/s；

N_{imax}——第 i 级站的最大抽水功率，kW；

Q_{imax}——第 i 级站的最大抽水流量，m^3/s；

ΔV_i——第 i 级河道的蓄水量的变化，m；

h_i、h_{imin}、h_{imax}——第 i 级河道的水位和允许的最小、最大水位，m。

从式（8-2）可以看出，梯级泵站系统总的能耗与各级站的抽水量和各级站的水位有关，因此，可以各级站的抽水量或水位为调度对象，来满足梯级泵站总能耗最小的目的。

8.4.3.3 缺水量最小为目标的运行方式

在评价梯级泵站系统运行的优劣时，不但要考虑到梯级泵站的经济效益，同时，也要考虑到沿线各区的社会效益和经济效益。在某些特殊情况下，如某区域遭遇干旱等自然灾害时，梯级泵站不仅要满足上游调水的需要，也要满足该区域的工业、生活、灌溉需水，这时泵或泵站的效率不一定最高，运行费用也不一定最低，但为了最大限度地减少灾害损失，不能只以泵站的运行效益最佳为衡量标准，必须从整个社会效益的标准出发，在满足泵站功率约束的前提下，要求加大流量抽水，尽量实现缺水量最小。这时抽水成本可能较高，但从整体社会效益来看是好的。

因此，可以建立在时段 T 内整个区域的缺水量最小为目标函数的数学模型。

目标函数：
$$W = \min \sum_{i=1}^{n} w_i \qquad (8-3)$$

约束条件：

各站抽水功率约束 $N(Q_i, H_i) \leqslant N_{imax}$

各站抽水能力约束 $Q_i \leqslant Q_{imax}$

河道水量平衡约束 $(Q_i - Q_{i+1} - S_i)T = \Delta V_i(h_i)$

河道水位约束 $h_{imin} \leqslant h_i \leqslant h_{imax}$

子区域引水流量约束 $S_{imin} \leqslant S_i \leqslant S_{imax}$

式中 w_i——第 i 个子区域所缺水量；

         S_i——第 i 级子区域的引水流量，m^3/s；

S_{imin}、S_{imax}——第 i 级子区域允许的最小、最大引水流量，m^3/s；

其余变量意义同前。

由于梯级泵站不同优化对象和运行方式的优化调度问题的复杂性与相似性，以下章节主要就以水位为调度对象，以总能耗最小为目标的引水工程中梯级泵站的优化调度问题展开论述。

8.4.4 梯级泵站优化调度的方法

梯级泵站优化调度，一直受到人们的关注。如何能根据所需流量及扬程变化，对各级泵站的水泵机组进行合理的优化调度，实现泵站的经济运行，这类问题以往采用的是图解法，不仅费时费工，而且难于求得最优解。现在，规划理论的发展和计算机的应用，为求解这类问题提供了途径，目前应用较多的是动态规划法和模拟技术。

8.4.4.1 动态规划法

动态规划法一般以多级泵站的级数作为阶段变量，以泵下水位作为状态变量，以每级泵站的提水量作为决策变量，以耗能最小或弃水最小作为目标函数，求出各级泵站的抽水量作为最优解。该方法多用于级间配合及扬程优化等方面，取得了一定的节能效果。但其模型的求解较困难，当站下水位离散点多时，会遇到"维数灾"，使该方法的应用受到一定的限制。

在多级泵站的优化调度、经济运行研究中，应考虑系统运行过程中时空变化特征，对应于外界条件，如水源水位、需水量变化、级间引渠渠首、渠末水位变化衔接的相互关系，调节水泵机组的开机台数和泵的运行工况点，综合地将各种物理模型概化成数学模型，并应用动态规划法进行优化调度的计算分析。

西安理工大学朱满林等结合某一泵站的实际，建立了级间无分水任务的梯级泵站优化动态规划和数学模型，并得出了优化调度图。北京理工大学机电一体化中心李世芳等讨论了梯级泵站供水系统扬程优化调度问题，在假定梯级泵站级数为 q 级，每级泵站水泵个数为 N 台，且水泵工况可调的情况下，根据动态规划基本原理，建立了扬程优化的数学模型。结果表明，这种方法运用在梯级泵站供水系统中，确实给供水单位带来了一定的经济效益。

8.4.4.2 模拟技术法

模拟技术是将泵站运行的物理模型概化成数学模型，在计算机上模拟泵站的运行过程，通过采用一系列不同的运行方案得到各自的响应结果，从而择出较优的运行方案。模拟技术求出的不一定是严格的最优解，但该方法概念清晰，模型通用性强，结果更符合实际情况，因而在多级泵站的优化调度中得到一定的应用。

武汉大学邵东国等采用系统分析理论，针对梯级泵站供水系统中，大多决策和状态变量多，各级泵站、水库与泵站、提水与供水等之间关联调度决策关系，指出模拟技术具有仿真性强、自行优化、方法简单、不受维数限制、计算速度快等优点。天津大学冯平等根据引滦入津引供水枢纽工程的实际情况，以王尔庄引供水枢纽工程为列，综合自优化模拟技术，进行了泵站优化调度问题的研究，并结合自动控制和计算机软件开发技术，建立了一个具有人机对话界面，简单易于操作的泵站优化调度系统。例子中，当泵站能耗的目标函数对于开泵台数和水泵叶片角度而言是非线性时，并且约束控制条件中的水头与开泵台数和水泵的关系可以通过能耗分析来建立时，那么整个引供水枢纽的优化调度就是一个非线性规划问题。并且由于泵站的叶片角度，开泵台数均是离散型决策变量，因此采用了自优化模拟方法来进行目标函数的寻优求解。分析表明，利用计算机模拟技术，可以在不同的上游来流量和不同的下游需求量的条件下，通过优选开泵台数和水泵叶片角度，使暗渠泵站功耗最小，进而实现增效节能的目的。

8.4.4.3 动态规划法和模拟技术相结合法

以往的研究中，常用动态规划进行级间流量、扬程的合理调配，站内机组的优化采用微分法或动态规划法，而同时对级间和站内进行优化的较少。

刘正祥等针对多机组的多级泵站，以总能耗最小作为目标函数，用动态规划法确定每级泵站的机组最优开机组合，然后模拟了系统的运行，计算出各级泵站之间的优化水位组合。以江苏省东海县的三级泵站为实例计算得出，从优化前 1988～1991 年间到优化 1992～1995 年间，4 年累计减少能耗 55.92 万 kW·h，节能 8.66%，取得了良好的经济效益。分析得出，采用动态规划和模拟技术相结合的算法，求解多级泵站的优化调度问题，适用于多机组级间有分水的多级泵站。实例表明该方法是可行的，采用模拟算法求解级间的扬程优化配合问题，计算量的大小与扬程的离散程度有关，随着多级泵站级数的增加成几何数增加。对于级数较多的泵站可采用动态规划求级间的优化，扬程的离散必须兼顾计算量和计算精度。

戴振伟等根据多级泵站运行的特点，采用某一调度时期内三级泵站的能耗最低为目标函数，利用系统工程理论、动态规划理论和模拟技术，用三维离散动态规划的数学模型，对连云港市的三级泵站中存在的大量复杂因素进行技术处理，优化调度运行四年，三站累计减少耗电 357.66 万 kW·h，与总耗电 4132.2 万 kW·h 时相比，节能 8.66%，按 0.4 元/(kW·h) 计，节约电费 143.06 万元，经济效益十分显著。李继珊利用自优化模拟技术和动态规划理论进行了多级泵站的优化调度及经济运行研究，建立了变时、变速、变阀的优化调度数学模型。经过富美邑多级泵站优化调度的计算分析得出，采用该方法进行多级泵站优化调度对泵站优化运行、节能节水以及提高泵站的利用率，不误农时地进行农田灌溉具有明显的经济效益。

8.4.4.4　混沌算法

混沌是一种常见的非线性状态，各变量非线性、混乱的变化过程往往有一定的规律性。混沌算法的思路是：将混沌变量线性映射到优化变量的取值区间，并进行全局搜索，寻求系统的最优值。

鄢碧鹏等在变速调节泵站的经济运行优化中采用了混沌算法求解，并将结果与动态规划优化结果相对比，两者的优化结论基本类似。目前，混沌算法在泵站节能中没有得到普遍应用，对其应用方法和使用范围需要进一步探讨。

8.4.4.5　遗传算法

遗传算法是一种借鉴自然选择和遗传机制所构造的新型搜索算法，是对生物进化过程的一种抽象模拟，其基本概念均来源于生物进化的自然遗传、杂交和突变。其中染色体是由决定生物结构的基因编码构成的体系。遗传算法的基本思想是从一组随机产生的初始解（"种群"）开始进行搜索，种群中的每一个个体可视为问题的一个解，称为"染色体"。遗传算法建立了染色体"适应值"的概念，并据此评价染色体的优劣。适应值大的染色体被选中的几率高，适应值小的被选中的几率低；被选择的染色体进入下一代，下一代中的染色体又通过交叉和变异等遗传操作，产生新染色体；经过若干代计算之后，算法收敛于满足期望值的染色体。遗传算法在计算中基本上不受搜索空间某些条件的限制，可从多个初值开始，沿多个路径搜索以实现全局或准全局最优解。

8.5　梯级泵站优化调度模型的建立及求解

8.5.1　梯级泵站优化运行原理

8.5.1.1　梯级泵站运行优化理论基础

在理想状态下，一定质量的物质从一个高程转移到另一个高程，不管中间经过的路径如何，所做的功是一定的：

$$E = mgh = mg(H_1 + \cdots + H_i + \cdots + H_n) \tag{8-4}$$

其中：$H = H_1 + \cdots + H_i + \cdots + H_n$，在梯级泵站系统中（设沿途水量损失不计），$H$ 为第一级泵站到最末一级泵站的总扬程。H_1、$\cdots$、H_i、$\cdots$、最末一级泵站的扬程。梯级泵站输水工程见第 2 章图 2-1。

在理想状态下（即能量没有损耗的情况下），式（8-4）是成立的，即不管中间各级泵站的扬程是多少，从第一级泵站到最末一级泵站的总扬程是不变的，那么从第一级泵站提一定量的水到最末一级泵站所做的功是一定的，因此，对梯级泵站的水位优化就没有什么必要了。因为不管中间各级泵站的扬程怎么组合，总扬程总是不变的，则总功率是不变的。

但是，由于在调水过程中是利用泵站来提水的，而各个泵站、泵站的各个机组的性能是不同的，它们在不同的扬程下的效率是变化的，它们提水的功率可按式（8-5）计算：

$$N = \frac{9.81Qh}{\eta} \tag{8-5}$$

式中　Q——泵站机组的流量，$\mathrm{m^3/s}$；

　　　h——泵站机组提水扬程，m；

　　　η——泵站机组在扬程为 h 时提水的效率。

因此，梯级泵站系统在流量为 Q，总扬程为 H 的情况下，其功率可按式（8-6）计算：

$$N_{总} = \frac{9.81QH}{\eta_{总}} \tag{8-6}$$

式中　$\eta_{总}$——梯级泵站系统在扬程为 H 的情况下的总效率。

用梯级泵站系统的各级泵站功率来表示，则梯级泵站系统总功率（不考虑沿途水量损失）可按式（8-7）计算：

$$N = \frac{9.81QH_1}{\eta_1} + \frac{9.81QH_2}{\eta_2} + \cdots + \frac{9.81QH_n}{\eta_n} \tag{8-7}$$

式中　η_1、η_2、$\cdots$、η_n——各泵站在扬程为 H 的情况下的效率。

若第 i 级泵站机组台数大于 1 时，$\eta_i = \dfrac{Q_i}{\sum\limits_{j=1}^{k_j} \dfrac{Q_{ij}}{\eta_{ij}}}$，其中 Q_i 为该级站的总抽水流量，Q_{ij}、η_{ij} 分别为该级站第 j 台级机组的流量和效率。

由式（8-7）则可得出式（8-8）：

$$\frac{H}{\eta_{总}} = \frac{H_1}{\eta_1} + \frac{H_2}{\eta_2} + \cdots + \frac{H_n}{\eta_n} \tag{8-8}$$

因此可得到式（8-9）：

$$\eta_{总} = \frac{H}{\dfrac{H_1}{\eta_1} + \dfrac{H_2}{\eta_2} + \dfrac{H_3}{\eta_3}} \tag{8-9}$$

8.5.1.2 梯级泵站运行优化理论解

由式（8-9）整理可得：

$$\frac{H}{\eta_{总}} = \frac{H_1}{\eta_1} + \frac{H_2}{\eta_2} + \cdots + \frac{H_n}{\eta_n} \qquad (8-10)$$

因为梯级泵站水位优化的目的就是要找出最佳的水位组合，使得梯级泵站的总功率 $\eta_{总}$ 最大，这就转化为一个求 H_1、H_2、$\cdots$、H_n 为自变量的最值的问题。

泵站机组流量相同时机组的效率 η 是随着扬程 H 的变化而变化的，其关系见图 8-4。在实际计算

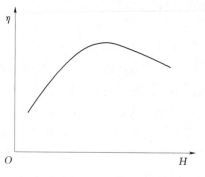

图 8-4　水位与效率关系示意图

时，为了便于计算机的计算，可采用 m 次多项式的拟合方法表示，即可满足计算精度的要求。H—η 的关系可表示为：

$$\eta = A_0 + A_1 H + A_2 H^2 + \cdots + A_m H^m = f(H) \qquad (8-11)$$

式中　A_1、A_2、$\cdots$、A_m——拟合常数。

由式（8-11）可得 H_1—η_1、H_2—η_2、$\cdots$、H_n—η_n 关系的表达式：

$$\begin{cases} \eta_1 = a_{10} + a_{11} H_1 + a_{12} H_1^2 + \cdots + a_{1m} H_1^m = f_1(H_1) \\ \eta_2 = a_{20} + a_{21} H_2 + a_{22} H_2^2 + \cdots + a_{2m} H_2^m = f_2(H_2) \\ \vdots \\ \eta_n = a_{n0} + a_{n1} H_n + a_{n2} H_n^2 + \cdots + a_{nm} H_n^m = f_n(H_n) \end{cases} \qquad (8-12)$$

式中　$a_{ij}(i=1, \cdots, n; j=0, \cdots, m)$——拟合常数。

可将式（8-12）代入式（8-10）得：

$$g(H_1、H_2、\cdots、H_n) = \frac{H}{\eta_{总}} = \frac{H_1}{f_1(H_1)} + \frac{H_2}{f_2(H_2)} + \frac{H_n}{f_n(H_n)} \qquad (8-13)$$

因此，求 $\eta_{总}$ 的最大值可转化为求函数 $g(H_1、H_2、\cdots、H_n)$ 在满足 $H = H_1 + \cdots + H_i + \cdots + H_n$ 条件下的最小值。求解此类问题一般可用拉格朗日乘子法进行计算。

$$g'(H_1, H_2, \cdots, H_n) = \frac{H_1}{f_1(H_1)} + \frac{H_2}{f_2(H_2)} + \cdots + \frac{H_n}{f_n(H_n)}$$
$$+ \lambda(H_1 + \cdots + H_i + \cdots + H_n - H) \qquad (8-14)$$

式中　λ——拉氏乘子。

对函数 $g'(H_1、H_2、\cdots、H_n)$ 求 H_1、H_2、$\cdots$、H_n 的偏导可得：

$$\begin{cases} \dfrac{\partial g'}{\partial H_1} = \dfrac{\partial}{\partial H_1}\left[\dfrac{H_1}{f_1(H_1)}\right] + \lambda = 0 \\[2mm] \dfrac{\partial g'}{\partial H_2} = \dfrac{\partial}{\partial H_2}\left[\dfrac{H_2}{f_2(H_2)}\right] + \lambda = 0 \\[2mm] \vdots \\[2mm] \dfrac{\partial g'}{\partial H_n} = \dfrac{\partial}{\partial H_n}\left[\dfrac{H_n}{f_n(H_n)}\right] + \lambda = 0 \end{cases} \qquad (8-15)$$

求解式（8-15）可得到：

$$\frac{\partial}{\partial H_1}\left[\frac{H_1}{f_1(H_1)}\right]=\frac{\partial}{\partial H_2}\left[\frac{H_2}{f_2(H_2)}\right]=\cdots=\frac{\partial}{\partial H_n}\left[\frac{H_n}{f_n(H_n)}\right] \tag{8-16}$$

即当各级站水位满足式（8-16）时，$\eta_{总}$有最大值。但在实际计算当中，还应考虑各级站水位的约束问题和上下级泵站抽水流量的平衡问题，计算有一定困难，因此实际计算中一般应用最优化理论来进行求解。

由此可看出，梯级泵站的总效率与各级泵站的水位及当时的水位与流量所决定的效率的比值有关。由于各个机组效率与泵站提水的扬程（即水位差）有关，因此梯级泵站运行优化的目的就是找出较优（或最优）的水位组合，使得梯级泵站系统的总效率较高（或最高）。

8.5.2 梯级泵站优化调度模型建立

大型引水工程中的各梯级泵站规模大、机组容量大，运行时需消耗大量能量。如东深引水工程的主要运行费用是电费（占33%），每年电费约1.5亿元，景电工程年用电量为8.7亿kW·h，年均电费为0.8亿元。对于这类大型的提水工程，效率的稍微提高都会带来较大的经济效益。所以对高扬程梯级提水工程进行科学、合理的优化调度，降低其运行能耗具有重大的意义。

8.5.2.1 梯级泵站水位及流量平衡关系

对于大型引水工程来说，由于其受益范围广，受益区的经济效益难于用数学方法判定，另外，大型引水工程中各梯级站大多选用可调节工况的机组，发生"弃水"的情况较少，所以一般可选用"系统总能耗最小"作为优化目标。在影响系统总能耗的各要素中，各梯级站的流量和扬程最为关键。对于梯级运行的引水工程，各梯级站的抽水流量直接相关，前一级泵站的流量除了要提供给下一级站外，往往还要满足本区间的用水要求：

$$Q_{it}=Q_{i+1,t}+S_{it} \tag{8-17}$$

式中　Q_{it}——t时刻第i级泵站的抽水流量；

　　　S_{it}——t时刻第i级受益区的用水流量（含损失）。

否则，将造成输水河道漫溢、水量损失严重，甚至进水口水位壅高而淹没厂房等情况，不利于梯级泵站的安全运行及经济效益的提高。

泵站的扬程由泵站的进、出水位及水头损失决定：

$$H_{i,t}=h_{i2,t}-h_{i1,t}+\Delta h_{i,t} \tag{8-18}$$

式中　　　　$H_{i,t}$——t时刻第i级泵站的扬程；

$h_{i1,t}$、$h_{i2,t}$、$\Delta h_{i,t}$——t时刻第i级泵站的进、出水位和水头损失。

对于梯级运行的泵站，前一级站的出口水位与两级站间的输水河道的水位及下一级站的进水位密切相关，可用水力学明渠非恒定流的方法推求出三者的关系。

对于两级站之间的输水河道来说，当输入该河道的流量大于输出流量，河道的水位将会上升，反之则下降，当两者相等时，河道的水位将维持不变。即输水河道的水位与该河道进出水量的变化存在一定的关系。在优化方案中同时考虑对泵站的流量、扬程这两个要素进行决策，在实际操作中比较困难，例如前述的关系数据就不易获得。大型引水工程各梯级站的抽水流量及各区间的分水流量通常由用水管理部门根据实际需求并考虑流量平衡决策制定出，这种决策在一定的时段内不发生变化，同时，由于各梯级站一般选用工况可调的机组，这使得各级站在运行中能对各机组的流量进行调节，控制全站流量，达到整个系统流量的平衡。所以以系统总能耗最小为目标的大型引水工程的优化方案归结为各梯级水位的优化组合。

8.5.2.2 梯级泵站运行优化模型

根据前述，考虑在一定时段 ΔT 内各受益区的用水流量 S_{it} 保持不变，以 S 代替 S_{it}（其余变量类似），建立以系统总功率最小为目标，以各站的流量作为输入条件，以各梯级水位作为输出决策的数学模型。

以各站的总功率最小为目标函数：

$$N^* = \min \sum_{i=1}^{n} N_i^* (Q_i, H_i) \tag{8-19}$$

$N^*(Q_i, H_i)$ 为时段 ΔT 内，第 i 级站的最小抽水功率，即该站扬程为 H_i 时，要求全站抽水流量为 Q_i 时，泵站所需消耗的最小抽水功率。由于在一定的水位下梯级泵站中各级泵站在一定的抽水流量的条件下也可进行机组运行方式的优化以寻找站内的最优能耗，因此，可建立各级泵站站内机组的流量优化数学模型：

$$N_i^* (Q_i, H_i) = \min \sum_{i=1}^{k_1} \frac{9.81 Q_{ij} H_{ij}}{\eta_{ij}} \tag{8-20}$$

式中　k_1——第 i 级站的机组台数；

$\quad Q_{ij}$——第 i 级站第 j 台机组的抽水流量；

$\quad \eta_{ij}$——第 i 级站第 j 号机组在扬程 H_i、流量 Q_{ij} 时的抽水效率；

$\quad H_{ij}$——第 i 级站第 j 台机组的抽水扬程。

对于出水口淹没在水下的机组，H_{ij} 为站出、进水位差与水头损失之和：

$$H_{ij} = h_{i2} - h_{i1} + \Delta h_i = H_i \tag{8-21}$$

对于出水口在水面上的机组，只与该机组的出水口安装高程、抽水流量及水头损失有关：

$$H_{ij} = h_{ij出} - h_{i1} + \Delta h_i + \frac{v_{ij}^2}{2g} \tag{8-22}$$

式中　$h_{ij出}$、v_{ij}——第 i 级站第 j 号机组的出水口安装高程、出水口流速。

约束条件：

第 i 级站进、出水位与扬程的关系：

$$H_i = h_{i2} - h_{i1} + \Delta h_i \tag{8-23}$$

第 i 级站的水位约束：

$$h_{i2min} \leqslant h_{i2} \leqslant h_{i2max} \tag{8-24}$$

第 i 级站抽水功率约束：

$$N_i \leqslant N_{imax} \tag{8-25}$$

第 i 级站流量平衡约束：

$$\sum_{j=1}^{m} Q_{ij} = Q_i \qquad (8-26)$$

第 i 级站第 j 号机组的功率约束：

$$N_{ij\min} \leqslant N_{ij} \leqslant N_{ij\max} \qquad (8-27)$$

第 i 级站第 j 号机组的过水能力约束：

$$Q_{ij\min} \leqslant Q_{ij} \leqslant Q_{ij\max} \qquad (8-28)$$

式中　$h_{i2\min}$、$h_{i2\max}$——第 i 级站与第 $i+1$ 级站间输水河道允许的最小、最大水位；

　　　N_i、$N_{i\max}$——第 i 级站的抽水功率和允许的最大输入功率；

　　　Q_{ij}——第 i 级站第 j 号机组的抽水流量；

　　　N_{ij}——第 i 级站第 j 号机组的输入功率；

　　$N_{ij\min}$、$N_{ij\max}$——第 i 级站第 j 机组允许的最小、最大输入功率；

　　$Q_{ij\min}$、$Q_{ij\max}$——第 i 级站第 j 号机组允许的最小、最大抽水流量。

8.5.3　梯级泵站运行优化模型求解

8.5.3.1　大系统模型求解方法

由于梯级泵站运行优化模型是一个多层、复杂的系统，因此上述数学模型的建立主要应用了大系统分解协调理论。如何对上述模型进行求解也应该以大系统分解理论为基础。大系统分解协调模型是目前较常用的一类大系统优化决策模型，其基本思想是先将复杂大系统依时间、空间或目标、用途等关系分解成独立的若干规模较小、结构相对简单的子系统，形成递阶层次结构模型；然后，采用现有的一般优化决策方法，对各子系统分别择优，实现各子系统的局部最优化；最后，根据系统总目标，修改和调整各子系统的输入和决策，使各子系统相互协调配合，实现整个大系统的全局最优。

因此，大系统分解协调模型是一种通过将大系统分解成若干相互独立子系统以达到降维目的的复杂问题分析方法，其中，分解和协调是大系统寻优的重要手段，换句话说，对大系统进行何种形式的分解，又采用什么方法进行大系统协调，则是关系到能否实现大系统全局最优化的重要保证。多年来，人们提出了许多大系统分解和协调方法，其中，较常见的大系统分解方法有：①依空间分解法；②依时间分解法；③依用户分解法等。

无论用哪种方法分解，都必须从优化决策问题的任务与要求出发，根据大系统的组成、特点等，选择其中一种或多种方法分解，以形成适当的大系统递阶结构形式。

在大系统协调理论中，一要明确协调原理，即根据什么原则进行协调，选取什么协调变量对各子系统进行协调控制；二要选择合适的协调方法，以保证协调控制的实现和协调过程的收敛性、减少计算工作量。目前常见的大系统协调方法主要有：

（1）目标协调法（又称关联平衡法）。特点是在进行下一层各子系统的优化决策时，不考虑关联约束，而把关联变量作为独立寻优变量来处理。通过选取适当的协调变量和协调变量的多次修正，逐步引导各子系统优化目标下的关联变量满足关联约束，从而实现大系统目标的最优化。而且，它必须保证拉格朗日函数存在鞍点，如果此条件不能满足，在协调迭代过程中就不一定收敛到最优解，甚至完全不能收敛。因此，关联平衡法存在它的局限性。

（2）模型协调法。先通过采用取关联变量作为协调变量，并指定或预估系统模型关联变量值的方法，将各子系统形成独立的系统，进行各自的最优化决策，确定各子系统相应于给定关联变量值下的优化目标值；将各子系统的优化目标值返回至协调层，进行整体协调计算。经过多次改变关联变量的预估值，反复求解计算后，则可获得整个系统的目标最优解。无疑，这种协调方法在决策过程中的每一步都是满足关联约束条件的，因此，决策的中间结果虽不一定是最优解，但一定是可行解，可对实际系统产生控制作用，只要能使协调变量预估值迭代收敛，预估误差达到最小，则可获得全局最优解。

（3）混合协调法。这是一种目标协调和模型协调相结合的综合协调方法，通常它以子系统的一个拉氏乘子和某一关联变量为协调变量，而以另一拉氏乘子和决策变量为反馈变量，通过关联变量对各子系统优化决策模型中关联约束的不断干预和拉氏乘子对各子系统优化决策目标函数的不断修正，逐步引导整个大系统逼近最优解。这一协调方法的适用条件是任一子系统所含变量个数不小于约束条件的数目。

8.5.3.2 梯级泵站运行优化模型求解方法

根据上述大系统分解协调理论，可把梯级泵站作为一个大系统，各级泵站看作各个子系统见图8-5。针对梯级泵站的特点可应用模型协调法对梯级泵站系统进行求解。上述模型的求解是一个双重决策的过程。第一重决策是梯级泵站各级泵站之间的水位组合的确定，将总扬程最优地分配于各级泵站，实际计算时可将梯级泵站之间的水位进行离散，将各离散值赋予各子系统。第二重决策是各子系统即各级泵站站内机组的优化，可利用分配于各级站的水位求得各站的站内最优的运行方式。从对各级站的站内优化可得到各级站的最优能耗后将其返回大系统进行整体协调，如此不断赋予不同的离散水位值进行循环计算，最终将得到一个最优（或较优）值。这两重决策相互影响，构成一个整体。对于具体的计算方法可应用较为成熟的动态规划法进行计算。

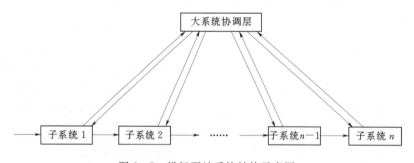

图8-5 梯级泵站系统结构示意图

对于第一重决策，可采用动态规划技术的逆序递推法进行求解。阶段变量i为梯级泵站的级数；状态变量SH_i为第1级到第i级站的可供分配的扬程，当$i=n$时

$$SH_n = h_{n2} - h_{12} \tag{8-29}$$

首级站的进口水位h_{12}可根据首级站的抽水流量与水源水位的关系推求出。若工程的水源为大江大河或较大的湖泊，泵站抽水对h_{12}的影响较小，h_{12}也可由实测直接得到。末级站的出口水位h_{n2}根据末级站的抽水流量、区间分水流量与上游河道水位的关系推求出。

决策变量 H_i 为第 i 级站的抽水扬程。

状态转移方程：

$$SH_i = SH_{i+1} - H_i \tag{8-30}$$

逆序递推方程：

$$F_i(SH_i) = \min\{ N_i^*(Q_i, H_i) + F_{i+1}(SH_i + H_i)\} \tag{8-31}$$

式中　$F_i(SH_i)$——以 SH_i 为扬程分配给第 i 至第 n 级站时所需的最小功率，具体的计算流程见图 8-6。

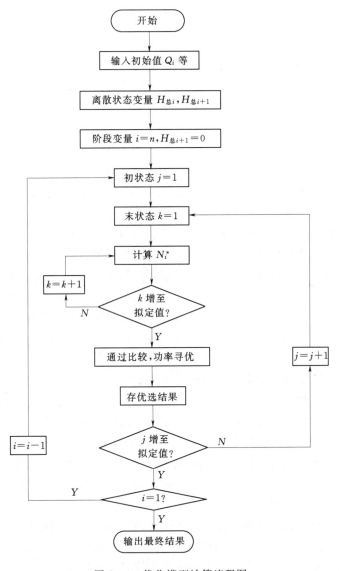

图 8-6　优化模型计算流程图

对于第二重站内最优运行方式的求解，成熟的理论较多，可采用微增率法、动态规划法等方法进行求解，对于机组性能相同的泵站，也可按平均分配的原则制定决策方案，此处不作赘述。

当用水管理部门给出各站的抽水流量时，就可根据上述方法进行优化求解，寻找出最优的梯级水位组合。当各站的抽水流量或首级站的进口水位 h_{12} 发生变化时，就需重新进行计算，调整优化方案。

8.6 梯级泵站的科学管理

8.6.1 梯级泵站的运行管理

梯级泵站系统的运行优化调度是科学管理的中心环节。调度部门必须围绕这一要求，根据灌溉计划制定合理的调度计划，包括泵站运行方案和渠系配水调度计划，逐步实现科学调度，达到安全、经济的目的。目前我国高扬程梯级泵站的优化调度还没有形成完整的理论体系，对不同类型的梯级泵站系统实施调度的模式也很不平衡，从节能降耗的角度进行管理，可从下列几个方面着手：

（1）不断提高调度人员素质及业务水平。调度人员负责全工程供电、泵站机组运行和灌溉配水，必须具有较高的工作责任心和较强的业务技术能力，熟悉和掌握供电系统、泵站机组的性能、各渠道输水能力和灌溉面积及各类设备运行参数，严格按照调度规程调度。

（2）开机方案优化组合。高扬程大中型提灌工程，大多采用若干级泵站串联的梯级提水方式。在泵站设计机组选型时，虽然考虑级间水量的配合，但一般多是在设计工况下进行的。由于泵站流量受多种因素的影响，在运行过程中，泵站流量都在一定范围内变化，导致泵站间水量配合失调现象，为保持各泵站的流量平衡，只能依靠频繁开停部分机组的方式，而各泵站前池容量有限，机组开停需要一定的时间，在此期间往往出现个别泵站弃水，造成水量浪费。对高扬程梯级泵站来说，本身耗电量大，提水成本高，这种浪费对泵站的经济运行极为不利。对于梯级泵站，机组多采用并联运行方式，并联台数不同，其出水量也不同。依据泵站测流成果，可采用计算机模拟计算，制定各级泵站最优的开机组合方案，从而实现流量配合优化调度。

（3）保持前池高水位运行。前池高水位运行，减少了水泵扬程，增加了水泵吸水管淹没深度，改善了水泵吸水条件和进水流态，提高了水泵效率，能够使泵站处于最佳状态。

（4）重视拦污栅的清污。由于杂物堵塞了进口，进水断面减小，栅前栅后的水头损失猛增。特别是一些输水干渠通过居民区，各种杂物、柴草顺流聚集在拦污栅前，人力无法及时清除，造成进水条件差，水泵运行效率下降。

（5）加强计算机模拟技术的研究。采用了动态规划与计算机模拟技术相结合的方法，尤其模拟技术在我国尚未普及使用。利用计算机求解梯级泵站的优化调度问题，可以大大减少计算量，而且比传统的仅采用动态规划法更精确、更快捷。

景电一期工程的总干泵站在更新改造时，设计方案经过多方论证完全符合各级建设标准的要求，现已建成并投运。可是，在工程运行中如何合理优化地调配流量，即如何进行泵站的优化调度，使之流量满足次级泵站的需求，而又经济合理显得尤为重要。在处理这一问题的过程中，通过采用计算模拟泵站开机台数的优化组合，而这样的优化组合是以满足灌区流量标准为前提的，在优化调度程序的编写过程中，要考虑的相关因素很多，但通过动态规划和计算机模拟技术相结合的方法，大大降低了工作的难度和工作量。因此，为了简捷方便地达到设计要求，研究好计算机模拟技术是非常重要的。

（6）加强计算机控制自动化系统的研究。随着泵站工程规模的大型化、复杂化，计算机控制自动化系统已是现代化梯级泵站运行管理的主要发展趋势。如水利部"94·8"项目之一"江都抽水机站机组监控关键技术"的实施，在国内首次实现了大型泵站"无人值守，少人值班"的新局面。新建成的广东省东深供水工程，太园泵站采用先进的微机控制技术，对大型泵站进行计算机监控运行管理，达到了国际同类泵站的先进水平。

提高泵站自动化管理水平是泵站工程技术改造的一项主要任务。对泵站的测量设施、机电设备的运行实施微机监测、监控、故障判断和运行分析等是泵站优化管理和科学管理的深化，也是泵站节能改造的一个重要组成部分。对一个大型电力提灌工程管理，实现高科技含量的自动化管理水平，无论是从节水、节能、降低成本和提高效益，还是保证设备的安全、可靠和经济运行，确保灌区受益，充分发挥工程的巨大效能，都具有非常重要的意义。为此，在今后的梯级泵站优化调度研究中，必须加大加快泵站的自动化改造力度和步伐。

8.6.2　梯级泵站的工程管理

工程管理是泵站管理的重要组成部分，主要包括：渠道及建筑物的管理和泵站压力管道的管理。加强渠道及建筑物维修管理，减少决口和漏水损失。每年春秋两季维修前组织工程技术人员进行全面检查，提出维修计划，对较大项目，要提前设计方案列入更新改造计划。平时要注意处理渠堤坍塌、裂缝和洞穴等，以免造成决口跑水。压力管道管理是泵站管理工作的重要环节之一，关系到泵站机组效率和泵站安全运行。尤其是大流量高扬程泵站，运行中很容易出现管道破裂、管节漏水等事故，必须予以高度重视。应重视管道的安装质量，即管材的质量和施工安装质量，这是保证管道长期安全运行的基础。还要加强管道管理，除运行中加强巡视检查维护外，还应注意管道的防洪及管槽排水，避免冲毁基墩和管道沉陷。

8.6.3　梯级泵站的科学研究

随着科技的进步和高扬程泵站的发展，如何提高管理水平是工程管理工作者面临的新课题。对于高扬程梯级提水灌溉工程来讲，提高灌溉水的利用效率，加大灌溉水回归的利用，及时进行机电设备的更新换代，加强泵站运行中的微机监控自动化都可以提升整个泵站系统的经济效益。所以，在梯级泵站系统的运行管理中必须重视智力投资，充实专业人才，加强科学研究，使管理工作逐步向自动化方向迈进，从而实现泵站的经济运行和优化调度，达到节能降耗的目标。

参 考 文 献

[1] 丘传忻. 泵站节能技术 [M]. 北京：水利电力出版社，1985.

[2] 张文纲，等. 水泵的节能技术 [M]. 上海：上海交通大学出版社，2010.

[3] 袁俊森，万亮婷. 水泵与水泵站 [M]. 郑州：黄河水利出版社，2003.

[4] 桑国庆. 基于动态平衡的梯级泵站输水系统优化运行及控制研究 [D]. 山东大学博士学位论文，2012.

[5] 金明宇. 大型引水工程梯级泵站优化调度模型研究 [D]. 河海大学，2004.

[6] 赵万勇. 含沙水流对泵叶轮磨损原因及改进措施 [J]. 排灌机械，2001，19（1）：16-24.

[7] 仇宝云，黄季艳，等. 轴流泵出水流道水力损失试验研究 [J]. 机械工程学报，2006，(5)：13-15.

[8] 于鲁田. 多沙水流泵站技术 [M]. 北京：中国水利水电出版社，1999.

[9] 金忠青. $N-S$ 方程的数值解和紊流模型 [M]. 南京：河海大学出版社，1989.

[10] 周济人，刘超，袁家博. 改善王山泵站前池水流流态的模型试验研究 [J]. 排灌机械，1995，(02)：12-17.

[11] 程吉林，张礼华，张仁田，等. 泵站叶片可调单机组日运行优化方法研究 [J]. 水利学报，2010，41（4）：499-504.

[12] 刘超，周济人. 低扬程双向流道泵装置研究 [J]. 农业机械学报，2001，32（1）：29-32.

[13] 何志霞，王谦，袁建平. 数值热物理过程基本原理及 CFD 软件应用 [M]. 镇江：江苏大学出版社，2009.

[14] 刘丽君，刘军. 对提高水泵装置性能有关问题的再认识 [J]. 排灌机械，2004，22（1）：13-15.

[15] 贺益英，赵懿珺，孙淑卿. 输水管线中弯管局部阻力的相邻影响 [J]. 水利学报，2004，(02)：17-20.

[16] 刘竹溪. 水泵及水泵站（第二版）[M]. 水利电力出版社，1986.

[17] 庞佑霞，刘厚才，郭源君. 考虑边界层的水泵叶片冲蚀磨损机理研究 [J]. 机械工程学报，2002，38（6）：123-126.

[18] 高传昌，黄金伟，王为术. 泥沙泵站侧向进水前池流场的数值模拟 [J]. 中国水运（学术版），2007，(09)：81-83.

[19] 钟迪锋，刘朴，韦鹤平. 泵站前池中泥沙沉积分析试验研究 [J]. 同济大学学报，2001，29（7）：879-882.

[20] 赵毅山，韦鹤平. 大型泵站前池非定常平面流态模拟 [J]. 同济大学学报，1998，26（4）：401-404.

[21] 韩占忠，王敬，兰小平. Fluent 流体工程仿真计算实例与应用 [M]. 北京：北京理工大学出版社，2005.

[22] 傅德薰. 流体力学数值模拟 [M]. 北京：国防工业出版社，1993.

[23] Srinivasa Lingireddy, Don J. Wood. Improved Operation of Water Distribution Systems using Variable-Speed Pumps [J]. Journal of Energy Engineering, 1998, 24 (3)：90-93.

[24] 周龙才，刘士和，丘传忻. 泵站正向进水前池流态的数值模拟 [J]. 排灌机械，2004，22（1）：7-9.

[25] 刘家春，杨鹏志，刘军号. 水泵运行原理与泵站管理 [M]. 北京：中国水利水电出版社，2009.

[26] 裴毅，田莉. 转速变化对离心泵性能的影响 [J]. 排灌机械，2007，25（4）：9-13.

[27] 周琳博. 高扬程梯级泵站泵和管路对提水效率影响的研究 [D]. 兰州理工大学，2011.

[28] 陈凯. 深圳市北线引水工程上埔泵站取水口及前池整流措施试验研究 [J]. 中国农村水利水电，

2007 (05)：129－130.

[29] 刘竹溪，冯广志. 中国泵站工程 [M]. 北京：水利电力出版社，1993.

[30] 范新荣，水泵进水管路形式对机组效率影响的试验分析 [J]. 排灌机械，1995，(03)：15－18.

[31] 江帆，黄鹏. Fluent 高级应用与实用分析. 北京：清华大学出版社，2008.

[32] John Mowen，Marvin Wood，Darby Ritter. The easy-care alternative to submersible pump stations [J]. World Pumps，1998，(379)，32－36.

[33] 杨伟. 大型取水泵站进水流态的数值模拟研究 [D]. 南京：河海大学，2008.

[34] 田家山. 泵站侧向进水流态的评价与整治 [J]. 河海大学学报，1989，(01)：17－18.

[35] 刘宜，李会暖. 变频调速技术在水泵调节控制系统中的应用 [J]. 排灌机械，2006，24 (4)：44－46.

[36] 王林锁，屈磊飞，陈松山. 闸站枢纽进水前池三维流动计算与研究 [J]. 排灌机械，2006，23 (4)：18－20.

[37] 范朝朴，闫雪兰，马宏珍. 车削叶轮方法对泵性能的影响 [J]. 通用机械制造，2009，23 (7)：78－80.

[38] 张明. 离心泵的调节方式及其能耗分析 [J]. 煤炭技术，2005，24 (11)：22－24.

[39] 杨钦，给水配水系统的最优化设计 [J]. 中国给水排水，1985 (01)，1－6.

[40] 陶惠芳. 加压泵管路并联运行供水系统工况变速调节 [J]. 武汉科技大学学报，2006，25 (6)：510－512.

[41] 王志. 关于如何调节水泵最佳工况点的技术分析 [J]. 应用能源技术，2009 (01)：42－44.

[42] 张晓明. 变频泵站节能调速范围的确定 [J]. 中国给水排水，2004，15 (4)：88－90.

[43] 许红. 变频调速技术在风机泵类应用中的节能分析 [J]. 2009，21 (3)：14－18.

[44] 程吉林，张仁田，邓东升. 南水北调东线泵站变速运行模式的适应性 [J]. 排灌机械工程学报，2010，28 (5)：434－438.

[45] 马冰雪，乞坤刚. 泵用交流电机调速方法及节能分析研究 [J]. 建筑电气，2006，8 (3)：41－47.

[46] 崔丹，韩庆祝，李树林. 离心泵工作点及管路特性曲线的探讨 [J]. 黑龙江大学自然科学学报，1998，15 (1)：23－26.

[47] 陆林广. 开敞式进水池优化水力设计 [J]. 排灌机械，1997，(04)：34－35.

[48] 赵元，等. 城市给水输配系统加压泵站的优化计算 [J]. 中国给水排水，1999，15 (4)：45－48.

[49] Quindry G. Optimization of Looped Water Distribution Systems [J]. Journal of Environmental engineering，1981，107 (4)：665－679.

[50] A. A. Feiz，M. ould-Rouis，G. lauriat. Large eddy simulation of turbulent flow in a rotating pipe [J]. International Journal of Heat and Fluid Flow，2004，24 (3)：201－222.

[51] Yakhnt V. Orszag S A. Renormalization group analysis of turrbuleace：basic theory [J]. Journal of Scientific Computing，1986，1 (1)：1－11.

[52] Karmeli D. GY MS. Design of Optimal Distribution Network [J]. Journal of Pipeline，1968，94 (1)：1－10.

[53] 蔡树棠，刘宇陆. 紊流理论 [M]. 上海：上海交通大学出版社，1993.

[54] 常恩科. 关于综合提高水泵站效率若干问题的探讨 [J]. 杨凌职业技术学院学报，2012，11 (2)：14－16.

[55] 崔晓艳. 大型泵站前池水流流态数值模拟研究 [D]. 兰州：兰州理工大学，2010.

[56] 徐宇，吴玉林，王琳. 水泵进水池内紊流及涡旋的数值模 [J]. 工程热物理学报，2001，6 (22)，增刊，33－36.

[57] 何耘，刘成. 污水泵站前池设置压水板的改进措施研究 [J]. 水泵技术，2000，(02)：21－24.

[58] 田家山. 排涝泵站前池流态及其改善措施的研究 [J]. 华东水利学院学报，1983，(02)：38－50.

[59] 骆辛磊, 谭蒲辉, 李桂元, 等. 新河泵站系统节能优化调度 [J]. 水电能源科学, 1987, (04): 305 -312.

[60] Anonymous. New control system improves UK pump station [J]. Water & Wastewater International, 2009, 24 (5), 37 - 42.

[61] Mahdi Moradi-Jalal. Optimal Design and Operation of Irrigation Pumping stations [J]. Journal Of Irrigation And Drainage Engineering, 2003, 129 (3), 149 - 154.

[62] 严忠民. 侧向进水前池特性的试验研究 [J]. 河海大学学报, 1991, 19 (5): 49 - 54.

[63] 张林, 徐辉, 于永海. 基于 B 样条的水泵复杂特性曲线拟合方法 [J]. 排灌机械, 2007, 25 (1): 50 - 53.

[64] 杨柯. 进出水建筑物对泵站能耗影响的研究 [D]. 兰州: 兰州理工大学, 2011.

[65] Akalank K. Ranga Raju. Vortices Formation at Vertical pipe intakes [J]. Hydraulic Division, 1978, 104 (10): 1429 - 1445.

[66] 耿清蔚. 大型泵站更新改造策略及技术的研究 [D]. 南京: 河海大学, 2007.

[67] 徐宇, 吴玉林. 水泵吸水池内流场的 PIV 试验分析 [J]. 机械工程学报, 2002, 38 (10): 78 -79.

[68] 龙新平, 朱劲木, 刘梅清, 等. 基于性能曲面拟合的泵站优化调度分析 [J]. 水利学报, 2004, (11): 27 - 32.

[69] 袁家博, 刘超. 改善泵站前池水流流态的模型试验研究 [J]. 排灌机械, 1995, (5): 12 - 17.

[70] H wang, Young-K yu. Numerical and experimental investigations of channel flows in a disk-type drag pump [J]. AIP Conference Proceedings, 2001, 585 (1): 903 - 911.

[71] 刘超, 成立, 汤方平. 取水前池复杂流动数值模拟 [J]. 华北水利水电学院学报, 2002, 22 (3): 136 - 140.

[72] 冯宾春, 杨开林, 等. 惠南庄泵站前池水力特性三维紊流数值模拟 [J]. 南水北调与水利科技, 2005, 3 (1): 17 - 21.

[73] 冯旭松. 泵站前池底坎整流及坎后流动分析 [D]. 扬州: 扬州大学, 1996.

[74] G. J. Reece. Smith. L M. On the Yakhot-Orszag renormalization group method for deriving turbulence statistics and models [J]. Physics of Fluids, 1992, 4 (2): 364 - 390.

[75] Ralph T. Chatterley. Hydraulics Design of Pump exit [J]. Journal of the Hydraulics Division, 2005, 142 (3): 223 - 249.

[76] 何钟宁, 陈松山, 等. 泵站出水流道标准化设计与模型水力损失试验 [J]. 水泵技术, 2007, (02): 34 - 35.

[77] 泵及泵站专业委员会. 泵及泵站工程科技进步综述 [J]. 中国水利, 2004, (10): 123 - 125.

[78] 成立. 泵站水流流动特性及水力特性数值模拟研 [D]. 南京: 河海大学, 2006.

[79] 孙衣春. 泵站进水池与进水流道数值模拟研究 [C]. 西安: 西安理工大学, 2008.

[80] 李人宪. 有限体积法基础 [M]. 北京: 国防工业出版社, 2005.

[81] 顾冲时, 余达淮. 水利水电研究生学术论坛论文集 2005 [C]. 南京: 河海大学出版社, 2006.

[82] Deeny. D. Study of air-entraining at pump sumps [J]. Proceedings of the institution of mechanical engineers, 1956, 170 (2): 106 - 116.

[83] Padmanabhan, M. Hecker. Scale effects in pump sump models [J]. ASCE, 1984, 110 (11): 1540 -1556.

[84] Charles. E, Sween, Rex. Pump sump design experience [J]. Journal of the Hydraulic Division, 1982, 108 (3): 361 - 377.

[85] Kairong Li, Kui Zuo, Juanni Wang, Weiying Gao. Dynamic Programming Example Analysis of a Pump Station [J]. Physics Procedia, 2012, 24 (c), 1796 - 1800.

［86］ LS. Paterson. The design of pump intakes. Pumps，1971，55：172－176.

［87］ 钱义达，严登丰. 泵站开敞式进水流道试验研究［J］. 江苏农学院学报，1989，10（2）：47－52.

［88］ Constantinescu，Patella. Experimental validation of numerical model of flow in pump-intake bays ［J］. Journal of Hydraulic Engineering，1999，125（11）：1119－1125.

［89］ Mohamed M. Marzouk，Rasha M. Ahmed. A case-based reasoning approach for estimating the costs of pump station projects ［J］. Journal of Advanced Research，2011，2（4）：289－295.

［90］ 程芳，陈守伦. 泵站优化调度的分解协调模型［J］. 河海大学学报（自然科学版），2003，31（02）：136－139.

［91］ 徐辉，吴玉林，王琳. 水泵进水池内紊流及涡旋的数值模拟［J］. 工程热物理学，2005，22（S1）：33－35.

［92］ S. Pezeshk，O. J. Heiweg. Adaptive Search Optimization in Reducing Pump Operating Costs ［J］. Journal of Water Resources Planning and Management，1996，122（1）：57－63.

［93］ 徐跃增. 泵站与小型水电站［M］. 北京：中国水利水电出版社，2005.

［94］ 姚青云，冯淑萍，李佳奇. 高扬程梯级泵站运行管理与节能措施［J］. 宁夏农学院学报，2004，25（4）：43－45.

［95］ 寇玉梅. 浅议景泰川电力提灌工程调度工作的重要性［J］. 价值工程，2013（15）：119－120.

［96］ 王小振. 大型泵站前池泥沙淤积机理及结构优化设计研究［D］. 兰州：兰州理工大学，2010.

［97］ 沙鲁生. 水泵与水泵站［M］. 北京：中国水利水电出版社，1993.

［98］ 周济人，刘超，汤方平，成立. 泵站复杂前池内的流态改善研究［J］. 江苏农学院学报，1998，19（4）：93－96.

［99］ 刘成，何耘，韦鹤平. 泵站前池进水流态及泥沙淤积的试验研究［J］. 水泵技术，1997，（03）：40－44.

［100］ 张贤明，吉庆丰. 泵站前池流态的数值模拟［J］. 灌溉排水，2001，20（01）：35－38.

［101］ 丛日颖，陈毓陵，冯建刚，黄时锋. 污水泵站前池进水流态对水泵性能及泥沙淤积的影响［J］. 中国农村水利水电，2005，（03）：103－105.

［102］ 焦建廷. 灰埠泵站前池和进水池流态的数值模拟［J］. 中国农村水利水电，2007，（08）：123－125.

［103］ 杨晋营. 水利水电工程沉沙池的运行设计和原型观测［J］. 水利与建工程学报，2004，2（3）：35－38.

［104］ 庞佑霞，陆由南，尹喜云. 含沙量和沙粒粒径对 QT500 材料冲蚀损特性的影响［J］. 机械工程材料，2006，30（4）：51－53.

［105］ R. S. Gasparyants，I. V. Shcherbatenko，I. L. Levchenko. Selection of optimum parameters of pumping equipment at trunk pipeline oil pumping stations ［J］. Chemical and Petroleum Engineering，2009，45（7），427－437.

［106］ 邵东国，李苏杰. 梯级泵站供水系统水资源优化调度模型研究［J］. 中国农村水利水电，2000，（02）：40－42.

［107］ 张文渊. 梯级泵站的流量调配和水位（扬程）优化［J］. 水电站设计，2001，17（1）：18－21.

［108］ 杨飞，于永海，徐辉. 国内梯级泵站调水工程运行调度综述［J］. 水利水电科技进展，2006，26（4）：84－86.

［109］ 鄢碧鹏，杜晓雷，刘超，等. 基于遗传算法和神经网络的泵站经济运行研究［J］. 农业机械学报，2007，（01）：80－82.

［110］ 曹鸣，姚青云. 梯级泵站优化调度研究进展［J］. 宁夏农学院学报，2003，24（4）：101－106.

［111］ 陈守伦，芮钧，徐青，等. 泵站日优化运行调度研究［J］. 水电能源科学，2003，21（3）：82－83.

[112] Picart. A，Berlemout. A，Oouesbet. O. Modeling and predicting turbulence fields and the dispersion of discrete particles transported by turbulent flows ［J］. Multiphase Flow，1986，12（2）：237 -261.

[113] 张劲松，周建中. 基于分时电价的南水北调东线水量优化调度 ［J］. 南水北调与水利科技，2009，7（5）：23 - 27.

[114] 龚懿，程吉林，张仁田等. 泵站多机组叶片全调节优化运行分解——动态规划聚合方法 ［J］. 农业机械学报，2010，41（9）：27 - 31.

[115] Vilas Nitivattananon，Elaine C. Sadowski，Rafael G. Qunimpo. Optimization of Water Supply Operation ［J］. Water Resources Planning and Management，1996，122（5）：374 - 384.